本书由
教育部人文社会科学重点研究基地——山西大学科学技术哲学研究中心基金
山西省"1331工程"重点学科建设计划
资助出版

认知哲学译丛

魏屹东／主编

模型与认知：
日常生活和科学中的
预测与解释

〔美〕乔纳森·A. 瓦斯肯／著

魏刘伟／译

魏屹东／审校

科学出版社

北京

图字：01–2019–6838 号

图书在版编目（CIP）数据

模型与认知：日常生活和科学中的预测与解释 ／（美）乔纳森·A. 瓦斯肯著；魏刘伟译. —北京：科学出版社，2020.1
（认知哲学译丛）
书名原文：Models and Cognition：Prediction and Explanation in Everyday Life and in Science
ISBN 978-7-03-063474-0

Ⅰ.①模… Ⅱ.①乔… ②魏… Ⅲ.①认知科学–研究 Ⅳ.①B842.1

中国版本图书馆 CIP 数据核字（2019）第 268363 号

丛书策划：郭勇斌
责任编辑：邹 聪 崔慧娴／责任校对：韩 杨
责任印制：徐晓晨／封面设计：黄华斌
编辑部电话：010-64035853
E-mail：houjunlin@mail.sciencep.com

科学出版社 出版
北京东黄城根北街 16 号
邮政编码：100717
http://www.sciencep.com

北京虎彩文化传播有限公司印刷
科学出版社发行 各地新华书店经销
＊

2020年1月第 一 版 开本：720×1000 B5
2020年7月第二次印刷 印张：19 1/4
字数：300 000

定价：128.00元

（如有印装质量问题，我社负责调换）

作 者 简 介

　　乔纳森·A.瓦斯肯，伊利诺伊大学厄巴纳-香槟分校哲学副教授，贝克曼研究所认知科学团队成员。专业领域为认知科学哲学、心灵哲学和科学哲学，同时涉猎政治哲学、现代哲学、逻辑与批判思维领域。代表作有《模型与认知：日常生活和科学中的预测与解释》《认知科学：心灵与大脑导论》《内在认知模型》等。

译 者 简 介

魏刘伟，1986 年生，上海交通大学科学技术史博士，现为上海工程技术大学社会科学学院讲师，主要从事科学技术史、科学哲学、科学文化传播方面的研究，在核心期刊发表论文数篇，出版译著《制造自然知识：建构论与科学史》。

丛 书 序

与传统哲学相比，认知哲学（philosophy of cognition）是一个全新的哲学研究领域，它的兴起与认知科学的迅速发展密切相关。认知科学是20世纪70年代中期兴起的一门前沿性、交叉性和综合性学科。它是在心理科学、计算机科学、神经科学、语言学、文化人类学、哲学以及社会科学的交界面上涌现出来的，旨在研究人类认知和智力本质及规律，具体包括知觉、注意、记忆、动作、语言、推理、思维、意识乃至情感动机在内的各个层次的认知和智力活动。十几年以来，这一领域的研究异常活跃，成果异常丰富，自产生之日起就向世人展示了强大的生命力，也为认知哲学的兴起提供了新的研究领域和契机。

认知科学的迅速发展使得科学哲学发生了"认知转向"，它试图从认知心理学和人工智能角度出发研究科学的发展，使得心灵哲学从形而上学的思辨演变为具体科学或认识论的研究，使得分析哲学从纯粹的语言和逻辑分析转向认知语言和认知逻辑的结构分析、符号操作及模型推理，极大促进了心理学哲学中实证主义和物理主义的流行。各种实证主义和物理主义理论的背后都能找到认知科学的支持。例如，认知心理学支持行为主义，人工智能支持功能主义，神经科学支持心脑同一论和取消论。心灵哲学的重大问题，如心身问题、感受性、附随性、意识现象、思想语言和心理表征、意向性与心理内容的研究，无一例外都受到来自认知科学的巨大影响与挑战。这些研究取向已经蕴含认知哲学的端倪，因为众多认知科学家、哲学家、心理学家、语言学家和人工智能专家的论著已论及认知的哲学内容。

尽管迄今国内外的相关文献极少单独出现认知哲学这个概念，精确的界定和深入系统的研究也极少，但研究趋向已经非常明显。鉴于此，这里有必要对认知哲学的几个问题做出澄清。这些问题是：什么是认知？什么是认知哲学？认知哲学与相关学科是什么关系？认知哲学研究哪些问题？

第一个问题需要从词源学谈起。认知这个词最初来自拉丁文

"*cognoscere*"，意思是"与……相识""对……了解"。它由 *co+gnoscere* 构成，意思是"开始知道"。从信息论的观点看，"认知"本质上是通过提供缺失的信息获得新信息和新知识的过程，而那些缺失的信息对于减少不确定性是必需的。

然而，认知在不同学科中意义相近，但不尽相同。

在心理学中，认知是指个体的心理功能的信息加工观点，即它被用于指个体的心理过程，与"心智有内在心理状态"观点相关。有的心理学家认为，认知是思维的显现或结果，它是以问题解决为导向的思维过程，直接与思维、问题解决相关。在认知心理学中，认知被看作心灵的表征和过程，它不仅包括思维，而且包括语言运用、符号操作和行为控制。

在认知科学中，认知是在更一般意义上使用的，目的是确定独立于执行认知任务的主体（人、动物或机器）的认知过程的主要特征。或者说，认知是指信息的规范提取、知识的获得与改进、环境的建构与模型的改进。从熵的观点看来，认知就是减少不确定性的能力，它通过改进环境的模型，通过提取新信息、产生新信息和改进知识并反映自身的活动和能力，来支持主体对环境的适应性。逻辑学、心理学、哲学、语言学、人工智能、脑科学是研究认知的重要手段。《MIT 认知科学百科全书》将认知与老化（aging）并列，旨在说明认知是老化过程中的现象。在这个意义上，认知被分为两类：动态认知和具化认知。前者指包括各种推理（归纳、演绎、因果等）、记忆、空间表现的测度能力，在评估时被用于反映处理的效果；后者指对词的意义、信息和知识的测度的评价能力，它倾向于反映过去执行过程中积累的结果。这两种认知能力在老化过程中的表现不同。这是认知发展意义上的定义。

在哲学中，认知与认识论密切相关。认识论把认知看作产生新信息和改进知识的能力来研究。其核心论题是：在环境中信息发现如何影响知识的发展。在科学哲学中就是科学发现问题。科学发现过程就是一个复杂的认知过程，它旨在阐明未知事物，具体表现在三方面：①揭示以前存在但未被发现的客体或事件；②发现已知事物的新性质；③发现与创造理想客体。尼古拉斯·布宁和余纪元编著的《西方哲学英汉对照辞典》（2001）对认知的解释是：认知源于拉丁文"cognition"，意指知道或形成某物的观念，通常译作"知识"，也作为"scientia"（知识）。笛卡儿将认知与知识区分开来，认为认知是过程，知识是认知的结果。斯宾诺莎将认知分为三个等级：第一等的认知是由第二手的意见、想象和从变幻不定的经验中得来的认知构成的，这种认知承认虚假；第二等的认知是理性，它寻找现象的根本理由或原因，发现必然真理；第三等即最高等的认知，是直觉认识，它是从有关属性本质的恰当观念发展而来的，达到了对事物本质的恰当认识。按照一般的哲学用法，认知包括通往知识的那些状态和过程，与感觉、感情、意志相区别。

在人工智能研究中，认知与发展智能系统相关。具有认知能力的智能系统就是认知系统。它理解认知的方式主要有认知主义、涌现和混合三种。认知主义试图创造一个包括学习、问题解决和决策等认知问题的统一理论，涉及心理学、认知科学、脑科学、语言学等学科。涌现方式是一个非常不同的认知观，主张认知是一个自组织过程。其中，认知系统在真实时间中不断地重新建构自己，通过多系统-环境相互作用的自我控制保持其操作的同一性。这是系统科学的研究进路。混合方式是将认知主义和涌现相结合。这些方式提出了认知过程模拟的不同观点，研究认知过程的工具主要是计算建模，计算建模提供了详细的、基于加工的表征、机制和过程的理解，并通过计算机算法和程序表征认知，从而揭示认知的本质和功能。

概言之，这些对认知的不同理解体现在三方面：①提取新信息及其关系；②对所提取信息的可能来源实验、系统观察和对实验、观察结果的理论化；③通过对初始数据的分析、假设提出、假设检验，以及对假设的接受或拒绝来实现认知。从哲学角度对这三方面进行反思，将是认知哲学的重大任务。

针对认知的研究，根据我的梳理主要有 11 个方面：

（1）认知的科学研究，包括认知科学、认知神经科学、动物认知、感知控制论、认知协同学等，文献相当丰富。其中，与哲学最密切的是认知科学。

（2）认知的技术研究，包括计算机科学、人工智能、认知工程学（运用涉及技术、组织和学习环境研究工作场所中的认知）、机器人技术，文献相当丰富。其中，模拟人类大脑功能的人工智能与哲学最密切。

（3）认知的心理学研究，包括认知心理学、认知理论、认知发展、行为科学、认知性格学（研究动物在其自然环境中的心理体验）等，文献异常丰富，与哲学密切相关的是认知心理学和认知理论。

（4）认知的语言学研究，包括认知语言学、认知语用学、认知语义学、认知词典学、认知隐喻学等，这些研究领域与语言哲学密切相关。

（5）认知的逻辑学研究，主要是认知逻辑、认知推理和认知模型。

（6）认知的人类学研究，包括文化人类学、认知人类学和认知考古学（研究过去社会中人们的思想和符号行为）。

（7）认知的宗教学研究，典型的是宗教认知科学（cognitive science of religion），它寻求解释人们心灵如何借助日常认知能力的途径习得、产生和传播宗教文化基因。

（8）认知的历史研究，包括认知历史思想、认知科学的历史。一般的认知科学导论性著作都涉及历史，但不系统。

（9）认知的生态学研究，主要是认知生态学和认知进化的研究。

（10）认知的社会学研究，主要是社会表征、社会认知和社会认识论的研究。

（11）认知的哲学研究，包括认知科学哲学、人工智能哲学、心灵哲学、心理学哲学、现象学、存在主义、语境论、科学哲学等。

以上各个方面虽然蕴含认知哲学的内容，但还不是认知哲学本身。这就涉及第二个问题。

第二个问题需要从哲学立场谈起。

在我看来，认知哲学是一门旨在对认知这种极其复杂的现象进行多学科、多视角、多维度整合研究的新兴哲学研究领域，其研究对象包括认知科学（认知心理学、计算机科学、脑科学）、人工智能、心灵哲学、认知逻辑、认知语言学、认知现象学、认知神经心理学、进化心理学、认知动力学、认知生态学等涉及认知现象的各个学科中的哲学问题，它涵盖和融合了自然科学和人文科学的不同分支学科。说它具有整合性，名副其实。对认知现象进行哲学探讨，将是当代哲学研究者的重任。科学哲学、科学社会学与科学知识社会学的"认知转向"充分说明了这一点。

尽管认知哲学具有交叉性、融合性、整合性、综合性，但它既不是认知科学，也不是认知科学哲学、心理学哲学、心灵哲学和人工智能哲学的简单叠加，它是在梳理、分析和整合各种以认知为研究对象的学科的基础上，立足于哲学，反思、审视和探究认知的各种哲学问题的研究领域。它不是直接与认知现象发生联系，而是通过研究认知现象的各个学科与之发生的联系，也即它以认知本身为研究对象，如同科学哲学是以科学为对象而不是以自然为对象，因此它是一种"元研究"。在这种意义上，认知哲学既要吸收各个相关学科的优点，又要克服它们的缺点；既要分析与整合，也要解构与建构。一句话，认知哲学是一个具有自己的研究对象和方法、基于综合创新的原始性创新研究领域。

认知哲学的核心主张是：本体论上，主张认知是物理现象和精神现象的统一体，二者通过中介如语言、文化等相互作用产生客观知识；认识论上，主张认知是积极、持续、变化的客观实在，语境是事件或行动整合的基底，理解是人际间的认知互动；方法论上，主张对研究对象进行层次分析、语境分析、行为分析、任务分析、逻辑分析、概念分析和文化网络分析，通过纲领计划、启示法和洞见提高研究的创造性；价值论上，主张认知是加载意义和判断的，加载文化和价值的。

认知哲学研究的目的：一是在哲学层次建立一个整合性范式，揭示认知现象的本质及运作机制；二是把哲学探究与认知科学研究相结合，使得认知研究将抽象概括与具体操作衔接，一方面避免陷入纯粹思辨的窠臼，另一方面避免陷入琐碎细节的陷阱；三是澄清先前理论中的错误，为以后的研究提供经验、教训；四是提炼认知研究的思想和方法，为认知科学提供科学的、可行的认识论和方法论。

认知哲学的研究意义在于：①提出认知哲学的概念并给出定义及研究的范围，在认知哲学框架下，整合不同学科、不同认知科学家的观点，试图建立统一的研究范式。②运用认知历史分析、语境分析等方法挖掘著名认知科学家的认知思想及哲学意蕴，并进行客观、合理的评析，澄清存在的问题。③从认知科学及其哲学的核心主题——认知发展、认知模型和认知表征三个相互关联和渗透的方面，深入研究信念形成、概念获得、知识产生、心理表征、模型表征、心身问题、智能机的意识化等重要问题，得出合理可靠的结论。④选取的认知科学家具有典型性和代表性，对这些人物的思想和方法的研究将会对认知科学、人工智能、心灵哲学、科学哲学等学科的研究者具有重要的启示与借鉴作用。⑤认知哲学研究是对迄今为止认知研究领域内的主要研究成果的梳理与概括，在一定程度上总结并整合了其中的主要思想与方法。

第三个问题是，认知哲学与相关学科或领域究竟是什么关系？

我通过"超循环结构"来给予说明。所谓"超循环结构"，就是小循环环环相套，构成一个大循环。认知科学哲学、心理学哲学、心灵哲学、人工智能哲学、认知语言学是小循环，它们环环相套，构成认知哲学这个大循环。也就是说，这些相关学科相互交叉、重叠，形成了整合性的认知哲学。同时，认知哲学这个大循环又有自己独特的研究域，它不包括其他小循环的内容，如认知的本原、认知的预设、认知的分类、认知的形而上学问题等。

第四个问题是，认知哲学研究哪些问题？如果说认知就是研究人们如何思维，那么认知哲学就是研究人们思维过程中产生的各种哲学问题，具体要研究 10 个基本问题：

（1）什么是认知，其预设是什么？认知的本原是什么？认知的分类有哪些？认知的认识论和方法论是什么？认知的统一基底是什么？是否有无生命的认知？

（2）认知科学产生之前，哲学家是如何看待认知现象和思维的？他们的看法是合理的吗？认知科学的基本理论与当代心灵哲学范式是冲突，还是融合？能否建立一个囊括不同学科的统一的认知理论？

（3）认知是纯粹的心理表征，还是心智与外部世界相互作用的结果？无身的认知能否实现？或者说，离身的认知是否可能？

（4）认知表征是如何形成的？其本质是什么？是否有无表征的认知？

（5）意识是如何产生的？其本质和形成机制是什么？它是实在的还是非实在的？是否有无意识的表征？

（6）人工智能机器是否能够像人一样思维？判断的标准是什么？如何在计算理论层次、脑的知识表征层次和计算机层次上联合实现？

（7）认知概念如思维、注意、记忆、意象的形成的机制和本质是什么？其哲学预设是什么？它们之间是否存在相互作用？心身之间、心脑之间、心物之间、心语之间、心世之间是否存在相互作用？它们相互作用的机制是什么？

（8）语言的形成与认知能力的发展是什么关系？是否有无语言的认知？

（9）知识获得与智能发展是什么关系？知识是否能够促进智能的发展？

（10）人机交互的界面是什么？脑机交互实现的机制是什么？仿生脑能否实现？

以上问题形成了认知哲学的问题域，也就是它的研究对象和研究范围。

"认知哲学译丛"所选的著作，内容基本涵盖了认知哲学的以上 10 个基本问题。这是一个庞大的翻译工程，希望"认知哲学译丛"的出版能够为认知哲学的发展提供一个坚实的学科基础，希望它的逐步面世能够为我国认知哲学的研究提供知识源和思想库。

"认知哲学译丛"从 2008 年开始策划至今，我们为之付出了不懈的努力和艰辛。在它即将付梓之际，作为"认知哲学译丛"的组织者和实施者，我有许多肺腑之言，溢于言表。一要感谢每本书的原作者，在翻译过程中，他们中的不少人提供了许多帮助；二要感谢每位译者，在翻译过程中，他们对遇到的核心概念和一些难以理解的句子都要反复讨论和斟酌，他们的认真负责和严谨的态度令我感动；三要感谢科学出版社编辑郭勇斌，他作为总策划者，为"认知哲学译丛"的编辑和出版付出了大量心血；四要感谢每本译著的责任编辑，正是他们的无私工作，才使得每本书最大限度地减少了翻译中的错误；五要特别感谢山西大学科学技术哲学研究中心、哲学社会学学院的大力支持，没有他们作后盾，实施和完成"认知哲学译丛"是不可想象的。

魏屹东

2013 年 5 月 30 日

前　言

　　这本书是为了让所有专业的哲学工作者和认知科学家都能理解而写的。在书中，你会发现一些挑衅性的论点，而且其中很多论点会立即为上述领域的教授和研究生所理解。但是，基于我在下面详述的理由，我有意地使这些论点以及支持它们的论据，不仅可以为教授和研究生所理解，也应该为哲学和认知科学的高年级本科生所理解。

　　以下是我所坚持的一些观点。

　　（1）大众心理学（folk psychology）为人们的日常行为仅提供了有限的预测和解释力，但认知科学充分证明了大众心理学的正确性。

　　（2）认知科学正在取得卓越的成就，尽管经常被讥刺，但是并没有致力于心灵的计算理论或发现意向性的归纳。

　　（3）出于（至少大部分）认知科学研究的目的，大众语义学可以而且必须被内容的非历史理论取代。这意味着内容可以自然化，而不需要自然选择。

　　（4）虽然诉诸被非历史地固定下来的心理内容在解释关于人类行为的最重要的事实之一中起着重要和合理的作用，但内容却缺乏相关的因果力量。

　　（5）进行表征的保真操纵能力最能够清楚地区分人类与其他生物。内在的认知模型（ICM）假设——粗略地说，相当于人类拥有和操纵比例模型的认知对应物的提议——为这种能力提供了唯一可行的解释。

　　（6）ICM 假设可以与关于保真的语句描述区分开来，这种说法与目前对大脑的认识完全一致。

　　（7）一些计算系统（如被恰当编程的个人计算机）也包含非语句的模型，并且基于与比例模型相同的原因，计算表征对框架问题是免疫的。换句话说，对于框架问题存在一个现存的计算解决方案。

　　（8）一个以 ICM 假设为基础的解释模型（称为模范模型），可以以其他模型都做不到的方式解决困扰着关于解释的推论-律则模型的许多问题。

（9）人工智能的框架问题与科学哲学中的均同条件问题（ceteris paribus problem）和剩余意义问题（surplus-meaning problem）密切相关。结果是，前面提到的框架问题的解决方案解释了科学家为何总能在面临相反证据的情况下找到一种方法来维护他们偏爱的理论，以及科学家如何能够运用他们的理论来提出无数新的预言。

（10）在所有可能的最重要的（即提供真正的、启发性的解释的能力）方面中，专门的科学学科（现在）远远优于基础物理学。

（11）如果 ICM 假设是正确的，那么康德声称存在综合的先验知识（至少在几何学上）也是基本正确的。

（12）在不久的将来，人类或非人类可能会以完整的、高维的角度来理解现实的本质。

要快速讨论这些观点中有多少能够吻合，请参阅第 2 章的 2.8 节和第 9 章的 9.1 节。

如果期望之前那些对上述观点漠不关心的研究生和教授在读完本书后会突然接受我的想法，那说明我是非常莽撞的。但是，我有理由期待那些对这些观点感兴趣的人会认识到其力量和我所站角度的优越性。正是本着这种心理，我才把本书介绍给我严苛的同行们。

你们当中也许会有人已经认为，大众心理学具有良好的科学依据，认为大众语义学对科学不起作用，但另一种语义学可能而且认为我们拥有并操作非句法的心理模式，或者认为对一个事件或一个规律性的解释是一种对可能导致它们的东西的心理模型。对于那些属于这些类别的人来说，在本书中可能会发现适合其观点的论据。

最后，也是最重要的一点，我希望本书能够引起那些刚刚开始从事哲学或认知科学的人的注意，因为你们是这些争议的最终仲裁者（见2.6 节）。因为毕竟我的中心论点基本上是正确的，我希望许多支持本书所提出的立场的人成为下一代的哲学家和认知科学家。出于这个主要原因，我试图用一种几乎不预设读者具有这些领域的预备知识的方式来写作。但是请注意，这不仅仅是一本教科书，有时也需要你投入大量的时间和精力来理解其所描述的立场和理由。了解现有的能够帮助你理解本书的诸多资源能为你的阅读提供帮助。在哲学方面，有"斯坦福哲学百科全书"和"劳特里奇哲学百科全书"。前者是一个免费（但不完整）的在线资源；后者是大多数大学生都应该具有电子访问权的在线资源。在认知科学方面，你可以尝试阅读《认知科学指南》[由威廉·贝克特尔（William Bechtel）和乔治·格雷厄姆（George Graham）编辑]和《MIT认知科学百科全书》[由罗伯特·威尔逊（Robert Wilson）和弗兰克·基尔（Frank Keil）编辑]。最后，如果你付出了时间和精力，即使你不同意这里所提出的主张，也会了解到很多有关哲学和认知科学的知识。

致　谢

第 2 章中提到的许多材料首先发表在《大众心理学和非实在论的挑战》这篇文章中（《南方哲学杂志》41，2003：627-655）。

第 4 章和第 6 章中出现的精简版的材料发表在《内在认知模型》中（《认知科学》27，2003，22：259-283）。

应该特别感谢下列个人和团体在这个项目中为我提供的帮助：比尔·贝克特尔（Bill Bechtel），我的恩师、朋友，把我从佐治亚州立大学（GSU）举荐到华盛顿大学圣路易斯（WUSTL）提携了我；伊利诺伊大学厄巴纳-香槟分校哲学系提供了时间和资源让我来完成我的工作；以及 Ray Dream Studio 5.02 和 PlastFEM 的创造者提供的帮助。

下列个人和团体的正式和非正式的评论和讨论，也有助于我的观点的形成：戴夫·巴罗塔（Dave Balota）、鲍勃·巴雷特（Bob Barrett）、马克·比克哈德（Mark Bickhard）、比尔·布鲁尔（Bill Brewer）（著名心理学家）、凯尔·布鲁姆（Kyle Broom）、罗恩·克里斯利（Ron Chrisley）、加里·戴尔（Gary Dell）、丹尼尔·丹尼特（Daniel Dennett）、加里·艾布斯（Gary Ebbs）、里克·格鲁什（Rick Grush）、布瑞恩·基利（Brian Keeley）、帕特里克·马赫尔（Patrick Maher）、皮特·曼迪克（Pete Mandik）、杰西·普林茨（Jesse Prinz）、马克·罗林斯（Mark Rollins）、戴夫·罗森塔尔（Dave Rosenthal）、惠特·舍恩拜因（Whit Schonbein）、洛丽·瓦斯肯（Laurie Waskan）、德西里·怀特（Desiree White）、泰德·扎维斯基（Tad Zawidski），以及加州州立大学长滩分校哲学系、俄亥俄大学哲学系，科学的认知基础课程的学员，威廉帕特森大学哲学系，华盛顿大学圣路易斯"哲学-神经科学-心理学"项目，以及南方哲学和心理学会。

我还要感谢一些其他人。我花费了很多时间向他们表达自己的观点，特别是卡尔·亨佩尔（Carl Hempel）和杰里·福多（Jerry Fodor）。如果没有他们，我不可能开始思考本书所表达的思想。事实上，他们是我的哲学英雄，有着天生的明晰性和独创性。当我想了解我所在领域的特定问题时，我经常求助于福多。的确，在思考了本书想要做的事情之后，在更多地了解了我所参与的更广泛的哲学共同体之后，我开始意识到我对福多观点的赞同远远超过不赞同。我要谢谢福多教授，这个领域有了您的存在才会发展得更好。也感谢札诺·帕利希（Zenon Pylyshyn）教授使我们保持了图像和模型理论家的诚实。

目　　录

1 关于心灵的思考：过去、现在和未来

在本章中，我以哲学家和认知科学家都容易理解的方式介绍一些重要的思想（虽然冒着对于两者来说都很迂腐的风险），为后面的章节奠定基础。我首先简要地回顾了17～19世纪三个世纪的哲学家对人类思想的一些有影响力的论断。然后我考量了一些认知科学的主要学科的起源和本质。我将重点放在与本书其余部分将要讨论的论题相关的主张上（因此，这三节中的每一节都只是对正在思考的主题进行部分讨论）。在本章的最后，我提出哲学和相对较新的心灵科学可以以一些非常特殊的方式互相帮助。

1.1 哲学、心灵和机械论世界观

当前，困扰英美哲学家们的许多问题在四个世纪以前就已形成了，而且那些问题就存在于我们如今所知的科学伟人伽利略（Galileo Galilei，1564～1642年）和开普勒（Johannes Kepler，1571～1630年）等创造的智力氛围中。当然，科学有着更早的起源，但正是这些人真正开动了科学发现的引擎。[1]例如，开普勒就设计了一个预测性很强的太阳系模型系统，按照三个优雅简洁的几何定律①，表征行星绕太阳运行的规律。同样，伽利略利用几何定理来表征地面物体的运动。他还使用望远镜对天空进行了观测，使他能够发现其他行星有卫星，金星有类似于月球的相位，所有这些都对开普勒的太阳系模型提供了有力的支持。所有这些成就标志着宇宙完全由遵循数学有序运动[2]的物质构成的观点，通过确定和评估它们的影

---

① 即开普勒行星运动三定律。——审校注

响来系统地检验理论的实践方法的优势。这已经被证明是一个真正成功的模型，很快就被用来辨别几乎所有自然机制。

当然，这些发展会引起人们对自然哲学早期工作及核心哲学问题相应解答的高度关注。因此，其中许多问题将不得不从新的机械论世界观的框架内重新提出。举一个高度相关的例子，这个时期的哲学家们被迫要问"心灵也是运动中的物质的产物吗？"至少在事情表面，对这个问题的肯定答案似乎表明，有可能在关于心灵的科学研究方面取得真正的进步。另一方面，肯定的答案也似乎表明，死后没有生命、自由意志或道义上的责任；还表明犹太教、基督教和伊斯兰教完全把事情弄错了。在很大程度上，因为心灵的机械观点似乎带有这些反宗教的含义，所以需要几个世纪才能让真正的心灵科学得以发展和繁荣。在此期间，对心灵感兴趣的哲学家们将不得不满足于他们自己心灵的"扶手椅"（armchair）考虑①。

虽然在这个时期对心灵的研究并没有显著地被科学贯穿，但是哲学家相信，科学研究可以通过一个关于心智如何工作的精确模型而得到明显的认识。哲学家希望具体地辨别我们用来获取知识（科学或其他）的装置（即人类心灵）的操作原则。他们希望这样做不仅能够更好地理解科学，而且能够更全面地理解人类智力的影响范围。17世纪和18世纪持有这种观点的哲学家传统上被分为两类：经验主义者和理性主义者（虽然明显地把重要的相似性和差异性掩盖起来了）。

经验主义者［如托马斯·霍布斯（Thomas Hobbes）、约翰·洛克（John Locke）、乔治·伯克利（George Berkeley）和大卫·休谟（David Hume）］普遍认为，我们对世界的所有想法都源于经验，而且我们对在特定情况下世界上将发生的事情的预测是源于对那些相同经验的预期的结果。例如，我的期望是扔一个鸡蛋会导致鸡蛋被打破，根据经验主义者的说法，这可能是由于我倾向于把鸡蛋下落与破碎的鸡蛋联系在一起（根据经验）。因为他们相信所有的知识都是以这种普遍的方式获得的，所以他们倾向于认为人类智力所能达到的范围是有限的，认为人类的智力与其他动物的智力没有任何差别。

理性主义者［如笛卡儿（René Descartes）、斯宾诺莎（Benedict de

---

① 脱离实际的考虑。——审校注

Spinoza）和莱布尼茨（Gottfried Wilhelm Leibniz）]对经验主义者的极简主义心理学不以为然，他们强调了人类理性的重要性，认为这不能仅仅由经验的联系来解释。最重要的是，理性主义者认为正是推理的能力才将人与野兽分开。例如，莱布尼茨认为："理性当然通常会促使我们期望未来的发现符合我们过去的长期经验。但是当我们最不期待的时候，这可能会使我们失望。这就是为什么最聪明的人不会如此依赖于它，以至于他们不去试着探究事实发生的原因（如果可能的话），以便判断何时有例外情况……这往往提供了一种预见事件发生的方法，这种方法不需要像动物那样体验表象之间的明显联系。"（Leibniz，1705/1997：52）。在莱布尼茨看来，换句话说，动物也许有能力预测某些经验之间的伴随关系（例如，一个掉下的鸡蛋的经验将会伴随着一个破蛋的经验）。然而，与人类不同的是，当规则的例外（即它们没有经历的例外）可能发生时（例如，如果鸡蛋被冷冻或者落入打好的非奶制糕点配料的桶中），它们是无法理解的。

动物不仅不能进行与人类相同的机械推理，而且它们在抽象推理部分显然更加缺乏。例如，考虑具有偶数个侧面的等角闭合平面图形的性质。经过一番思考，你可能会相信，对于这样一个图形的任何一面来说，还有另外一面与之平行，但是显然任何非人类的陆生动物都做不到这一点。理性主义者通常认为这一类事情是独一无二的，因为任何愿意花费必要的时间和精力的人（未受损的）能认识到它们是必要且永远正确的，他们否认有人可以仅仅基于经验联想就能认识到这一事实。作为另一种选择，理性主义者通常认为，某些知识（如数学知识）是固有的，尽管他们对这种先天论的范畴持不同看法，并且难以解释为什么需要理性的实践来"发现"已经知道的东西。

18世纪晚期，德国哲学家康德（Immanuel Kant）提出了一种新的关于人的心理模型，试图解决理性主义和经验主义的问题。他也相信，如果我们理解了我们用来获得知识的工具（即人的心灵），就可以确定人类知识的局限性。像理性主义者一样，他对经验主义者的极简主义心理学和他们关于人类智力范围有限的结论是不满意的。康德认为，如果他们的极简主义心理学是正确的，我们甚至不会具有看到一个客体的经验，更不用说看到一个客体经历一段时间的经验。更具体地说，如果我们的心灵在感觉输入的排序中没有起到积极作用，就会失去对客体的组成和属性（如它们的颜色、形状、位置等）的感觉。例如，我们不是经验一张持续不变的坚实桌子，而是现在在那里看到浅棕色，现在在这里感觉桌子的坚实性，听到敲击的声音，等等。如果没有比原始感官数据更多的体验，世界将会显现为一系列混乱而脱节的感觉。我们也不能意识到自己的存在，更不用说体验到自己在时间上的持续。借用威廉·詹姆斯（James，1890：462）的一句话，世界对于我们来说就像是"一团活跃的、嘈杂的混乱"。但是经验并不是这样的，因此，康德得出结论，心灵肯定以某种方式综合了它所接收到的各种各样的信息，从而产生那种我们都熟悉的对客体的一致性体验[3]。

因为康德比经验主义者更重视心智，所以他也认为经验主义者把可能的知识范畴设置得如此严格是错误的。与此同时，他认为智力的范畴远远低于理性主义者常说的，他否认我们存有一些固有的数学观点（见第 9 章）。

直到 19 世纪晚期，真正的心理学科学仍然未出现。虽然有一些重要的先驱们，但哲学家和自封的科学心理学家们继续将内省作为研究心灵的工具，且严重依赖这种工具。后者的工作在很大程度上被遗忘了，但是一位内省的哲学家——弗朗茨·布伦塔诺（Franz Brentano）注意到了一直是争议源泉的人类思维过程的一个特征。布伦塔诺特别指出，心理现象始终是关于某些事情的。[4] 也就是说，当我们思考时，我们会考虑一些事情——比如思考我们的家人、我们希望完成的活动、美味的食物、平行四边形，等等。布伦塔诺借用了经院哲学家的术语（见注 1），将这种心理现象的特征描述为它们所包含客体的"意向性的内省"（intentionally within themselves）（Brentano，1874/1995：124）。他还称之为"内容的指称"（Brentano，1874/1995：124），所有这些术语在今天仍然被哲学家使用。[5]

总而言之，从伽利略和开普勒的时代直到 19 世纪末，这一时期对人类思想的本质进行了卓有成效的哲学探索。然而，只有在 20 世纪中叶之前和在一些重大错误出现之后，一种真正的心灵科学才出现。在我们思考具备这种新的科学思想的哲学家和实践者应该如何看待彼此之前，让我们回顾一下这门科学是如何诞生的。

1.2 心灵科学的历史

近代人类心灵科学的故事——认知科学——是几个单独的贡献者和他们之间互动的故事。我不会试图在这里讲完整个故事的，但是我会呈现一些简单的轮廓，以便让那些不熟悉这个故事的哲学家能够跟上，因为其中一些细节在后面的章节中将被证明是非常重要的。

1.2.1 神经科学

神经科学包括神经解剖学（对神经系统结构的研究）、神经生理学（对神经元和神经系统功能的研究）和神经心理学（研究大脑结构和活动如何与高级认知过程相关）。无论如何，这并非一个不常见的分类方式。

1.2.1.1 神经解剖学

神经解剖学的起源可以追溯到亚里士多德（大约公元前 350 年）和盖伦（大约公元前 150 年）的著作。尤其是盖伦的思想被普遍看作是真理，直到伽利略等在 17 世纪再次开动了发现的引擎。盖伦认为，大脑负责感觉和运动，而且大脑与身体外围的相互作用本质上是水力的。他相信神经是携带液体进出脑室（液体填充腔）的导管。

神经解剖学的一个重大突破是 16 世纪晚期复合镜头显微镜的发明。到了 17 世纪中叶，人们发现所有的植物都是由细胞组成的，尽管直到 19 世纪中叶，也没有证据显示所有的生物都是由细胞构成的，直到 19 世纪末神经系统的细微结构才开始被揭示出来，特别是卡米洛·高尔基（Camillo Golgi，1843～1926 年），揭示了神经系统微观结构的许多细节。高尔基发明了一种新的染色技术。他的方法涉及用银浸透神经组织，使其可以看到神经元（在神经系统中发现的主要细胞类型）的结构。由于高尔基所研究的神经组织似乎在一个错综复杂的无缝网络中相互连接，所以他不认为神经系统是由许多不同的细胞所组成的。圣地亚哥·拉蒙-卡哈尔（Santiago Ramóny Cajal，1852～1934 年）发现了一种使高尔基的技术适用于单个神经元染色的方法，他以这种方式使高尔基因自己的发明驳倒了自己的理论。[6]

20 世纪初对不同类型的神经元及其分布的后续研究，由科尔比尼·布罗德曼（Korbinian Brodmann，1868～1918 年）做出，大脑皮层皱褶的外表面被分成大约 52 个解剖学上不同的区域。布罗德曼的不同大脑区域图时至今日仍然被广泛使用。

1.2.1.2 神经生理学

迈向现代神经生理学发展的一个重要步骤是路易吉·加尔瓦尼（Luigi Galvani，1737～1798 年）在 18 世纪后期的发现，即肌细胞具有电特性。到了 19 世纪中叶，人们发现神经系统的活动本质上也是电性的。赫尔曼·冯·亥姆霍兹（Hermann von Helmholtz，1821～1894 年）设法计算神经脉冲的速度。他发现，尽管这个过程具有电的特性，但其传导速度相当缓慢。事实上，他发现其传导速度不仅比光速（有疑问的速度）慢，而且也比声速慢。在 20 世纪初期，人们认识到单个神经元的电活动是一个全或无的过程（即在它们活跃的"激活"状态和它们的静止状态之间存在明显的分界），神经冲动的传播涉及离子通过门控通道穿过细胞膜的运动。该过程开始于细胞体的去极化。如果超过一个阈值，它就会引发去极化的连锁反应，沿着被称为轴突的漫长的投射，终止于其他神经元的表面。在典型的情况下，当电化学信号到达轴突的末端时，会释放化学物质（即神经递质），激发或抑制下一个细胞的活性。

1.2.1.3 神经心理学

弗朗茨·约瑟夫·加尔（Franz Josef Gall，1757～1828 年）是第一个尝试将大脑结构与高级认知过程联系起来的人。加尔是一位杰出的解剖学家，被认为对神经系统的结构提出一些主要的见解。然而，他最为人所知的——且经常被嘲笑的——是如今已经失效的颅相学理论。加尔注意到，他童年的一些朋友有鼓鼓的眼睛，而他们也往往有很好的记忆力。他推测，这两者都是负责记忆的大脑区域扩大的结果，而其他智力能力的提高也可能以类似的方式引起外部特征，即头骨上的肿块。他最终发展出一套完整的系统，用于从人的头骨的形状中读取心理能力和心理缺陷，他和他的追随者提出了各种大脑图，用来表征特定能力的解剖位点。颅相学很快成为一种标准的医疗实践被使用，甚至迟至 20 世纪初美国法院还将罪犯的颅相学分析视为可以接受的证据。

不幸的是，对于颅相学来说，这种脱离实践的理论一旦被检验，就不那么受青睐了。皮埃尔·弗洛伦斯（Pierre Flourens，1794～1867 年）涉及（他声称）动物大脑皮层特定区域的高度选择性破坏的实验，是一个较早且有影响力的尝试。弗洛伦斯发现，假设对特定的心理能力负责的大脑皮层区域的破坏并不导致这些能力的选择性减少；相反，似乎全面削弱了更高层次的心理能力（感知、记忆和意志），与大脑皮层被破坏的量成正比（Wozniak，1995）。

弗洛伦斯的研究支持了认为大脑皮层不包含功能上不同的区域的观点，但是这种观点很快就受到了保罗·布罗卡（Paul Broca，1824～1880 年）的质疑。他在 1861 年的报告中说，人脑特定部分的受损（在左半部分的前面）会导致一系列特定的言语异常。特别是，这个部分受损的患者通常说话很少，且需要费很大力气才能说出来。另外，他们所说的话往往伴随着语法错误。1874 年，卡尔·韦尼克（Carl Wernicke，1848～1904 年）在另一个经典的定位研究报告中说，一种不同的语言障碍，一种本质是语义上的障碍，是大脑左半部更靠后面的部分受损导致的。这个区域有损伤的患者能轻易地说出符合语法的句子，但显然这些句子没有内容。这些患者也很难理解言语。

虽然关于认知功能可能所属区域的争论一直持续到了 20 世纪，但是卡尔关于物理的分化与功能的分化相平行的建议已经被永久性地当作合理的假设了。随着 20 世纪初布罗德曼对大脑构图的完成，尝试将特定的认知功能与特定的解剖学上不同的大脑区域联系起来成为水到渠成的事情。布罗德曼的大脑图也因此开始被用于神经结构与认知功能的关联，至今依然如此。

1.2.1.4 近期的进展

上述学科继续利用了许多与上面所讨论的方法相同的基本方法，但是这些方法普遍得到了巨大的改进，而且许多新的方法已经被开发出来。

在神经解剖学中，虽然许多研究者继续使用各种形式的显微镜和染色方式，但是已经开发了新的染色方法和染色技术，可以对特定轴突（可以是相当长的）、特定类型的细胞和特定类型的神经元之间联系（如那些利用了特定神经递质的联系）的路径进行选择性染色。这些新的染色方法与电子显微镜和用于产生大规模结构的脑图像的计算机化设备一起（如PET、CT、MRI），使得精细的神经布线图得以产生。

神经生理学家继续研究神经元的电特性，现在他们已经能够研究特定神经元在体外和体内（如在活的非人类灵长类动物）所表现出的电活动水平，甚至能够研究特定离子通道的开放和闭合。近年来，单细胞记录技术也得到大量使用，现在可以同时研究整个神经元群体的电活动。神经生理学家们也开始研究各种不同形式的神经递质的功能作用，并"敲除"特定的基因，以便更清楚地了解神经网络的发育过程和功能分化的机制。

通过对患者进行研究来探究认知功能与解剖结构的关系仍然是神经心理学研究的重要方法。目前，一个重大的进步是利用上述的计算机成像技术来确定大脑的哪些区域已经被损坏。脑成像技术的其他进展使*功能性神经影像学*成为可能，这使人们得以研究当特定的认知能力被使用时大脑的哪个区域是最活跃的。这些研究大部分涉及神经科学和实验心理学的综合技术，因此等我介绍了后者漫长而有趣的历史之后再继续讨论。

1.2.2 19 世纪中叶到 20 世纪中叶的实验心理学

实验心理学起步于 19 世纪的德国，19 世纪的智力氛围有助于实验心理学的发展，原因有二：第一个原因是哲学史上那个大人物——康德的持久影响力，正如我前面提到的那样，他提出了一个复杂的、影响力很大的关于人的心理模型；第二个原因是德国大学制度的状况（Hearnshaw，1987）。在其他地方，科学研究思想的前景仍然激起了（由于前述原因）神学家的激烈反应，他们仍然是大学管理中的强大力量。然而，在 19 世纪初，德国的大学看起来非常像今天的大学。这里不仅是学习的地方，也是很多实证研究的场所。德国的大学也开始强调学术自由的重要性，所以教师可以自由地以任何他们想要的方式进行教授和研究。事实上，德国的教员不仅有很大的自由，他们的研究也常常得到慷慨的资助。在这里，真正的实验心理学研究得以认真开展。

然而，为了成为一个成熟的科学学科，心理学将不得不展现出一门真科学的品质。这些品质传统上被认为包括以下内容。

（1）一个确定的主题。

（2）一种收集、量化和分析数据的方式，在内部主体之间能够达成一致。

（3）一种测试竞争性理论（例如，控制一些实验条件的同时操纵其他条件）。

（4）研究结果的可复制性。

（5）对所研究客体的控制。

（6）与其他科学学科之间的联系。

（7）规则的制定。

（8）准确和新颖的预测。

（9）理解被研究现象的可能原因和如何发生（比如，解释）。

我们很难判断心理学达到这些标准的临界点的准确时间，但是在其发展历程中有一些明显的标志，还有一些重大的失误。

1.2.2.1　19世纪中后期欧洲的心理学

最早收集和分析量化心理数据的学者之一是恩斯特·韦伯（Ernst Weber，1795～1878年），他在19世纪上半叶使用了临界差异方法。例如，韦伯研究了被蒙住眼睛的被试区分两个重量的能力，以便确定重量之间的差异究竟有多大才能使被试感觉到，以及这种差异如何随着所用物品重量的增加而增加。测试结果根据与临界差异方法相关的刺激强度的法则被量化和表达出来。对其他感官形式的研究也采用了类似的方法，并且发现了同样的类法则关系。这标志着*心理物理学*的开始，其方法由古斯塔夫·费希纳（Gustav Fechner）（他创造了"临界差异方法"和"心理物理学"这两个术语）所提炼出来。费希纳不朽的见解之一是数据的统计分析可以用来分析单个实验结果中不可控制的变化。

大约在同一时期，赫尔姆霍茨发现神经传导的速度相当缓慢。这一发现帮助实验心理学向前迈进了一大步。它意味着不同的心理过程可能需要显著不同的时间长度。但是如果没有一个用于测量非常短时间间隔的装置，这个事实就没什么用了。这种已被开发并将其装置用于军事应用，专门用于在发射时测量射弹的速度。前两位利用这项新技术的研究人员分别是弗朗西斯斯库斯·东德斯（Franciscus Donders，1818～1889 年）和威廉·冯特（Wilhelm Wundt，1832～1920 年），他们分别是赫尔姆霍茨的朋友和学生。

东德斯开发了一种巧妙的实验技术，称为*差减法*（subtraction method），以研究特定的心理过程发生的时间。基本策略是从执行一个更复杂的任务所需的时间中减去执行简单任务所花费的时间，其中后者是前者的组成部分。例如，对于一个简单的任务，当一个灯泡点亮时，可能要求实验主体按下控制杆。对于更复杂的任务，可能只有当五个灯泡当中某一个特定的灯泡被点亮时，实验主体才被要求按下控制杆。这个复杂的任务其实并不复杂，相对于简单的任务，只是增加了一个辨别过程。因此，可以通过从执行更复杂的任务所花费的时间中减去执行简单任务所花费的时间来确定辨别的时间。

冯特和他的学生们共同选择了东德斯和费希纳的技术。冯特是一个创造性的天才，他设计了大量的实验设备，其实验室被许多人认为是第一个实验心理学实验室。这个仅仅比储藏室好一点的实验室，人们一般认为它是1879 年在莱比锡大学建立起来的，但实际上它是在一段时间内发展起来的。

冯特实验室的研究集中在"感知"（意识觉察和认知）的时间起点上，该研究涉及东德斯的差减法。这项研究有一个极有分量的内省部分，也涉及了心理物理学方法。然而，冯特和他的学生追求的第三个研究策略却是贯穿始终的内省。随着其事业的发展，作为一个身心二元论者——冯特比其他人更喜欢最后这种方法，这并不令人惊讶。

除了进行实证研究，冯特还通过创办学术期刊、创建学会及指导大量学生（其中许多是美国人）为实验心理学的学科做出了重要贡献。19 世纪末，美国的大学开始遵循德国的模式，随着冯特的学生开始到来，心理学系和实验室在美国各地迅速发展起来。

尽管大多数心理学实验都是针对意识知觉研究的，但赫尔曼·艾宾浩斯（Hermann Ebbinghaus，1850～1909 年）把自己当作被试，设计了一套真正巧妙的记忆和学习实验。他创造了一大堆无意义的音节（形式为"辅音元音辅音"），以便分析内容对学习和记忆的影响。然后，他测量了必须要学习的次数并列表，以便他能够无误地重复。为了衡量他随时间保留这些信息的能力，他以不同的时间间隔测量重复的次数，以便再次重复给定的列表而不出错。使用这些方法，经过大约两年艰苦的研究和复制过程，艾宾浩斯发现了许多关于学习和记忆的重要事实。例如，他能够确定名单长度和学习之间的关系是非线性的；相反，学习列表所需的重复次数随着列表长度的增加而急剧增加。他还发现，如果这些重复是随着时间的推移而延长的，那么重复学习的次数就会减少，对于名单开始和结尾附近的项目来说记忆效果会更好，而使用内容材料则会大大地促进学习。

1.2.2.2　19 世纪晚期的美国心理学

冯特最成功的学生之一爱德华·铁钦纳（Edward Tichener，1867～1927 年）将其老师的内省主义方法带到了美国。在那里，内省主义方法凭借心理学中的结构主义运动盛行一时。结构主义者的目标是为意识状态提供类似于化学元素周期表那样的模式。然而，最终试图分类心智因素及其综合方式的尝试导致了似乎无法解决的争端。

美国的结构主义者最初是为功能主义者所反对的，他们更关心意识状态的适应性价值，因此比结构主义者更多地关注行为。威廉·詹姆斯（1842～1910 年）是功能主义者的领袖，他也是 19 世纪末期为数不多的对实验心理学产生持久影响的非德国人之一。詹姆斯对心理调查的技巧的提高没有多大贡献，但他熟悉欧美最新的研究，且有着深入的了解[7]。在这个背景下，詹姆斯从自己对心灵的观点出发，撰写了一部具有里程碑意义的《心理学原理》（*Principles of Psychology*），最终勾画出实验心理学研究的核心主题（如知觉、注意力、陈述性和程序性记忆、学习、推理和概念）。然而在此之前，心理学必须通过最保守的形式走一条重要的道路，即行为主义。

1.2.2.3　行为主义

美国心理学向行为主义过渡的部分原因是俄罗斯生理学家伊凡·巴甫洛夫（Ivan Pavlov，1849～1936 年）所进行的动物行为实验的成功。巴甫洛夫最著名的发现是关于狗在各种条件下分泌的唾液量。巴甫洛夫发现，作为对食物味道（称为无条件刺激）的正常反应（称为无条件反应），我们知道狗会增加其流涎率。这可以通过连接到动物口中的唾液管收集唾液来测量。此外，巴甫洛夫发现即使当食物不存在时，唾液分泌的水平也会增加。例如，如果一个人重复地将食物的出现和表面上无关的感觉刺激（如哨声）配对，则仅仅通过呈现条件刺激，就可以引发唾液反应（现在已经成为条件反应）。此外，当条件性刺激不再与食物配对时，效果会以稳定的速度减弱。

来自巴甫洛夫的实验数据被整齐量化，其结果很容易复制。与那个时期的其他流行的研究策略不同，行为主义策略并没有把内省作为一个基准。相反，数据被限制在可观察到的刺激和反应之中，这些数据可以被量化，并且它们之间的类法则关系也能够被揭示出来。

巴甫洛夫式的研究几乎展现了真正的科学的所有特征。因此，巴甫洛夫的方法在美国受到极大的欢迎。该研究的理论基础是关于人类心理学的一对假设，它们让人想到经验主义的联想主义心理学（associationistic psychology）。行为主义者和经验主义者一样，强调经验联想（associations borne of experience）的重要性，淡化了人与动物之间的差异。[8] 约翰·沃森（John Watson，1878～1958 年）是这种新的、更科学的心理学的奠基人之一。他在对行为主义原则的经典论述中写道："行为主义者认为心理学是自然科学纯粹客观的实验分支。其理论目标是对行为进行预测和控制。内省并不构成其方法的重要组成部分，其数据的科学价值也不取决于他们是否愿意在意识方面进行解释。行为主义者在努力获得一个统一的动物反应方案时，不承认人与动物之间的界限。"（Watson，1913：158）。

巴甫洛夫的研究和沃森的论述激发了新一代研究人员研究可观察刺激和行为之间关系的热情。尽管如此，包括沃森在内的许多心理学家却发现，很难避开可能介入刺激与行为之间的各种状态的话题。在这方面，20

世纪早期的行为主义者中较为自由的是爱德华·托尔曼（Edward Tolman，1886～1959 年），他非常明确地表明他有意使用有关刺激和行为的事实来推断干预过程。他很容易地谈到诸如目标这样的内部状态，以及行为指导结构，如认知地图等（Tolman，1948）。他甚至提出，新的行为主义研究计划将使研究人员能够挽救许多虽然准确但方法上可疑的建议，这些建议源自内省心理学（Tolman，1922）。

站在另一端的是伯尔赫斯·斯金纳（Burrhus F. Skinner，1904～1990 年）与他"激进"的行为主义。斯金纳认为，心理学家应该研究刺激、反应和它们的类法则关系，并且避免有意识的经验或任何其他可能的中介。斯金纳也许是实验心理学史上最著名的人物，他的名声可以部分归因于他能够控制动物行为的程度。巴甫洛夫只能启发如流涎这样的自动反应，与其相比，斯金纳的方法几乎可以激发动物自然能力中的任何一种行为。斯金纳发现，导致特殊效应（如杠杆抑制）的行为[称为操作（operant）]，无论是自发出现还是被动发生的，都有可能通过引入强化物（如食物、水或社交联系）而使其更有可能发生。通过少量增加的模式，动物的行为方式可以被塑造。

斯金纳的大部分研究集中在强化时间表和操作频率之间的类法则关系上。这项研究展现了上述几乎所有的科学特征，明显的例外是与其他科学领域正在进行的工作有明确的联系。当然，与神经科学相联系的失败只是以下立场的一种推论，即否定心理学一般需要一个中介，尤其是大脑。然而，正如我们所知，神经生理学家已经在把认知能力定位到大脑特定区域方面取得了很大的进展。换句话说，他们那时正在研究那个激进行为主义所否认的中介。这对于激进行为主义来说并不是一个好兆头。更糟糕的是，在 20 世纪中叶，由于激进行为主义的研究工作在语言学发展方面遭到明显失败，所以其在计算机科学新领域的研究和新一代实验心理学家出色的研究成果的挑战下开始受到质疑。

1.2.3　认知革命

上述发展导致出现了一个更具包容性、更具跨学科性的科学学科，其确定的主题是介入感官刺激与行为之间的复杂的一套系统。更具体地说，重点将放在"认知"过程上，这些过程就是表征的产生、存储、检索、操纵和利用（用于指导行为）的过程。[9]

1.2.3.1 语言发展：乔姆斯基对斯金纳的批评

人们普遍认为，诺姆·乔姆斯基（Noam Chomsky）对斯金纳的语言发展理论的批评［如 1959 年对斯金纳《言语行为》（*Verbal Behavior*）一书的评论］有其合理性，这给美国心理学的行为主义造成了致命的打击。无论如何，乔姆斯基在语言学方面的工作无疑都引起了人们对行为主义观点的严重关切，其观点是同一套学习原则在所有形式的人类和非人类学习中都表现了出来。

乔姆斯基反对斯金纳式的语言学习模型的最有影响力的论据包括刺激贫乏（POS）论证、无先例输出（NPO）论证和生产率论证。POS 论证强调儿童在语言学习中的快速性、容易性和自觉性，尽管他们的言语群体通常只能提供关于其母语生成和理解的复杂原理的微不足道的证据。NPO论证基于这样一种观察，即儿童经历了一个相当标准的发展进程，其中包括使用既不是合乎语法的，也不是儿童曾听过的任何句子的表达。生产率论证始于对人类作为一种有限的生物，却能生成和理解无数合乎语法的句子的认识。乔姆斯基声称，这一切都不在斯金纳模型所能预料的范围之内。他认为，所有这一切都指出，存在一种先天的语言习得手段，其预先配置了对可能的语言学原理空间的广泛知识，并能够通过经验"自行调整"在其特定环境中的原则。乔姆斯基非常有意识地提倡向理性主义心理学转向（Chomsky，1990）。

无论乔姆斯基假设的地位如何，他的工作显然是为了加强已经重新流行的观点的合理性，即在刺激和行为之间存在重要和复杂的中介。斯金纳当然会试图根据乔姆斯基或其他人的反对观点调整其理论（例子参见 Skinner，1963），但最终其观点很少有新的拥护者。

1.2.3.2 计算机科学

还有助于推动认知革命的是可编程电子计算设备的出现。这项工作的基础部分是由阿兰·图灵（Alan Turing）在 20 世纪 30 年代关于计算本质的概念性工作所奠定的。在此之前，"计算"（computation）一词是指人们只用铅笔和纸张，并遵循一套简单指令所进行的某种形式的符号操作，被称为有效（或机械）程序。换句话说，一个给定的任务只要有一个人能够遵循有效的程序，且不依靠洞察力或独创性就可以完成，就被认为是可以计算的（Copeland，2002）。图灵的一个很大的创见是，这种非正式的定义"有效程序"方式依赖于人类无须洞察力或独创性就能执行任务的直觉，可以由一台可执行简单活动的假想的机器进行，即我们现在所称的*图灵机*。

图灵机只不过是一个虚构的设备，可以执行非常简单的指令。它是执行这些指令的人的对应物，具有相司的基本组成部分。它有一个分成单元格的长纸带，而非一张纸；可以代替眼睛和四肢的是，它具有可以读取单元格内容（如 1 的内容和 X 的内容）、擦除并写入新内容并且将纸带向左或向右移动一个格子的设备。与大脑对应的是，它有一个控制单元，可以通过编程来遵循非常简单的指令（图 1.1）。妙处在于，当你以正确的方式将很多非常简单的指令放在一起的时候，你可以让设备执行这类符号操作，而"计算"被认为可直观地指代这类符号操作。例如，假设我们有着无限长的纸带，那么图 1.1 中的图灵机就能够对任意两个数字做加法——该机器的纸带将 2 和 3 这两个数表征为由 X 接界的 1 的序列。控制单元执行表中的指令。表格的第一行列出了正在读取的单元格三项可能的内容，左侧列出了机器六种可能的状态。表格中的单元格包含运动指令（D：写一个"1"；X：写一个"X"；E：擦除；R：向右移动纸带；L：向左移动纸带）以及机器的后续状态。机器从状态 1 开始，并从指定的单元格开始读取。控制表（参见阴影单元格）指定当机器正处于状态 1 并读取到"X"时，它应该擦除该单元的内容并进入状态 2。然后机器将处于状态 2 并读取到有一个空白单元格，表格指定在这些条件下机器应该将磁带向右移动一个单元并保持在状态 2 中。该程序持续进行直到"！"为止，这意味着加法过程已经完成。

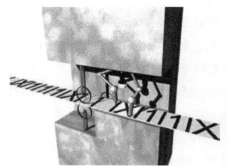

		X	1
1	D6	ER	1
2	R2	E3	?
3	R3	E4	E5
4	L4	?	R6
5	L5	?	R1
6	X6	!	R3

(a) 一个程式化的图灵机　　　　　(b) 加法指令表

图 1.1

资料来源：Adler，1961：24

图灵关于计算本质的基本观点并不是很新颖。他认为当且仅当存在一个有效的程序时，任务才是可计算的。然而，他的主要创新是重塑了图灵机可遵循的简单指令类型的有效程序（即如图 1.1 所示装置的表格中包含的指令）。

图灵后来认识到，任何特定的图灵机的状态转换本身都可以记录在纸带上，并送到第二台称为通用图灵机的机器上。第二台机器能够模仿第一台机器。换句话说，通用图灵机可以通过*编程*来完成任何简单图灵机都能够做到的事情。

所有这些工作都是在电子可编程计算机出现之前进行的。到 20 世纪中叶，约翰·冯·诺依曼（John von Neumann）提出了一种不同的机器。这个机器就像是一个通用图灵机，它可以输入数据或指令，可以做任何通用图灵机可以做的事情，但是在其他方面则要复杂得多。例如，他的机器访问特定存储器内容的能力不受先前访问过哪些内容的限制，也就是说，可以指示该设备从一个存储器寄存器跳转到另一个存储器寄存器，这使其具有操作更大范围的基本指令的能力。建于 1951 年的 EDVAC，是这些建造原则的第一次实际实施。今天广泛使用的计算机也是按照这些原理构建的，因此被称为冯·诺依曼装置。

现代可编程计算机的设计至少部分是由对自动机如何代替人的兴趣导致的，所以计算机的构造与人类具有相似之处。首先，它们具有类似于感觉器官的输入装置，并且具有与人类肢体、声带等类似的输出器件，甚至使其电子电路也是在模仿人类大脑（Asaro，2005）。另外，与认知革命密切相关，计算机的行为不能再单纯依靠过去和现在的刺激知识来预测。要知道计算机要做什么，就必须了解刺激与反应之间的复杂中介。这是关于计算机的一个事实，这显然有助于启发乔姆斯基的语言学研究工作，这一点从他对斯金纳的《言语行为》一书的批评中可以看出：

> 要能够清楚地看到斯金纳的计划和观点为何如此大胆和显著，这是至关重要的。斯金纳将自己限制在研究"可观察"对象上，比如，输入-输出关系，这不是首要的事实。主要不是针对事实而限制自己研究的"可观察"对象，输入-输出关系。令人惊讶的是，他对行为的可观察对象进行研究的方式的特别限制，而且最重要的是，他认为这种功能的简单性质描述了行为的因果关系。人们自然会认为，除了有关外部刺激的信息，还需要对复杂有机体（或机器）的行为进行预测，还需要了解有机体的内部结构、处理输入信息和组织自己行为的方式。（Chomsky，1959：27）

我们也不会看到新一代的实验心理学家是否认识到了这一点。[10]

关于计算机的另一个有趣的事实是，它们的操作可以在许多独立的抽象层次上被理解（见 6.2 节）。例如，如果图 1.1 所示的图灵机是一台真实的机器，原则上可以根据其物理部分及其相互作用规则的知识来解释和预测它的行为。但是，如果我们知道它实现了一个特定的指令表，我们就可以仅仅根据对其基本功能组件的知识、机器的当前状态、指令表格和正在被读取的单元格内容来预测和解释它的行为。这些基本特性和原理可以通过多种方式以多样化的设备来实现（例如，一个硬连接状态的图灵机或通用图灵机，其中任何一种都可以以不同的方式和不同的材料来制造）。在更高的抽象层次上，我们可以简单地将机器视为执行加法操作。在这种机器操作的方法中，我们知道，当我们将机器设置为运行状态时，对于任何两个我们（以正确的格式）输入到纸带上的数字，它将以某种方式产生对其总和的表征。我们可以知道这个机器的相关信息，因此，即使我们不知道用于实现这个操作的底层指令集，也可以获得一些预测的优势。实际上，可以通过不同类型的计算机体系结构（如通过冯·诺依曼设备）及根据相关不同的指令集来实现加法。正是通过这些标志着不同抽象层次独立性的多重实现的关系，这些设备才可以在这种抽象层次上被理解（Pylyshyn，1984：33）。由于各种原因，这个关于计算机系统的事实变得对于认知科学来说很重要，本书只讨论其中的一部分。目前来说，我们只需了解计算机操作可以被理解为一个非常高的且抽象的层次，计算机可以执行的高级操作都属于数学操作*和*逻辑操作[11]。这可能也是图灵（Turing 1950）的想法，当时他提出计算机有一天可能会被编程用以思考（即便这里的"思考"是具体的、可操作意义上的）。无论如何，艾伦·纽威尔（Allen Newell）、J. C.肖（J. C. Shaw）和赫伯特·西蒙（Herbert Simon）都清楚地认识到，他们在 1956 年设计的第一个被称为逻辑理论家的人工智能程序是一个定理证明装置。到 20 世纪 70 年代初期，尝试用高阶形式逻辑原则实现为人类思维过程建模的项目正在全面展开。这些技术各不相同，但即使在今天，由纽威尔和西蒙（Newell and Simon，1972）开发的运行系统架构仍然是人工智能中最流行的建模工具之一。因此，为了更深入地研究传统人工智能研究中使用的技术，让我们仔细研究一下运行系统是如何运作的。

为了专注于特定类型的任务，一个运行系统可以包含其环境的当前状态和期望状态两者的类句子表征（sentence-like representations）。例如，一个运行系统可以用来表征这三个区块的位置（让我们称它们为"A"、"B"和"C"），它们相互关联并与一个表相关联[12]。具体来说，在下列公式的帮助下，它可能表征区块 A 位于区块 B 上，区块 B 和 C 位于该表上，并且 A 或 C 上没有任何东西：

Ontop <A，B>

Ontop <B，Table>

Ontop <C，Table>

Empty <A>

Empty <C>

它也可能用以下情形作为其目标：

Ontop <C，B>

运行系统也可以通过将推理规则（称为运算符）应用于其工作内存的内容，

来确定对世界现状的具体改变的后果。例如，这里所描述的假设运行系统可能有一个名为 Move < x，y >的操作符，它有两个参数 x 和 y，应用时会更新短期内存的内容以反映一个这样的事实，即，已被移动的区块将位于它移动到的任何表面上，而被移动后的表面将是空的，依此类推。[13]

除了运算符，运行系统还使用一套称为生产（productions）的规则及一套探索法，以确定哪些运算符的应用将使它们更接近于特定的目标。[14] 运算符包含有关更改后果的信息，开始执行后通常至少有三套方案，以确定在给定情况下应该应用哪些运算符。第一套是运算符推荐生产（operator proposal productions），根据短期内存的内容确定长期内存中包含哪些运算符。例如，Dump< x，y >这个运算符可能会将一个容器的名称作为其参数之一，另一个参数则是容器内容的名称。因此，如果在短期内存中不存在容器，那么运算符则会建议生产将不会以 Dump< x，y >运算符作为可应用于所讨论的情况的运算符来返回。在可以应用的（通常有很多）运算符中，有一组运算符比较生产（operator-comparison productions）可通过随机选择或者基于一些学习或者编程的偏好，使系统更接近其目标。最后，由运算符应用生产来执行决策过程所输出的运算符。运算符的执行既可以根据世界本身（无论是真实的还是虚拟的），也可以在运行系统的"头脑"中进行，从而使系统能够在行动之前进行思考。因此，例如假想的运行系统可能会确定上述目标状态可以通过首先将区块 A 移动到表格，然后将区块 C 移动到区块 B 的顶部来实现。这样做，模型也许可以执行该情况下相应变化的序列。[15]

虽然运行系统的总体目标通常是找到一个从实际状态延伸到理想状态的推断链，但是运行系统包含可以简化这个过程的知识和策略。通过学习所获得的一种重要的知识形式，是过去在类似的条件下的运算符或运算符序列所导致的期待结果的知识。这些知识被整合到运算符比较生产中，从而使系统不必随意尝试运算符，也可以将其打包成有用的"块"（chunks）。运行系统所包含的策略或探索方法包括建立子目标和反向推理。[16] 后者可以使运行系统考虑哪些行为会构成理想状态的直接原因，哪些行为会导致这个原因，等等，直到（引用一个早在几个世纪前就描述过这样的过程的人）"某个原因因其效力而被找到"（Hobbes，

1651/1988）。

在发明运行系统后不久，人们意识到运行系统技术的基本组合可以应用于解决各种领域的问题——也就是说，只要能够对这些领域的相关规则以生产和运算符的形式进行编码就能实现。例如，约翰·安德森（John Anderson）的 ACT*模型（Anderson，1983）就是对运行系统架构的改编，以便对语言理解进行建模。事实上，到 20 世纪 70 年代后期，研究人员就开始在句子和推理规则的形式上利用运行系统及其变体对知识进行编码，以体现专家在分类、故障排除和医学诊断等方面所带来的知识，并用于构建计算机化视觉系统和控制效应器，以及为典型事件的知识和我们忽略关于对象及其集合的典型属性的默认假设的能力进行建模。[17] 到 70 年代后期，AI 的研究议程也不同了，可以根据不同的用途对其进行个体化，比如研究人员可将计算机放置于他们想放置的地方。[18]

与人类思维研究最不相关的研究议程就是所谓的纯粹的工程学方法，其目标仅仅是让计算机执行似乎需要人类智能才能完成的任务。IBM 公司著名的国际象棋计算机——"深蓝"就是这个战略的标准例证。深蓝的目标是击败世界上最伟大的棋手，这个目标简单直接。它通过计算大量弈棋步骤做到了这一点，这是人类无法做到的。然而，这对它的设计师来说没有什么重要的意义，深蓝并未按照人类的方式来下象棋，因为设计师从未意图对人类思维过程进行建模。

第二种研究策略的不同之处在于被称为规范性计算主义（prescriptive computationalism）的内容。该策略认为，许多科学理论——认知的、科学的或其他方式的，特别是复杂的理论——应该用有效程序来表达。正如我们前面所看到的，有效的程序只是一种图灵机、通用图灵机，或者（更相关的）冯·诺依曼装置可以执行的指令类型。当根据有效程序制定理论时，计算机可以避免依赖关于理论是否具有特殊含义的直觉，因为从有效程序的角度来阐述理论可以使这些含义由纯粹的机械手段来确定。[19]

规范性计算主义往往不要求所有的理论都根据有效程序来制定。然而，当理论变得如此复杂以至于我们对自己评估其含义的能力丧失信心时，我们就能借助于有效程序来判断理论的形成过程了。"以计算机程序的形式来呈现认知过程的模型（虽然同样的方式在其他情况下也明显适用），其最明显的优势之一就是提供了一个非常有意义的智力辅助来处理复杂性，以及一大套建议原则及其相互作用"（Pylyshyn，1984；Johnson-Laird，1983）。因此一个致力于遵循规范性计算主义的 AI 研究人员会将计算机视为一种工具，用于搞清楚特定认知过程模型的原理并确定其意义。此处所采用的研究策略，与计算机建模在其中处于非常重要地位的其他科学领域（如板块构造学、经济学、天体物理学）所使用的策略很相似。

人工智能的第三种研究策略的特点是致力于所谓的理论计算主义（theoretical computationalism）。人工智能中的理论计算主义者致力于规范性计算主义，但是他们也赞成关于人类认知系统与为其建模的有效程序之间关系的假设。特别是，理论计算家们认为，人类的大脑实现了构成其计算模型的规则（或者可能是其近似的变体），他们认为大脑是一个类似的计算系统。这显然要比规范性计算主义强得多。[20]

20 世纪 40 年代由神经生理学家沃伦·麦卡洛克（Warren McCulloch）和逻辑学家沃尔特·皮茨（Walter Pitts）所做的理论工作，对理论计算家的研究议程的可行性做出了重要贡献。如上所述，麦卡洛克和皮茨对神经元功能的基本发现非常了解，他们能够想象遵循这些相同原理的单一处理单元网络如何实现某些逻辑原理。他们还提出，如果有存储带和改变其内容的手段，这些适当配置的处理单元网络将具有与通用图灵机相同的计算能力（Bechtel et al.，1998：30）。这样的发现自然而然地加强了大脑是计算机的观点，因为在电子计算机上运行的高级程序（如运行系统模型）原则上也可以在神经网络上运行。

除了这些在 AI 领域众所周知的研究策略，在理论计算主义和单纯的规范性计算主义之间经常被忽视的中间地带还有第四种研究策略。这是因为人们一方面可以合理地宣称 AI 模型（如运行系统模型）由人类在处理类似问题时所依赖的一些相同的功能组件和过程组成（如正向和反向推理的探索方法和子目标的建立），另一方面否认人类工作记忆中所蕴含的环境表征具有类语言结构，或通过语法敏感的推理规则的应用而被操纵。大多数人工智能模型可以用类似的方式看待——也就是说，有可能将它们理解为具有与大脑相同的基本功能组件和过程，且不需要以任何方式将大脑看作计算系统。

1.2.3.3 认知心理学

到 20 世纪 60 年代，实验心理学家明显地感受到了神经科学、语言学和计算机科学的压力。然而，心理学的真正改变必须来自内部。实验心理学家必须找到一种方式，以完全科学的方式研究促成人类与世界之间互相影响的复杂过程。

尽管行为主义者倾向于不支持必要的中介，但是行为主义对真正的实验心理学最终发展的重要性却难以夸大。[21] 行为主义者认识到，体面的心理学科学的唯一可接受的数据是刺激和反应。激进的行为主义者也试图将那些似是而非的理论从类法则的 S-R 关系中剔除，但即使失败也是一个重要的进步，因为它把心理学家的注意力引导到了他们所缺乏的东西上，即介入刺激和行为之间的复杂机制的模型。那么，让我们来谈谈为解决这些中间机制的竞争模型的制定和测试问题而开发的一套巧妙的技术。

认知心理学家现在关心的是理解表征的形成、操纵和利用的过程。然而，他们对神经解剖学或神经生理学不感兴趣（至少不是首先）。事实上，与神经科学家不同的是，纯粹的实验心理学家从来不直视他们正在研究的器官。正因为如此，他们面临的挑战在很多方面比神经科学家所面临的挑战更为艰巨。他们唯一需要处理的数据是在不同的（通常是精心设计的）条件下所呈现的行为。尽管可以测量的行为有不同的类型，但是最流行的——反应时间（RTs）和回忆分数（recall scores）——是 19 世纪首先发展的方法的改版。为了更好地理解认知心理学如何工作，考虑一些早期的、具有代表性的例证来说明这些措施如何用于认知过程模型的测试，这对我们是有帮助的。

1）反应时间

如果你愿意，请想象有一匹马。默认情况下，你想象中的马可能正面朝一个特定的方向，并且是竖直的。现在想象一下，如果马颠倒了会是什么样子。你是在脑海中把马绕着一个特定的轴旋转了 180° 呢，还是马直接就出现在那里了呢？你可能会觉得这个问题有明确的答案，也可能不会。幸运的是，从认知心理学家的角度来看，你自己对这个过程的内在印象远不是决定性的。相反，在被试第一次在脑海中对图片进行不同程度的变换（45°，90°，135°…）时，对这些相互竞争的理论（在脑海中连续旋转和瞬时变换）之间的选择就可能会根据被试所花时间确定下来。例如，如果发现将图像转换180°所花费的时间比将图像转换90°所花费的时间要长一倍，对于45°也是如此，那么我们有理由认为转换是连续发生的（即像旋转图片一样），而不是以瞬时的方式。当然，我们不能简单地问被试什么时候完成了各种转换。事实上，为了最大限度地减少被试预期的影响，如果被试对实验的目的根本没有什么概念，这将会有所帮助。因此，要问人们可以做些什么及有些人（如 Shepard and Metzler，1971）做了什么，就是要求被试评估不同图像对是否描述了同一个对象。例如，可以在页面（或计算机屏幕）的左侧呈现一个图像并且在其右侧呈现另一个图像，在某些情况下，除了被旋转到某个确定的程度，两者应该是相同的。然后可以通过按压两个按钮中的一个来要求被试评估两个图像是否描绘了相同的对象。如果瞬时变换理论是正确的，那么我们可以期望，在那些被试正确地回答两个图像描绘同一个客体的情况下，他们的反应时间不会被这两个图像彼此偏移的程度影响。另一方面，如果连续旋转理论是正确的，我们可以期望反应时间受到两个图像相对于彼此偏移程度的系统性影响。在谢泼德和梅茨勒（Shepard and Metzler，1971）的研究中，他们发现反应时间与同一物体的图像相对于彼此的偏移程度之间存在正向线性关系。换句话说，他们的结果支持连续旋转模型而非瞬时变换模型，并且提供了一个很好的例子，说明如何使用反应时间来测试被认为是内省的、难以理解的过程的竞争理论。[22]

2）回忆分数

如果你愿意，请背诵你的电话号码。现在考虑一下在你执行这个简单的指令时可能想到的所有认知操作。对于初学者，你可能必须能够阅读和理解我的指示。而你可能已经把你的电话号码的神经表达转变成了一种声音的表现形式，为了做到这一点，你必须非常精确地操纵大量的控制你的声带、舌头、嘴唇等部位的肌肉。你还必须记住你的电话号码。

现在看看这个号码：723-3684。

　　请合上你的书，找到你的电话，然后把电话号码打出来。看起来，你在执行这套指令时所采取的一些相同的认知过程似乎也可能是简单地背诵自己的电话号码，虽然其中有一些可能不同。但哪些是相同的，哪些是不同的？更具体地说，在书被合上之后你是如何记住这个数字的，这种情况和你对自己号码的记忆是一样的吗？最后一个问题：为了回答最后这一个问题，你会设计一个什么样的实验？设计这样一个实验并不是一件容易的事情，但它是可以做到的并且已经完成了。要看看这个实验是如何设计的，我们需要再来尝试一下。我再次给你展示一个号码。但是这一次，在合上你的书之后且打出数字之前，要尽可能快地从 15 开始倒数。这是你的号码：537-9671。现在开始吧。

　　你怎么做的？如果你和其他人一样，你可能会遇到一些麻烦。至少你可能比以前执行这套指令更困难。也就是说，向后倒数的任务可能会导致分心。如果让你在拨打自己的电话号码之前倒着数呢？至少在直觉上，你的表现很可能不会受到影响。现在我们已经有了方向，但是我们还没有达到科学的程度（我们已经达到了与艾宾浩斯大致相同的程度）。

　　通过使用与我相同的方法，20 世纪 60 年代（Postman and Phillips，1965；Glanzer and Cunitz，1966）产生了一组更可靠的数据。在这些实验中，他们给被试展示了相当长的项目清单（文字、数字、无意义的音节等），一次一个项目，在演示后他们被要求说出清单上的项目。其后结果被绘制出来，如图 1.2 所示。开头和结尾附近的项目比中间的项目更容易被记住，这两种现象分别被称为首因效应（primacy effect）和近因效应（recency effect）。这两种效应恰好是分开的——也就是说，在一定条件下，前者的效果保持不变，而后者严重减弱。例如，当在列表呈现和回忆之间的间隔期间要求被试执行一些活动（如向后计数）时，首因效应不会减小，而近因效应几乎消失。序列位置的曲线最终看起来更像图 1.3。

　　注意力分散期的长短对近因效应的强度有一定的影响。在综合相关结果的基础上得出结论：为了记住列表上的项目我们使用了两种不同的记忆机制。首先是一个长期的存储机制。清单中靠前的项目成为长期存储，因为人们可以在看到它们后重复几次。然而，当大量的项目被呈现时，被试在下一个项目出现之前不再能够重复整个列表。因此，一旦列表超过了数

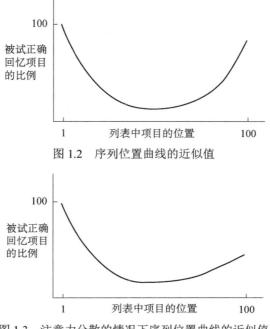

图 1.2　序列位置曲线的近似值

图 1.3　注意力分散的情况下序列位置曲线的近似值

个项目，则只有少数几个项目才能进入长期存储。另一方面，列表末尾的项目被认为是在短期存储机制中保存的。项目在这个机制中会保持几秒钟就消失。它们可以通过重复来刷新，但是当某事阻止重复时，它们很快就会被遗忘。因此，在被要求倒着数后，你可能会遇到拨打陌生电话号码的困难，因为你无法对自己重复该号码，但向后计数对记忆自己号码的能力没有影响，因为这是长期存储。

　　对回忆的测量为调查认知过程提供了另一种有用的方法。如今对回忆的测量（艾宾浩斯的学习技术标准的分支）是研究认知过程的最流行的技术之一，尤其是那些与学习和记忆有关的技术。

　　3）控制和统计

　　心理学家是如何处理被试个体表现水平的巨大差异的呢？例如，在心理旋转这个案例中，一个人正确地判断出两个图像描绘相同的对象（如果图像偏移 90°的话）的时间可能会少于另一个人做出这样的判断（如果图像被偏移 45°）所花费的时间，除非前者没休息好，或者即将面试，或者天气太冷了，或者……我们需要的是一种控制变量的方法，如果做不到，那就用一种数学方法分析出无法控制变量的方法。

控制变异性的其中一种方法就是使得各组间的相关差异很小。也就是说，平均而言，所研究的每个群体应该具有大致相同的智力、相等的年龄、相同的休息时间及任何可能影响实验结果的其他度量上的平等。确保所有这些方面平等的另一种方法是使用与对照组和实验组相同的实验对象。也就是说，有时可以使用所谓的对象内部设计（within-subjects design）而不是对象间设计（between-subjects design）。例如，在近因效应实验的研究背景下，可以测量同一被试在正常回忆和分心情况下的行为。

然而，使用这种技术会引起进一步的担忧，即两个条件的实验顺序可能会对结果产生一些影响。为了减轻这种担忧，可以平衡两个任务的呈现方式，使得一半的被试在正常的回忆任务之前被要求执行分心任务，而另一半则被要求以相反的顺序执行任务。这些就是实验心理学家用来抵消人类行为固有多样性的一些最基本的技术。

不过，正如一个完全正常的硬币可以连续翻转 20 次，每次都是头像朝上，两组行为测量之间的差异可能仅仅是一个异常。例如，考虑这样的情形，当在最后一个列表项目的呈现和对列表的回忆之间要求被试执行分心任务时，近因效应被减弱的现象就出现了。序列位置曲线尾部的斜率之间有多大的差距就足以让你断定这个实验操作有一个确定的结果？这两个条件之间观察到的差异仅仅是一个异常的可能性总是存在的。为了弄清楚操纵一个自变量（在此案例中，是否存在一个注意力分散的操作）对因变量是否有真正的影响，我们必须依靠统计。

正如我所指出的，费希纳是最早使用统计数据来处理不可控变量的人之一。统计学领域自费希纳时代以来已经极大地得到了发展，然而如今对行为数据的统计分析成了一个可靠且不可或缺的工具。当然，偶尔错误的测验结果和虚假的相关性当然会使流行文化中的统计数据受到大量的质疑，但是使用统计数据来确定从不同人群中获得两套或更多套测量数据的概率——以及操纵自变量是否对假设的因变量有实际影响——已经成为一门精确的科学。心理统计方面的教训在这里的引申是不可行的，但是对一个好的统计分析所考虑到的东西来说有一些意义。

例如，考虑上面讨论的反应时间实验。对该实验的数据进行统计分析能够非常精确地确定两组反应时间（如 45°转换和 90°转换的平均反应时间）之间的差异是随机变化的。

首先，要注意的是，如果只发现两组 RT 的平均值之间存在适度的差异，并且如果这些组中只包含三个测量值，则这些结果不会给心理旋转理论带来很大的可信度。另外，如果在两组 10 000 个测量值的平均值之间找到适度的差异，则这个结果会更有说服力。因此，在平均测量中计算的单独测量的数量是必要的，而且是现代统计技术所要考虑到的。

其次，还要注意，个别测量值与组平均值的差异程度是非常重要的。例如，如果 100 个人中的每一个人都花了半秒钟的时间来确定当两个图像偏移 45°时描绘相同的对象，而当其中一个图像偏移 90°时恰好是一秒钟，那我们将会有一个相当有信息量的结果。另外，如果做出这种判断的时间在第一种情况下为 0.1～0.8 秒，在第二种情况下为 0.25～0.95 秒，我们得出的结论就不那么清楚了。因此，信息统计分析必须考虑到平均值的标准偏差。

在将这些因素和其他因素纳入考虑的方程的帮助下，可以非常精确地确定实验操作可能产生的影响。一般来说，两组测量之间的差异只是随机变化的任何大于 5%的概率，将被视为未能提供足够的证据来断定其操作产生了效果。当两次测量之间的差异是随机变化的结果的概率小于等于 5%时，其结果会被认为是实验操作确实有效果的标志。在这种情况下，两组测量之间的差异被认为在统计上是显著的。当随机变化对结果负责的概率远低于 5%时，研究人员当然会更高兴。他们也会乐见自己的发现被独立地复制出来。

4）认知心理学和科学的特征

在统计学的帮助下，认知心理学家已经能够使其学科成为真正的实验科学。事实上，在 1.2.2 节中提到的科学的九大标志中，认知心理学已经基本满足了所有的要求，除了第七个——也就是说没有形成一个规则体系。有意思的是，行为主义满足了第七个要求，但并未满足第六个要求（可以说也没有达到第九个要求）。另一方面，认知心理学满足了第六个要求，却未满足第七个要求。这反映了行为主义者（和大多数哲学家）把规则的发现作为科学的根本目标的倾向。与此相反，认知心理学家则有兴趣构建调解人类与世界之间互动的复杂系统的有效模型。在我看来，认知心理学的方向更正确。[23]

1.2.3.4 认知科学中的跨学科研究

近几十年来，人们对澄清和促进神经科学、人工智能和心理学等学科之间的联系非常感兴趣。理由很简单：这些科学的认知分支显然有一个共同的主题，所以他们的发现应该是相互制约（当涉及可行模型的空间时）和相互启发的。[24] 作为这个跨学科活动成果的简要说明，可以考虑认知革命开始以来发生的一些进步。

1）神经心理学

在神经心理学中，将认知功能与解剖结构联系起来的可靠方法，仍然是研究具有可检测到的某种形式脑损伤（如手术后、中风、过量饮酒、事故、枪伤等）的个体或一些其他病理学（如心理分裂症、帕金森病、自闭症等）。因此，当今的神经心理学是 19 世纪布罗卡和韦尼克等所开创的研究计划的延续。然而，现在的神经心理学家在分析时更加谨慎。

早期神经心理学家采用的一种常用技术是将个体根据他们显示的症候群归类到病理学的类别，并且查看哪些神经结构可以与这些病理学相关联。然而，近年来的重点已经从认知缺陷与神经病理学的联系转移到分离特定的认知缺陷上（Ellis and Young，1988）。这使研究人员能够得出关于各种认知功能独立性的结论。例如，如果发现一个人或一群人受到脑损伤，导致他们无法识别脸部，而他们仍然完全有能力识别工具，那么我们就有根据认为这两个功能是通过独立的神经机制被执行的。当然，我们也应该确定这个问题不是由视力不佳导致的[例如，一个低敏锐度的人也许能把锤子与锯子区分开来，但却不能区分希拉里·克林顿（Hillary Clinton）和蒂珀·戈尔（Tipper Gore）]。如果我们确定这个问题不是以视觉为基础的，那么功能独立的情况就会被加强，反之亦然。也就是说，如果一些人难以识别面孔（而不是工具），而另一些人难以识别工具（而不是面孔），那么功能独立的主张会更有说服力。通常认为双重分离的实例提供了令人信服的证据，即两个认知功能是通过独立的神经机制进行的。但这只是研究角度之一。

为了理解功能性缺陷的确切性质，还需要注意行为所提供的各种微妙的线索。因此，神经心理学家设计了一些独特的方法从可观察行为中推断认知，他们也选择了认知心理学家所使用的一些技巧。作为前者的一个例子，假设你正在研究两个经粗略检查似乎正遭受某种注意力缺陷的个体。为了研究它们各自缺陷的确切性质，你可以将雷-奥肖特（Rey-Osterrieth）复合图（图 1.4）作为工具之一。现在假设当你要求这两个人用铅笔和纸张来复制这个图形时，你会注意到，其中一个能够准确地描绘图的细节特征，但是对这些特征的全局排列却做出错误的判断，另一个则有相反的倾向。也就是说，他准确地画出了一些特征的整体布局，同时却忽略了许多细节。在此基础上，你可能会暂时假设两个人中的一个在注意场景的局部特征的能力方面受到了损害，而另一个人在全局特征的能力方面受损。后者的行为可能是由视力不佳造成的，需要再一次对这个人进行视力测试。同样，对于第一个人来说，其他一些缺陷也可能成为其对图表整体布局糟糕的原因。例如，短期记忆的损害或一些运动缺陷也可能造成这种状况。因此，每个人都要进行一系列的测试，以便排除其他解释并隔离出其认知缺陷的确切性质。如果在这一系列测试结束后，原始的一对假设仍然可信，人们就会发现整体和局部关注机制之间存在重要的双重分离。

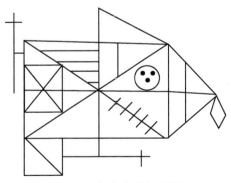

图 1.4 雷-奥肖特复合图

这种行为分析与认知心理学的研究有明显的区别。例如，利用大量的行为参数来进行个体的研究，而非仅仅采用少数行为参数来研究一大群人。然而，在某些情况下，神经心理学家还是能够使用认知心理学家所开创的技术的。这些技术对于研究庞大而明确的病理人群是非常有用的。

应用这些技术的其中一种方法是，将临床人群的单一任务或多任务表现与整个人群的表现作比较。例如，阿尔茨海默病患者的序列位置曲线与其余人群的序列位置曲线之间的比较，有可能揭示两组之间的首要要素的大小在统计学上的显著差异。由于首要要素是以独立的理由作为长期记忆功能的指标，那么有理由相信这些个体的长期记忆功能受到了损害。此外，还可以比较不同临床人群之间的表现水平，以便能够双重分离认知功能。

2）认知神经科学

成像技术的进步使人们有可能研究个体在执行一些任务时大脑中的神经活动水平。例如，正电子发射断层成像（PET）可以根据流向这些区域的血流速度来测量大脑各个部分的活动。一般而言，随着大脑的特定部分变得更加活跃，血流量将会增加。因此，通过跟踪血流量，PET 可以让研究人员了解在特定条件下大脑的哪些部分是最活跃的。另一种成像技术——功能性磁共振成像（fMRI），可以跟踪氧浓度的变化，其基本原理与 PET 相同。认知神经科学家（传统上是通过训练的心理学家或神经科学家）所采用的激动人心的新策略之一，涉及将这些复杂的成像技术与精细控制的行为测量结果配对，以便将解剖结构和认知功能相关联。特别是认知神经科学家已经严重依赖于东德斯在 19 世纪所开发的差减方法。

正如我前面所解释的那样，差减方法的实质是在一个被试对复杂任务的反应时间中减去对简单任务的反应时间。当在功能神经影像学研究中使用时，唯一的区别是减去了神经活动的测量值。例如，假设一个人有兴趣确定大脑的哪些部分（或多个部分）是负责理解语言刺激的。显然人们会使用语言理解的任务。但是语言理解需要数个认知系统的贡献，而其中只有一些是直接相关的。例如，对书面语句的理解可能在涉及字母和词语的视觉识别的各个阶段之后出现，并且也可能要对语法结构进行单独的分析。因此，为了区分涉及语言理解的大脑活动和与这些过程相关联的其他大脑活动，我们可以让被试执行除理解外的所有相关过程的任务。然后，我们可以从句子理解期间记录的活动水平中减去在这种情况下检测到的活动水平。例如，可能有一些被试读出语法正确但意义不大或没有意义的句子。这可能包括语义上异常的句子（如"扫帚把球吃到窗口上"）或者包含伪单词的句子（如"The dwardums glipped the actiphale"）。伯纳德·马佐耶（Bernard Mazoyer）及其同事（Mazoyer et al., 1993）沿着这一路径进行了一项研究。在从阅读含有伪单词的句子或语义上异常的句子时所测量的大脑活动（用 PET 技术测量）中减去理解正常句子时的大脑活动之后，马佐耶等发现，在后一种情况下，大脑的某个特定区域比前者更活跃。这个以卡尔·韦尼克命名的区域，由于独立的原因，长期以来一直被认为在语言理解中起着重要的作用。马佐耶等也使用了这项技术的各种变体，用以识别与听觉、语音、词汇、句法和韵律处理有关的区域，最终提供了从感官输入到理解的信息处理阶段的流程图。

1.3　哲学与认知科学

令人惊奇的是，人类心灵科学自 19 世纪以来确实走了很长的路。我们在认知科学领域进行了跨学科的努力，用以理解调解我们与世界之间互动的宏伟的复杂机制。其核心学科的范围包含从最底层的亚细胞到最高层的知识组织，并且认知科学最好的特点是在各个层次的分析中进行了正向和反向工程之间的信息共享。因此，认知科学在调解我们与世界的关系的复杂机制方面，远远超越了内省方法。由此看来，心灵、语言和知识的哲学家们不得不完全依赖内省和直觉的时代已经过去了。显然，哲学家应该开始与认知科学家进行交流。道理很简单：我们有一个共同的主题，所以我们的发现应该是相互制约（当涉及可行模型的空间时）和相互启发的。事实上，如果哲学家关于心灵、知识和语言的主张与认知科学家对这些主题的论述之间没有建立确定的联系，那只会是哲学的尴尬（仅仅保持与认知科学的一致性是不够的。只要两组观点之间没有联系，就不容易发现矛盾了）。

当然，并不是每个人都持有这样的看法。有些人认为，心灵、知识或语言的哲学某些领域是认知科学无法回答的。这些人可能会引用格雷洛布·弗雷格（Gottlob Frege）的观点，弗雷格曾经坚决拒绝了逻辑研究可以被心理学启发的提议。弗雷格声称，逻辑规则不只是指导我们推理过程的原则，因为不管人们怎么想，具体的规则是有效的。[25] 回到理性主义者提出的关于数学知识的主张（本身可回溯到柏拉图）上——也就是说，任何愿意花时间和精力的（没有缺陷的）人都能够认识到某些事实的必然性和永恒性。[26] 我对这一思路颇有同感，但我也不禁要提到约翰·杜威（John Dewey）（19 世纪另一个知名的美国功能主义者）所提出的观点：“如果一个人否认超自然，那么他就有责任指出在持续的发展过程中逻辑如何与生物联系起来。”（Houts and Haddock，1992）。[27] 正如杜威所言，我们是生物地进化而来的动物。如果有人认为我们可以认识理性主义者和弗雷格声称我们所知道的东西，那么问“一个有局限的生物物种如何拥有这种知识”是完全合理的。至少要问，为什么我们许多人*声称*拥有这种知识。我们没有合理的办法来回避这个问题。

无论如何，这只是一种哲学问题。虽然当哲学家试图捍卫哲学自主性的时候，它是最经常出现的，但这不是本书的焦点。事实上，我想在这里展示的是哲学家和科学家之间可以互相帮助的几个重要的研究领域，这些领域的研究往往不会偏向任何一方。[28] 这显然不是一个新颖的建议，但是在内省的“自然主义”哲学家圈子之外，这个建议基本上没有被接受。责任至少可以部分归到我们自然主义者身上，因为我们未能真正地展示哲学和认知科学如何能够互相帮助。我希望尽我所能来纠正这种状况。我打算特别指出，在认知科学的帮助下，心灵、知识和科学哲学中的一些传统和近期的问题是如何得到解答的，反过来，一些认知科学发现自己已经深陷的概念纠结能够为细致的扶手椅哲学（armchair philosophy）所解决。

1.3.1　常识（又名大众）心理学

一个自然主义哲学家长期关注的问题，与我们关于人类行为成因的常识或大众心理学理论与认知科学的解放之间的关系有关。哲学家主要关注大众心理学的一个重要方面：人类经常根据自己的信念和愿望制订和执行行动计划的假设。举个例子，我曾经把取悦来我家做客的姻亲作为我的目标。根据以往的经历，我也相信他们从精心准备的异国风味菜肴中获得了巨大的乐趣。因此，我试图回想起所有我可以准备的异国风味餐。然后，我排除了曾为他们准备过的菜肴，并从剩余的选择中挑了一个。我现在有了一个行动计划，希望能够实现我的目标。当然，为了圆满完成任务，我需要获得正确的食物配方，而这需要记住（或推断）哪些商店可能拥有这些原材料，等等。这是大众心理学家如何倾向于理解自己的行为和同类人的行为的一个典型例子。有史以来我们一直这样做。

正如我在本章开始时所解释的那样，机械世界观在主宰了西方文化之后，就提出了许多重要的新问题。但其中绝大多数都预设了大众心理学的正确性。然而，最近随着关于人类行为潜在原因的跨学科科学的出现，哲学家们开始提出一个更深刻的问题。尽管我们在很大程度上同意，我们作为大众人士，将隐藏的心理状态和过程归咎于我们自己，以便预测和解释行为（也就是说，我们采取的行为是由其他因素引起的：信念、欲望和推理），一些哲学家想知道这些假定的状态和过程是否会映射到认知科学发现或最终会发现的那些。以简洁（且普通）的方式，他们想知道大众心理学是否比大众天文学、大众物理学或大众生物学更受人尊敬，而以上这些都没有特别好的名声。

对这个问题的讨论花费了大量的时间和精力并将继续下去。然而，正如我在下一章将要解释的那样，对于大众心理学的科学性，大多数哲学论证都是以对认知科学的预言和解释实践的一些误导性假设为前提的。而且，一旦这些错误的假设被精确的假设取代，我们就能清楚地知道大部分关于人类行为基础的大众心理学已经得到了认知科学的充分证明。[29]

1.3.2　意向性

尽管第 2 章涉及认知科学与一些最易于辨别的常识心理学的关系，但是在第 3 章中，我将像其他人一样放大大众心理学家对心理状态的精确分类方式。在粗略的分析中似乎可以非常清楚地看出，大众心理学家通常基于所谓的态度（如欲望、希望、恐惧等）对心理状态（如认为我的姻亲喜欢我精心准备的异国美食），以及这些状态所涉及的内容（如我的姻亲和精心准备的异国风味餐之间的关系）进行个别化。然而，许多哲学家想知道的是，心理状态的内容通常被固定下来的精确方式，以及如此固定的内容是否具有一种真正的物理学家可以合理支持的那种属性（这是一个棘手的领域，但我尽我所能开辟出一条道路，任何有动力的哲学家或认知科学家都可以沿此路而行）。

对心灵内容感兴趣的哲学家往往会考虑真实的和想象的内容归属案例，以突出我们大众心理学家在确定心理状态的内容时所依赖的原则。结果现在已经出来，并且对内容来说似乎不太好。看来就心理内容而言，大众心理学家在对人类行为的科学解释中，以一种不适合真实角色的方式划出了相关的范畴界限。然而事实证明，对这些范畴边界进行微小的修改，可以产生一种更精确的心理状态内容。

1.3.3　心理表征的结构

第 2 章和第 3 章的论证具有将大众心理学置于理论-准确性连续统近高端的最终效果。这反过来又恢复了对关于人类思维过程本质的直觉和（或）内省证据的一定程度的信任。可以肯定的是，认知科学表明，内省并不能使我们的研究更加深入，但这并不意味着它不能提供客观的第三人称观点所产生的一些证据。这两种证据的相互作用似乎是杰里·福多所主张的："先验似然性和事后要求性之间的衔接本身就是相信理论可能是正确的理由。"（Fodor，1978：325）。第 4～6 章的总体目标是就某种关于心理表征结构的理论达成这种融合。

数千年来，哲学家发现了一些适当的心理表征模型应该适应的原则。在第 4 章中，我将讨论两个这类模型：逻辑隐喻和比例模型隐喻。前者激发了人类思维过程的计算模型的运行系统方法，后者又从中获得灵感。[30] 不幸的是，计算机科学方面的研究表明，逻辑隐喻不能适应它所覆盖的最重要的清单——具体地说，它已经被证明是基本的实践推理*框架问题*的牺牲品（McCarthy and Hayes，1969）。因此，我重新提出了一个替代的解释性隐喻，根据这个隐喻，人类可以对认知对象进行操作以对应比例模型。这个模型不受框架问题的困扰，而且它明显地匹配或超越了一些最重要的哲学上迫切需要的逻辑隐喻。

虽然第 4 章的论点足以证明在机械推理中对心理表征的比例模型隐喻的合理性，但是人们很容易误以为最终需要一个特定类型的混合模型来解释全方位的人类思维过程。特别是，人们可能会认为仍然需要以逻辑隐喻的支持者所提出的那种特殊的思维语言来进行判断。至少有两种论点可以论证其中之一：第一种论点是对心理表征本质的哲学探究的长期传统的成就；第二种论点是对人类推理本质进行更近期的心理研究的结果。在第5章中，我将展示第一种论点是基于对人类思维过程的一些非常不切实际的假设（这些假设与我在第 2 章中所揭示的有关认知科学的错误假设一样，肯定会给认知科学家一个印象，即哲学家们正在玩他们自己的私人游戏）。而且，一旦这些假设被抛弃，比例模型隐喻的支持者就可以解释比人们认为的更广泛的思维过程。我会继续表明，第二类的论点是从错误的人类推理过程的分类中获得他们大部分的力量的。一旦把这个分类标准合法化，就可以清楚地看出，比例模型隐喻给了大部分人类推理的表征结构一个最好的解释。其余部分则可以根据"外部"句子的操作来解释。[31]

尽管如此，人类对比例模型的认知对象的包含和操纵仍然面临着巨大的挑战。逻辑隐喻的支持者早已认识到，这是一个挑战，除非我们支持比例模型隐喻，否则我们的竞争对手就会占据优势。特别是，我们必须表明，所讨论的表征和表征操作的种类原则上可以由人类的神经系统来实现。正如我们已经看到的，现代可编程计算机是逻辑隐喻和人类神经系统之间的关键环节。人们普遍认为，这种机制重构的途径并未向人类拥有并操纵比例模型的认知等价物这种观点的支持者开放。与神经系统的一些更直接的联系也不会被发现（即有人会发现大脑中的真实比例模型）。这使得比例模型隐喻陷入了一个不愉快的隐喻束缚之中。然而，在第 6 章中，我将提供期待已久的拯救方案。在此过程中，我将解释虚拟现实的建模人员和机械工程师是如何在框架问题上无意识地设计出了确定的计算解决方案。最终的结果是 ICM 假设的形成，这是一种心理表征的高级机制模型，它继承了使比例模型隐喻具有吸引力的所有特征。

1.3.4　解释的本质

在第 7～9 章中，我转向解释的本质。在第 7 章中，我捍卫了认知科学可能对解释研究有所贡献的直接主张。然后，我继续描述了演绎-律则

（D-N）模型的许多缺点，它是解释的模型，且出于各种原因大多数心灵哲学家都赞同该模型。在此过程中，我澄清了 D-N 模型与心理表征逻辑隐喻之间的紧密联系。最后，我还简要地讨论了 D-N 模型的主要替代方案的缺点。

在第 8 章中，我提出了另一种解释模型：模范模型（the Model model）。本章的一个目标是通过正确分类第 7 章中描述的许多问题案例，来证明模范模型满足了我们关于解释的哲学直觉。然而，为了表明这一点，我们必须以标准的认知科学的方式，在解释的内省表面之下进行研究，并考虑可能构成其基础的状态和过程。事实证明，通过第 6 章中所描述和捍卫的 ICM 假设来充实模范模型的细节确实有用。第 8 章的另一个目标是证明模范模型满足了我们最基本的直觉，即我们的*元哲学*的直觉，关于当我们自己对事件和规律性进行坦率的解释时，我们会采取什么样的方式。其他关于解释的主要模型在这方面做得并不是很好，但是我们需要一个内在的认知模型才能让我们把事情或规律解释得恰到好处。第 8 章的最终目的是证明这个模型提供了一个统一的框架，用于理解人工智能的框架问题、科学哲学的条件均等问题和剩余意义问题，以及人们究竟如何能够在面对其他不确定的证据时还能够坚持自己喜爱的理论。

虽然（出于我将在第 2 章解释的原因）我为提供一个与认知科学的预测性和解释性努力相适应的 D-N 模型的替代方案而担忧，但是在第 8 章所讨论的 ICM-强化模型充实的解释模范模型的众多成功，让我乐观地认为这是一个精确的模型，可以用来解释*全部的*事件和（物理）规律。[32]因此，在第 9 章中，我将该模型推广到极限。我的目标是双重的：首先，我想提供一个我们对几何原理的独特知识的机制解释。其次，我想表明 D-N 模型可以从它的根基——基础物理学推出。在这方面，我也把自己的专长推向了（甚至超越了）其有用的界限。因此，我毫不犹豫地经常呼吁向权威挑战。因此本书终结了一些关于在基础物理学领域可能再次具有真正的、启发性的解释的猜测。

2 大众心理学与认知科学

在第 1 章中我们看到，创造一种真正的心灵科学的任务需要寻找除内省之外的数据来源。许多数据来源甚至是一些替代的数据来源已经被发现，其范围从单个离子通道活动的测量到被试回顾散文段落中所包含的信息时所犯错误的测量。现在，认知科学已经拥有了广泛的替代性数据来源，许多人怀疑它的解脱是否会证实我们关于心灵如何运作的前科学概念（而且可以说是内省启发的）。然而，他们没有看到的是，认知科学被一个正在进行的研究计划主导，这个计划没有真正的竞争对手，并且预设了这种常识化（"大众"）的关于心灵如何运作的概念。

2.1 引　　言

正如我在第 1 章中所解释的，许多人认为大众心理学是人类为了理解和预测我们同胞的行为而使用的理论。如果这是大众心理学的准确刻画，而大众心理学反过来又是一个精确的理论，那么我们人类就会花费大量的时间，试图弄清我们如何根据我们的信念来实现我们的愿望。相当有理智的是，哲学家一直在参考我们最好的关于人类行为的科学——认知科学，以确定大众心理学是否是一个精确的理论。不幸的是，对于大众心理学来说，这种努力导致了大众心理学本体论的一个相当精细的非实在论挑战的形成。

长远来看，这个挑战看起来相当不容易。然而，仔细观察，似乎有一些相当病态的敌人。我在本章中展示的是引发这些争论的疾病，是他们接受了一些关于认知科学的预言性和解释性实践的流行的且被误导的假设。我无意针对每一个反对大众心理学的论点，只是那些恰巧以我刚刚提到的错误假设为前提的论点。然而，那些把认知科学作为大众心理学本体论地位的合法仲裁者，归根结底应该确信，认知科学早已证明那种本体论。

2.2　非实在论的挑战

对于大众心理学而言，首先要考虑到人类是否真的能够预言和解释我们同胞的行为，因为有一种情况是大众心理学不能一致地进行预言和解释的。毕竟，在很多案例中，我们完全无法预测我们的人类同胞——甚至那些与我们亲近的人——将会做什么。同样，当谈到解释行为时，我们常常不知道为什么有人以他或她的特定方式行事。而且，即使在我们声称能够解释某人的信念和愿望如何共同导致其行为的情况下，这种说法也可能仅仅是吉卜林式（Kiplingian）的故事（即它们除了提供一种理解行为的方式，仅仅是一些不值得推荐的稀奇古怪的故事）。这种预测性和解释性的局限似乎正是保罗·丘奇兰德（Paul Churchland）所说的，他认为大众心理学可能为"我们的内部运动学和动力学提供一个积极的误导性的概念，其成功更多地应归功于我们的选择性应用和强行解释，而不是对大众心理学真正的理论洞察力"（Churchland，1989：7）。看来，大众心理学的解释缺点似乎也没有在那里结束。毕竟，大众心理学在解释诸如"心理疾病、睡眠、创造力、记忆、智力差异和多种学习形式等（只引用了一部分）心理现象"方面似乎也失败了（Churchland，1998：8）。正因为如此，丘奇兰德认为，大众心理学几千年来一直停滞不前（因此没有提供任何解释这些现象的承诺），而且还坚持抵制与其他科学的融合——这可能是唯一值得一提的事。这些考虑似乎能够提高最终从科学话语中消除大众心理学本体论的可能性。

即使有办法解决这些预测性和解释性不足的指控，对于大众心理学来说，挑战才刚刚开始。大众心理学面临的下一个挑战是以逻辑顺序而不是时间顺序进行的，从认知科学角度来说，其挑战是对日常行为的预测和解释如何受到大众的影响的问题。根据一个建议，我们通过他们的方式在想象中向前迈进一步，从而预测并理解（如果建议是准确的话，"解释"可能是一个太强的词）我们同胞的行为（Gordon，1996）。例如，为了回答

"麦克斯认为巧克力棒藏在哪里"的问题，我们可以想象当麦克斯看到巧克力棒被藏起来，离开房间并返回时她会怎么做。[1]也就是说，为了回答麦克斯说巧克力棒会藏在哪里的问题，也许我们会先想象一下如果我们是麦克斯，然后再回答这个更简单的问题："巧克力棒藏在哪里？"戈登认为，这一建议"激进"的地方在于，该程序可以在没有对信念和愿望等范畴的理解的情况下进行。因此，这个程序似乎排除了关于人类行为的隐藏基础的理论。如果这个激进模拟理论是正确的，那么我们为了理解和预测我们同胞的行为而运用的理论根本就不是理论。根据斯蒂克和雷文斯克罗夫特（Stich and Ravenscroft，1994）的说法，这似乎引起了人们对大众心理学模拟的科学性的质疑，从而至少削弱了某种取消主义。[2]然而，这些作者没有告诉我们的是，激进模拟理论对大众心理学本体论的威胁程度与实在论是一样的。毕竟还是有许多人认为，通过科学证明一种将信念和愿望列为其假设的大众心理学理论，对于这种本体论的实在论最终是合理的。如果大众心理学不是一个理论，那么通往这个实在论的道路就会被封锁。

那么，如果有理由相信理论论（the Theory theory），那么大众心理学就会好得多（就其科学地位而言），据此，我们能够通过掌握一套关于特定信念、特定愿望和特定行为之间关系的具体规则，从而预测和解释我们人类同胞的行为。根据理论论，人们可能会预测，道格（Doug）将会走向他的冰箱，并通过一个这样的隐含规则去拿泡菜：

> 如果 x 需要泡菜，且没有更强烈的愿望能够阻止 x 去吃泡菜，而且 x 认为自己冰箱里有一泡菜属于 x，而且可以通过走向自己的冰箱来获得泡菜，那么（其他条件不变）x 将走向自己冰箱，并拿到泡菜。

如果实验结果始终如一地支持理论论而非激进模拟理论，就将有助于证明存在一个构成大众心理学的理论本体论的说法，而这种理论本体论最终可能会被证明。不幸的是，在实验基础上证明激进模拟理论和理论论是非常困难的。

当然，即使有充分的理由认为，我们掌握了一套涉及信念和愿望的规则（如上面那个），使得我们在预测和解释我们同胞的行为方面是非常有效的，大众心理学仍然有一个难啃的骨头。毕竟，大众心理学可能还是会落得与托勒密天文学同样的命运，而其恰恰在提供预测和解释方面也表现出色。在托勒密天文学这个事例中，一个更有说服力的理论出现了，消除了本轮这样的假设，在大众心理学有着信念和愿望的假设的情况下，类似的事情也许会再次发生。例如，认知科学也许可以完成所有的预测和解释目标，而不求助于 n 维状态空间（Churchland，1989）或其他对大众心理学不友善的方式（Brooks，1991；van Gelder and Port，1995）。

令人惊讶的是，即使认知科学确实包含了大众心理学及其本体论，但这本身并不能证明大众心理学本体论的实在论。毕竟，正如丹尼特（Dehnett，1991）所指出的那样，我们仍然可以选择包括工具主义在内的各种非实在论。例如，信念和愿望可能会变成重心。正如某种观点所指出的那样，虽然没有重心这种东西——毕竟它们不占用空间，也不参与任何因果关系——但我们通过假设有重心而得到了很多推理手段。对于大众心理学本体论来说，也许也需要这样做。

另外，如果理论计算主义（参见 1.2.3.2 节）的一个特定变体——也就是福多（Fodor，1975）的思想语言（language of thought，LOT）假设——被证明是正确的，这对于大众心理学来说是一个重大的胜利。毕竟，如果 LOT 假设是正确的，那么至少在现代人类中，与重心概念相比，特定的信念和愿望与大脑状态的记号同一性[3]，似乎更适合成为行为的真正源头。不幸的是，对于大众心理学的支持者来说没有任何相关的记号同一性被确立下来。

作为替代，福多和其他人（如 Pylyshyn，1984；Devitt and Sterelny，1987）认为，认知科学如果没有 LOT 假设就根本无法继续存在。当然，这个策略产生了很大的争议，即究竟什么东西可以通过将语法敏感的推理规则应用于句法结构表征来完成，以及其他技术（如并不是简单地实现了 LOT 假设的人工神经网络）是否也可以做到同样的事情。不幸的是，对于大众心理学来说，即使可以证明 LOT 假设真的是唯一人间游戏，对大众心理学及其相关的本体论的严重担忧仍将持续存在。

其中一个担忧源于大众心理学似乎在具有内容的状态上做了假设，更不必说 LOT 假设也同样如此，因为有人认为内容在任何关于人类行为的基础科学中都没有正当的角色。这一担忧已经被多方面地具体化了，因为关于心理内容的本质和固定某种心理状态内容的因素有很多理论。让我们先暂时关注后一组理论。

目前，关于确定某一特定心理状态内容的因素，有两个广泛的思想流派。一个是内在主义的内容固定理论，根据这个理论，个人头脑里面的内容决定了他们心理状态的内容；另一个是外在主义理论，该理论认为，个体大脑之外正在发生或已经发生的事实决定了他们的想法是什么。反对内容的科学正当性的观点（也就是大众心理学），往往针对这些关于内容如何被固定的理论中的某个特定版本。

一个比较著名的反对大众心理学正当性的论点，针对一个特定的内容固定的内在主义理论。根据这个理论，将内容与心理状态相关联是相对于更进一步的心理状态网络而言的——斯蒂克（Stich，1989 年）称之为"信念环境"（doxastic surrounding）——它正是植根于该网络中的。简而言之，根据这个观点，个人信念的内容不能孤立于其相信的其余部分。例如，假设劳里自称拥有一对金耳环，但在与她交谈之后发现她否认黄金有光泽且具有延展性或被公认是有贵重价值的，她也不认为耳朵是用来听声音的，而且她坚持认为像岩石这样的无生命物体也是可以拥有自己的东西的。当你从劳里那里了解到这一切的时候，你可能不会倾向于相信劳里认为自己拥有一对金耳环。这是一个极端的例子，但是根据内在主义支持者的观点，这与更普通的情况没有本质上的不同。 换句话说，即使是在更正常的情况下，我们也可以用心灵的信念环境来固定心理内容。

假定这种内在的内容固定理论是正确的，仍有两个论点认为内容在认知科学中没有正当的作用。其中第一个论点是由斯蒂克（Stich，1989）和福多（Fodor，1994）提出的：

> 认知科学（或任何科学）的主要目标就是制定规则。由于不同个体的信念环境不同，其心理内容也会因人而异。因此就没有规则能够量化心理内容，由此认知科学必须避开心理内容。

第二个论点也是斯蒂克（Stich，1996）提出的：

认知科学致力于心灵计算理论，根据这种理论，心理状态是根据其特殊的句法特性而个体化的。然而，心理状态的内容是由信念环境这样的非特殊属性决定的。因此，认知科学对内容毫无用处。

就认知科学对大众心理学的否决权而言，这些论点引起了人们对大众心理学的担忧。具体而言，如果大众心理学是一种假定心理状态，是基于其信念环境的特殊理论，而认知科学由于上述原因必须避开这种状态，那么大众心理学就一定是错误的。那么，这就是我们所展示的反对大众心理学的论点，这个论点是通过对一个具体的、内在的内容固定理论的攻击来进行的（呜呼）！

还有一些反对大众心理学的论点，这些论点认为人们头脑之外的因素决定了其心理状态的内容，并以此为前提建立其论据。这是因为，当一个人头脑里的一切都保持不变的时候，我们倾向于将其归因于他们的信念，这些信念显然会随着环境因素的变化而变化，即使他们完全不了解其环境的差异，情况也不会变。我将在第 3 章详细讨论这个外部主义的论点，但是在这里有一个担忧，即这种形式的外在主义会引起对内容的科学性的质疑，因此也就引起了对大众心理学的质疑。

大众心理学根据其内容来赋予心理状态的特殊性。然而，即使行为的动机不变，内容也可能不同，所以内容不会追溯行为的动机。因此认知科学中就没有心理内容的位置。这对大众心理学构成了威胁，因为大众心理学涉及在认知科学中没有正当作用的那些特性。

这些反对大众心理学的论点，都是通过特定的内容固定理论这条路展开的。然而，还有另外一个论点，通过一种宣称内容属性是关于并属于自己的理论来反对大众心理学。这个论点（将在第 3 章详细讨论）是这样的。

通过广泛认可的定义，心理内容被认为是相关的属性（它们涉及心理状态和世界之间的关系）。然而，它们是对行为没有相关影响的相关属性。因此，在认知科学中没有内容的位置。

而且，对于内容有害也就是对大众心理学有害。这也是所有反对大众心理学的论点的统一主题。

总而言之，大众哲学观点认为，为大众心理学的辩护需要捍卫许多有争议的主题。[4] 特别是，必须证明，大众确实对预测和解释其同胞的行为具有足够高的成就感；我们也要证明大众心理学虽然既不能解释其他认知现象，也不能解释其在这方面的停滞，但不会对大众心理学本身产生威胁；还要证明前面提到的预言和解释的成功来源于对包括人类行为的因果决定因素中的信念和愿望的本体论的依赖，以及认为我们对本体论的采用不仅仅是一个有用的假想，因为心智的计算理论的一个版本——LOT 假设——是准确的，而且要证明为了追求其解释和预测目标，认知科学根据其内容对 LOT 假设所提出的内部句法结构状态进行个体化是可行的和可取的。对于大众心理学来说，情况看起来很不好，但外表是欺骗性的。

2.3 过时的预设

哲学家没能摆脱这个挑战的主要原因之一是，他们常常认为认知科学的使命是发现那种能够预测和解释特定日常行为的心理规律。鉴于上述对认知科学使命的描述，哲学家们自然会得出这样的结论：大众心理学只有在认知科学开始提出大量规则时才会获得科学的尊重，而这些规则的前件引起特定信念和愿望，后件指明了从冰箱中取出泡菜等活动。换句话说，大众哲学的观点似乎要求大众心理学只有在认知科学开始与其变得相像时才会得到证实，比如大众心理学能够被理论论描绘！如果大众哲学的观点是可以相信的，那么大众心理学确实陷入了很大的麻烦之中。毕竟，认知科学的主要使命绝对不是寻求可靠的概括，也不是寻求在认知科学研究的特定的日常行为——如去冰箱拿泡菜的语境中所引用的解释性概括。

尽管许多哲学家认为认知科学的主要目标是发现规律，但只有福多有足够的勇气去捍卫这一假设。他在这个特定的问题上也只能说些有限的优点：“我坚持［心理学解释通常涉及规律假设的观点］，因为很难怀疑至少一些心理规律是类规则的［例如，月亮在地平线上看起来最大，穆勒-利耶尔（Müller-Lyer）图被认为是不同的。所有的自然语言都包含名词］。”（Fodor，1994：3）

可以肯定的是，认知科学家发现许多规律性的东西是很有趣的。[5] 由此，我们可以加上语音相似效应、词优势效应、首因效应和近因效应、STROOP 效应、各种语义启动和运动学习现象、与多发性硬化症和帕金森病等疾病相关的认知和运动缺陷、各种形式的失语症和失认症以及关键时期。然而，认知科学家并不是因为其解释能力而认为这种规律性很有意思。相反，这些规律正是认知科学家需要解释的一个方面（Waskan，1997，1999；Cummins，1996）。正如我将在下面详细讨论的那样，我们对发现这些待解释概念的部分解释并不是更可靠的概括，而是产生这些概念的机制的模型。福多几乎已经承认这一点："一个执行机制是这样一个过程，根据其操作，对规律的前件的满足可靠地产生了其后件的满足。……虽然并非总是如此，但是实施科学规律的机制通常在其他一些较低层次的科学词汇中有所规定。"（Fodor，1994：8）。福多认为，如果执行机制在低级科学词汇中有规定，那么它就可以同时抓住心理规律和心理学自主性。[6] 然而，这个免责声明并没有改变一个事实，那就是让认知心理学家感兴趣的可靠概括是对研究的解释。而且，心理学家在为这些解释制定解释的过程中，通常援引下层科学的词汇——如果这就是认知心理学的解释的构成——如果恰恰是这样的话，那么对自主性论题来说就很糟糕了。然而，自主性论题并不是我当前的目标，而且为了公平起见，心理学家在提出解释规律性的机制时，不需要（而且往往不会）调用低级词汇。毕竟，认知系统的细节功能的崩溃往往是心理调查的直接目标。例如，为了解释视觉处理导致视觉推理任务能力的下降而听觉处理不引起下降的事实，认知心理学家设置了两个独立的短期记忆库：音频存储和视觉空间画板（Baddeley，1990）。这个模型本身并不涉及执行神经群的场所、结构或操作方式。换句话说，解释这个发现的是一个潜在机制的模型，但是这个模型并没有在低级科学词汇中被指定。

关于认知科学解释的本质我还有很多的话要说，但是在开始之前，我应该迅速地放弃认知科学通过提供上述那类概括来维护大众心理学这种更强有力且倍加荒谬的建议。[7] 无论是什么原因，认为认知科学应该提供解释性的有意概括来量化想吃泡菜这样的陈述，人们都将很难找到认知科学提供这种概括的证据。事实上，如果我想要声明在认知心理学或任何神经科学领域都没有提出过这样的一种规则，我不会走得很远。[8] 如果想要在认知科学与大众心理学关系的认识上取得进步——实际上，要想在心灵哲学或认知科学哲学方面取得进步——就必须摒弃这种扭曲的理论视角，并领会真正的认知科学。

2.4 示意性的模型

在主流认知科学的基础上，是关于人类行为基础的一些极其示意性的、统一的、直观可信的模型。我将在本章和后面的章节中将我的注意力集中在这样的一个模型上，这个模型认为人参与了规划的过程，该过程决定了如何把事情从某种实际状态转变到某种期望状态。要做出这个决定，就需要人们一方面表征两种事态，一方面操纵前者直到使其变得像后者。在日常情况下，规划只涉及前瞻性的思考或者在跳跃之前进行观察。

就目前来看，这个模型是非常示意性的。它只提供了某些人类行为基础的非常广泛的功能分解。它不涉及信念或愿望的结构（如它们是句法的还是图像的），也不提供关于人们如何从前者推理到后者的理由。像前文提到的短期记忆模型一样，模型提供的分解类型在功能上是由刘易斯（Lewis，1972）、利康（Lycan，1987）和贝克特尔以及理查德森（Bechtel and Richardson，1993）发展所提出模型的弱化版（在一定程度上）。也就是说，该模型提供了对认知系统各个部分、其所执行的活动或功能，以及它们如何共同导致有趣现象的高度示意性的理解。[9]

规划模型显然不是源于当今的心灵科学。毕竟数个世纪以来，无数诗人、剧作家和小说家的作品中都引用了该模型。该模型在亚里士多德（Aristotle，公元前 4 世纪/1987）、托马斯·霍布斯（Hobbes，1651/1988）和莱布尼茨（Leibniz，1705/1997）的作品中都有详尽描述，而且（如果日常话语是一种指导的话）它是我们对人类如何运作的直观理解的一部分。总之，它是大众心理学的一个组成部分。当然，假如常识是我们支持这种模型的唯一理由，那它还远没有达到科学尊重的标准。然而，它早已被认知科学采用、提炼和维护。

人类以上述方式进行计划的观点，首先在一个科学假设中呈现出来，该观点被用以解释人类行为的一般特征。正如科勒（Köhler，1938）和克莱克（Craik，1952）所建议的那样，预先思考的能力可以解释为什么人类经常以这样一种毫不犹豫（也就是他们一旦被启动）和有效的方式应对高度新颖的环境条件。[10] 同样，这个模型也可以解释为什么人类以这种灵活的方式对相似的环境条件做出反应。[11] 也就是说，这解释了为什么（怀着对斯金纳的敬意）人们的行为不是由刺激驱动的。

今天，认知科学家认为我们人类比其他许多生物都有优势，因为我们有能力在跳跃之前进行观察。我最喜欢的克星兼英雄这样说："人们……出于他们的信念和愿望来行事，而且在决定如何行动的过程中，他们经常做很多的思考和计划，让我想到这在原则上可能是经验性的，但在实践中肯定是没有商量余地的。"（Fodor，1994）。为了使福多的观点更加深入，且为了更清楚地认识这个模型在认知科学中的确切角色，我们有必要考虑它在认知科学中的作用与自然选择理论在进化生物学中所起作用的相似性。

2.4.1　自然选择和规划：解释性的成功和缺点

首先我们要注意，对特定特征的选择性解释就像平凡的故事一样有时会被忽略（Gould and Lewontin，1979）。也就是说，虽然一个特定的解释可能会给它一个合理的空间，但通过利用相同的一般解释性工具（即通过诉诸选择压力、变化性和遗传力）来构建一个同样合理的替代描述也常常是可能的。例如，对于这样一个事实有一些巧妙的解释：人类不像其他灵长类动物，也不像其他大多数陆生哺乳动物一样被毛皮覆盖（例如，在类似热带草原的环境中易于除去寄生虫、易于让身体冷却，并有利于游泳）（Morris，1967）。在这个案例以及其他案例中，在很大程度上由于大量的时间已经过去，所以只有少量的证据可以适当地限制合理的假设空间。然而，这对于自然选择理论来说不是问题。相反，问题完全在于理论家认识上的无力状况，自然选择理论本身就直截了当地暗示了这种情况。那么，当涉及具体特征时，通过采用自然选择理论所获得的优势可能是相当有限的，这种自然选择理论包括一个关于状态和过程的特有的本体论。

尽管如此，当自然选择理论被看作是一个更普遍的事实（即有机体倾向于适应其特定环境）的解释时，它就会获得前所未有的成功。因此，只有当模型被看作是关于生物体与环境之间关系的一个普遍事实的解释时，它的巨大解释力才会变得明显。[12] 事实上，即使我们因上述认识而无法在少数情况下得出关于产生特定特征的各种因素的明确结论，这个模型仍值得我们青睐。[13]

人类有能力做规划的观点与自然选择理论有着大致相同的解释优势和弱点。请注意，在许多情况下，将特定行为的特定解释贬低为一个平凡的故事并不是无理的。也就是说，尽管一个具体的解释可能具有合理性，但通过利用相同的一般解释性工具（即通过诉诸信念、愿望和推论），通常也可以构建一个同样合理的替代解释。例如，你可能会记得，人们就比尔·克林顿总统决定对伊拉克发动空袭的动机进行了相当多的辩论，当时他正因为他个人轻率和相关的行为而碰巧受到一些相当苛刻的批评。当时有很多人都认为克林顿下令空袭，就是为了转移公众的注意力，从而使其从其他麻烦中解脱出来，希望让自己显得更加有总统气派，而军事战略家的建议只是唯一的相关因素（即只是因为时间很巧合）。我们大多数人缺乏足够的证据来对这些解释中的任何一个有足够的信心。然而，大众本体论的支持者们不应该绝望。毕竟我们对克林顿行为的解释无法令公众满意是我们认识能力缺乏的结果。也就是说，人们所能接触到的导致特定行为的因素（如信念、愿望和推论）往往是相当有限的。这是规划模型本身已经直接暗示了的情况。那么说到具体的行为，通过采用这种模式所获得的优势（包括它自己的特征状态和过程本体论）可能是相当有限的。

尽管如此，当被理解为一个更普遍的事实（即像我们这样的生物能够如此有效地对新的情况做出反应，如此灵活地对类似的东西做出反应）的解释时，规划模型就会获得前无古人的成功。只有当它被看作是对人类与他们所面临的各种偶然事件之间的关系这一非常普遍的事实的解释时，理论的真正解释力才会变得明显。事实上，就我们前面提到的认识论原因而言，除了少数几个案例，即使我们对产生特定行为的各种因素无法得出明确的结论，这个模型仍然应该受到我们的青睐。

两个理论之间的另一个相似点值得一提。大多数人很容易认识到选择

性育种对后代特性的深刻影响。换句话说，大众对于理论的一些基本原则
有一个合理的把握，并且（不管他们是否喜欢）默认接受这种说法，早在
这些原则被援引为对物种及其环境之间关系的解释的一部分之前，情况就
是如此（Darwin，1859）。同样，大众对规划模型的一些基本原则也有合
理的把握并默认接受，早在这些原则被认知科学作为对一个事实（即人类
即使在处理非常新颖的环境突发事件方面也相当擅长）的科学解释的一部
分之前，情况就已经如此了。

2.4.2　自然选择和规划：预测的目标

自然选择理论与规划理论之间在预测方面的类比在一定程度上确实
是失败了，但类比的目的是相当明显的。首先要注意的是，通过采用自然
选择理论所获得的预测性优势可能是相当有限的，至少在特定种群中特定
特征的自然出现与日益普遍性方面是这样。造成这种局限性的因素有很
多：时间框架削弱了提供这种预测的效用，采用该理论并不能使人们能够
预测出将会获得哪种潜在的有用表型变异，而且在物种倾向于在相对不变
的环境中进化（即环境自身受到进化压力的影响）这个案例中也不能预测。
这些因素增加了预测特定种群中某一特定特征的自然出现和日益普遍问
题的复杂性，并且很清楚地排除了自然选择理论由于这种预测而被证实的
可能性。

另外，由于选择性育种是有意识的人为干预的结果，所以只要我们知
道选择标准，就可以对一个给定的品系或品种进行一些相当准确的预测。
在这种情况下，对繁殖的选择不是建立在自然适应的基础上的；它对环境
的变化比较不敏感，并且对其他一些特征的选取几乎没有危险。而且，由
于选择的压力如此之大，进化的过程大大加快了。[14]

尽管如此，我们可以确信自然选择理论最有价值之处并非是其关于特
定特征出现的预测。进化生物学家最感兴趣的预测也没有能力证伪或证实
自然选择理论，至少不是以直接的方式。从进化生物学角度来看，最令人
感兴趣的是那些通过对关于诸如自然选择的操作层面（如个体 vs.人群）
及自然选择的基本机制（如环境-基因相互作用或基因-基因相互作用的性

质）等的竞争模型进行的检验，影响了自然选择理论的逐渐改良的预测。大部分研究背后的指导性假设是自然选择理论基本正确。进化生物学家的工作通常只是为了填补这个广泛的解释框架的细节。按照贝克特尔和理查德森（Bechtel and Richardson，1993）的话说，进化生物学家正在进行一个分解和定位的迭代过程，从而决定一个系统的相关功能部分，以及这些功能如何被这些部分所影响，这往往涉及进一步的、功能个性化的部分。

预测在这个过程中起着至关重要的作用，因为它们在对竞争模型的测试中起作用，但它们并不是能够证伪或证实更广泛的理论的那种预测，至少不是以直接方式进行的。我加上这个免责声明是因为有这样一个事实，那就是这些预言确实在更广泛理论的真实性或虚假性上起了证据的作用。简而言之，自然选择理论已经显示出它可以进一步完善，这一事实似乎是其生存能力的真正证明。正在进行的研究揭示了完全能够填补各种复杂功能角色的机制和过程，而我们对这些机制和过程的理解本身已经经历了极大的完善。一个相关的、也许争议较小的证据性考虑是，自然选择理论恰巧与其他科学，包括地质学、化学、微生物学甚至物理学相一致，并且融合得很好。因此，我们对自然选择理论的认可并不需要以波普尔的观点为理由（即理论已经通过了一系列严格的测试），却有着更为奎因式的（Quinean）理由（即理论存在于更广泛的信念网络的联系之中，放弃它将会对这个网络的一致性和简洁性造成巨大的破坏）。

许多同样的观点适用于规划理论。例如，虽然时间框架要短得多，但我们预测某人做什么的能力受到几个因素的限制。一方面，通常有很多方法可以把初始状态变成目标状态；正如人们所说，给猫剥皮的方式不止一种。所以，即使你了解他想要的是什么、他所信的是什么，你可能仍然很难想到他如何去实现他的愿望。我们也不应忽视这样一个事实：在正常情况下，我们至多只是对某个人的信念和愿望有着肤浅的理解，而任何一个个人的未知信念或愿望都可能直接影响他的行为。也就是说，各向同性——事实上你所知道的任何东西都可能影响到你所相信的东西（Fodor，1983），包括你相信你应该做的事情——使得行为指导过程与信念形成过程是一样的。即便这一点如此明显，那些哲学家们还是没有注意到，而且他们中的很多人都坚信心理学的目标（或核心目标）是提出有关特定刺激、特定心理状态和特定行为的规律。我以后会回到这个讨论中，但就目前而言，我们足以说明潜在的相关因果关系的庞大数量本身似乎并不能在预测特定日常行为方面获得很大的成功。

另外，在某些情况下，这种复杂性的大部分都被剔除了，因此我们可以提前做出一些相当准确的预测，以预测某人将要做什么。这就是福多所说的，我们所关注的大众心理学如此完善以至消失的情况。例如，如果我的一个朋友告诉我他要在某个特定的日子来到这个城镇，那么我将会非常有把握地相信他确实会在那一天到达。我不需要考虑到我朋友的所有信念和愿望可能会对他的行为产生什么影响，因为他通过告诉我他的计划已经为我做到了这一点。同样的道理，当我看到一辆陌生人驾驶的汽车在一个繁忙的十字路口接近红灯的时候，我会非常自信在红灯的情况下，汽车不会穿过十字路口。这种信心有一个简单的归纳性理由：人们往往不会开车闯红灯。但是这种模式也有大众心理学的解释。人们能够意识到闯红灯行驶的可怕后果这种假设似乎是合理的。在这种情况下，后果的严重程度足以导致杜绝不相关的考虑，否则会造成很大的不确定性。例如，在这种情况下，一个人是否在约会中迟到、是否饿了，或者认为他的国家是否被某某主义腐化了，这些都不成问题。确实在很多情况下，复杂性被有效降低，这似乎是我们对行为的预测唯一合理的情况。

尽管如此，规划模型可能仍然不被认知科学重视，因为它支持关于特定行为的预测。认知科学家最感兴趣的预测也没有能力证伪或证实这个模型，至少不是以直接的方式。从认知科学的角度来看，最令人感兴趣的是那些通过对关于基本机制的竞争模型的测试来逐步完善规划模型的预测。最终，这种模型会变得更加精致，从而与其他科学很好地融合在一起。

这些观点既重要又有争议，所以值得花更多的时间为其进行辩护。然而，在继续之前，我想提请人们注意自然选择理论与规划模型之间的一个悖论。鉴于自然选择理论可以说是主流进化生物学的根本出发点，规划模型（如上所述）只是关于植根于主流认知科学基础上的人类行为基础的高度示意性的、全体一致的、直观合理的众多模型之一。这些模型作为一个整体被优化和维护。

2.4.3　认知科学认可的其他大众模型

如果几个世纪以来的诗人、剧作家和小说家的著作是一种指示的话，那么大众还有更多关于为什么人类没有支持规划模型的话要说。

大众似乎认可的是（其中包括）以下相关的关于人类行为基础的建议：

（1）人们可以通过思考他们行为的后果来计划如何把事情本身的方式转换成他们想要的方式。

（2）人们的信念有时是基于他们所感知到的情况而做出的。

（3）人们所相信的东西有时候是基于他们被告知的（例如，通过理解他人所说或所写的）情况而决定的。

（4）人们所相信的东西有时是他们根据自己其他信念所推断的结果。

（5）人们能够以书面和口头形式表达信念和愿望。

（6）人们能够记住和回忆自己的信念和愿望。[15]

许多相同的关于规划模型的预测性和解释性效用或不合理性的观点，适用于其他的模型。简而言之，这些模型与那些正在研究规划、推理、知觉，语言理解和生产，以及记忆过程的认知科学家所提出和精炼的广泛解释模型之间显然存在着非常密切的匹配关系。尽管这些模型在解释人类行为的一些普遍特征方面做得很好，但是当涉及特定的日常行为时，他们所提供的预测性和解释性优势可能相当有限。事实上，从认知科学的角度来看，最令人感兴趣的预测是那些通过测试关于如何影响各种过程的竞争性假设来逐渐完善这套模型的预测。

2.4.4　大众心理学的提炼与证实

有人在其他地方提出，大众心理学与认知科学之间有着密切的关系（Burge，1986；Horgan and Woodward，1995），但大众心理学已经被认知科学完全证明了的这种说法的细节还没有被充实。例如，虽然霍根和伍德沃德提请人们注意大众心理学和认知科学之间的亲密关系，但他们也认为大众心理学是一个自治的、高层次的理论，因此尽管没能找到特定信念和愿望的神经实现者，但也不会削弱它。这个战略的错误在于，它没有证明从工具主义到完全实在论的跳跃。毕竟人们可以从引发了信念和愿望、计算甚至因果关系的认知理论中获得预测性和解释性的优势，但是只要实现的细节仍然保持绝对的神秘，通过认为认知涉及了信念和愿望、计算或因果关系而获得优势的可能性将仍然是存在的。[16]

泰勒·伯吉（Tyler Burge）对大众心理学与认知科学之间的关系所做的评论也是相关的，值得引用：

> 以这样的心理学为例，我假设它试图对人们心理活动的已知陈述进行细化、深化、概括和系统化。例如，它承认人们能够在特定条件下看到具有一定形状、纹理和色调，以及处于某种空间关系中的物体，而且它试图更深入地解释人们在看到这样的东西时所做的事情，以及他们如何做到这一点。心理学承认人们能够记住事件和真理，他们能够对物体进行分类，能够得出推论，且根据信念和偏好采取行动。它试图在这些活动中发现深刻的规律、明确说明这些活动的机制，并且系统地说明这些活动如何相互关联。（Burge，1986：8）

事实上，心理学——我认为伯吉的意思是认知心理学（参见 1.2.3.3 节）——不仅仅寻求改进我们对规划、语言理解/生产、记忆和推理机制的理解。认知心理学实际上已经提供了认知系统的细节功能的分解，其中包括对各种基准点的处理、处理的替代路线及其交替路线的详细论述。

考虑对陈述性记忆的研究，其中包括关于世界的公开性和一般性本质这一事实（例如，布什击败了戈尔或水是 H_2O）的记忆，以及更私人和更具体的事实（例如，你在某一年的圣诞节想要一个特定的玩具）的记忆。另外，信念和愿望与陈述性的回忆显然没有太大的区别。记忆的研究者在与大众心理学保持一致的同时，也支持获得陈述性记忆的手段，如认知、推理和自然语言的理解等。但对于认知科学家来说，这只是调查研究的起点。

即使是最基本的认知心理学研究结果也表明，本学科的研究大大加深了我们对陈述性记忆的编码、存储和检索所涉及的无数机制和过程的理解。例如，有充分的理由认为存在两种不同的存储模式。其中之一似乎直接牵连在推理过程中，而且是相当短暂的（可能是由于较早的记忆痕迹被覆盖的结果），并细分为多个独立的、可能方式很具体的类型（见 1.2.3.3 节第 2 部分）。另一个更持久，而诸如编码的条件和先前存储了什么信息之类的事情决定了以后哪些信息可以被检索。

这些只是表面上的发现，与感知机制和过程、各种形式的语言理解和语言生成，以及推论有关的进一步的心理学结果是平行的。这标志着上一节所述的大众模型的一个重大进展，它使我们走上了完全实证的道路。然而，对于认知心理学的研究本身可能不足以安抚顽固的工具主义者。然而，应该安抚这些人的是一个证明，即被大众所接受的、被认知心理学所精炼的、被广泛的功能分解直接映射到了大脑所了解的事物上。认知心理学与神经科学各个分支（即神经心理学、认知神经科学、神经解剖学和神经生理学）之间合作的成就之一就是精确地证明了这一点（见 1.2.1 节和 1.2.3 节）。

不可否认的是，许多神经心理学家提出的模型都是用相当抽象的术语来表达的。例如，许多不同形式的失认症、失读症和失语症的模型都是非特异性实施流程图（implementation-nonspecific flow charts）。这些流程图很好地与认知心理学家以独立理由制定的流程图重叠，而且它们增加了前者对处理各种具体的"波动"曲线的既定路线的描述。[17] 然而，与认知心理学研究不同的是，神经心理学研究在工具主义方面也做了很多工作，因为它为各种病理提供的诊断也为流程图的各种路线和基准点具体到特定结构上的方式提供了建议或至少开始建议。在认知神经科学中进行的功能性神经影像学研究是这些功能到结构映射的基本独立的证据来源。[18] 这项研究给了我们一个更清晰的图像，关于负责语言理解和生产的组成机制的位点，包括各种短期记忆、编码、存储、检索、感知等。反过来，这些发现与神经解剖学和神经生理学的最低水平的事实甚至都关联起来。为了清楚地说明这一点，让我们继续对陈述性记忆的研究进行初步的调查，尤其要将注意力放在长期记忆的组成上。

根据在认知神经心理学家中非常流行的模型，陈述性记忆的长期存储涉及两个不同的阶段。这个模型因对以下现象的观察而提出：内颞叶（即海马体）的损伤会导致长达三年的永久性的顺行性遗忘（即不能形成新的长期陈述性记忆）和逆行性遗忘（即失去在海马体损伤之前形成的记忆）。对这种规律的最好解释似乎是海马体存储了长达三年的长期陈述性记忆，并在此期间进行了巩固过程，由此持续的长期记忆被逐渐给予更长期的存储皮质表面（即在它们最初被编码的感觉区域处或附近）。尽管它有这些优点，但如果海马体被发现错误地连接起来（例如，如果它只有来自嗅球的传入连接和到小腿肌肉的传出连接），这个关于巩固的假说显然就是错误的了。然而，神经解剖学家们已经表明，海马体的连接方式正如我们所期望的那样，是一个用于陈述性记忆的中介性的储存位置。具体来说，它具有来自感官区域的传入连接及到每个感官关联区域的传出连接。相应地，神经解剖学家、神经生理学家和计算神经科学家已经承担了确定海马体内部如何连接起来（即各种区域及其作用）、记忆的突触基础（例如，一个被称为长期强化作用的过程可能会涉及其中）及巩固过程如何运作的任务。

尽管这里所讨论的科学可能已经是明日黄花，但是它们相互结合的方式及与大众心理学的相关性，一般都被哲学家忽视了。正如进化生物学家感兴趣的预测缺乏直接证实或证伪自然选择理论的能力一样，认知科学家感兴趣的预测也缺乏直接证实或证伪大众心理学众多模型的能力。相反，这样的预测被用于测试关于这组模型如何被最优化的竞争性假设。出于这个原因，这样的预测最终在更广泛的模型中起到间接的证据作用。对于初学者来说，改善这些大众心理学模式的尝试正在取得巨大的成功，这似乎是其生存能力的真正证明。正在进行的研究所揭示的是，一些机制和过程有能力填补相关功能的角色，而我们对这些机制和过程的理解正在变得更加完善。同样，事实表明大众模型并非是孤立的，而是与各种科学相结合的。实际上，大众模型构成了介于认知科学研究最高和最低水平之间更加精细的一套相关提案。多种独立的调查形式已经融合在一起来支持这套模型这一事实，表明它们和大众心理学已经通过了科学的最严格的测试：它们证明了自己是坚实的（Wimsatt，1994）。因此，就像进化生物学一样，大众心理学对波普尔的观点可能没有太大的保证，但对奎因观点的证实弥补了这个缺陷。

2.5 对挑战的重新审视

　　关于科学应该是什么样子,特别是认知科学应该是什么样子的大众哲学观点,与认知科学的实际预测和解释实践不相称。事实上,了解我们现在对认知科学的实际作为,很大程度上可以摆脱构成非实在论挑战的论点。

2.5.1 丘奇兰德

　　对于大众心理学来说,挑战始于我们是否真的有能力预测我们同胞的行为的问题。正如我在前文所解释的,我们有充分的理由认为,我们预测和解释特定行为的能力是相当有限的。尽管如此,大众心理学已经通过持续的认知科学研究同时得到完善和证实,这使得任何这样的预测性和解释性的缺点无关紧要了。事实上,认知科学证明了大众心理学的方式提供了一个对丘奇兰德的抱怨的直率回应,他抱怨大众心理学不能解释"睡眠、创造力、记忆、智力差异和多种学习形式"这样的现象(Churchland,1998:8)。首先这不是一个公正的批评。毕竟,大众心理学不需要解释认知的每一个方面以赢得我们的认同。丘奇兰德对这个立场太过熟悉也太过没有同情心:"这是一个不幸的辩护,从这一策略的其他用途可以看出这一点。一些观点认为托勒密的天文学从来不是为了解决真正的物理学或实际的原因,或天文学行为的完整故事,它仅仅为狭隘地预测从地球看到的行星的角位置这个兴趣服务,人们可以通过持有以上观点来捍卫托勒密的天文学(就像托勒密所做的那样)。我们可以用这个策略来捍卫任何一个卑微的理论,只要它在一些受庇护的领域里有一些微不足道的成就。"(Churchland,1998:22-23)。

　　尽管丘奇兰德关于这个策略很容易被滥用的观点是正确的,但如果他认为采取这个策略总是错误的,那他也犯了错误。毕竟,开普勒对行星运动的描述仅限于与托勒密相同的领域范围:它旨在解释行星相对恒星背景的明显运动这一特性。因此,它不能解释所有被认为属于天文学范畴的现象。它没有告诉我们为什么太阳会发光，为什么火星是红色的，或者为什么月球的一面总是面向地球。但是，它确实发挥了有限的作用。当然，虽然托勒密和开普勒模型在预测行星运动方面都做得很好，但开普勒的优势在于与天文学其他领域和其他科学的完美结合。事实上，我们最好的关于太阳系形成的模型不仅解释了为什么行星大致按照开普勒的行星运动三定律来运动，也解释了为什么太阳会发光，为什么火星是红色的，为什么月球的一面总是面向地球。关于大众心理学，有一个类似的故事可以讲。虽然大众心理学为人类行为的一些普遍事实提供了一个很好的解释，但它从未想要解释睡眠、创造力、记忆、智力差异或多种形式的学习。然而，值得肯定的是，它（跟着丘奇兰德的步伐）与各种认知科学很好地结合在了一起，这些科学对于丘奇兰德要求解释的现象有很多说法。例如，对陈述性记忆的编码、存储和检索的研究，显然是对一种重要的学习形式的研究。根据一个流行的观点，睡眠是前文描述的海马体巩固过程的重要组成部分（Karni et al.，1994；Wilson and McNaughton，1994）；而创造力则最好用熟悉和陌生领域的表征之间的类比映射来解释（Churchland，1989；Fodor，1983；Holyoak and Thagard，1995）。大众心理学一直停滞不前的观点被这些相同的考虑驳斥。尽管自然选择理论和行星运动的开普勒模型自引入以来都保留了大部分的初始特征，但各个领域的发展都是这些理论的进步。同样，认知科学的发展也是大众心理学的进步。[19]

2.5.2　激进的模拟

挑战的第二阶段与大众对其同胞行为的预测性和解释性的成功是否源于它们依赖于一种将信念和愿望视为行为的因果决定因素的本体论相关。令人担心的仍然是，如果大众通过模拟而不是理论来预测和解释他们同胞的行为，那么大众心理学就是非理性的，也不会有大众心理学本体论的存在。在这里我没有做更多以支持这样的说法，即大众在其行为方面有着大量的预测性和解释性的成功。事实上，我已经非常努力地澄清了为什么他们不可能成功，但我也已经说明了为什么大众心理学使用起来没有任何坏处。

即使碰巧在我们试图预测和解释彼此的行为时涉及模拟的情况，但这显然不是我们如何能够彼此理解的全部事实。鉴于几个世纪以来的文字记录，人们很难否认人类倾向于将彼此视为相信、渴望、计划、记忆、推断、关注、感知、领悟等的生物。"信念"和"愿望"这两个词语，我们经常用它来定义人类，所有的迹象表明，我们打算把这些词语称为不可观察的意向状态。无论如何，没有人能够提出一个可行的替代方案来进行分析。模拟的观点总是有点掩人耳目。事实上，即使戈登（Gordon，1996）也认为模拟过程具有"引导"我们对意向性术语含义掌握的最终效果。总之，不管我们是否模拟，问题依然存在：我们成长的大众地图所描绘的各种内部状态和过程是否是行为的真正原因？主流认知科学告诉我们，答案是肯定的。

2.5.3 丘奇兰德和丹尼特

主流认知科学当然有可能是错误的。例如，也许动力系统理论或吉布森的反表征主义（每一个都声称通过强调环境因素的重要性而取消了心理表征假设的需要）会取得胜利；也许通过状态空间的轨迹描述穷尽了我们需要知道的关于人类行为的基础；也许有一种新型强化知识将会复兴行为主义。但是请记住，如果主流认知科学真的被错误地要求放弃大众心理学，那么这将会打击它的基础，并且会导致跨越几个学科的革命。例如，它会要求我们放弃编码特异性假说、认为短期记忆是推论场所的观点、关于海马体巩固陈述性记忆的提议，以及韦尔尼克-格斯温克语言理解和生产模型。换句话说，取消主义者所提倡的是放弃数十年来卓有成效的跨学科研究，并许诺我们更好的东西就在转角处。工具主义者仅仅就是忽略了这个研究。

当然，哲学家们常常夸大认知科学中边缘成分的重要性，而关于即将到来的"范式转换"的预测与世界末日预言一样普遍，也同样保证一定会来到。这些预言是否有可能是真实的呢？我也许会被纠正。与此同时，我们这些态度比较清醒的人应该满足于让最先进的认知科学（远非新兴的事业）继续作为我们的导向。关于这个话题，我会有更多的话要说，但是让我们先来完成对非实在论挑战的分析。

2.5.4 思想语言假设

表明认知科学离不开思想语言假设（有利于后者的先验理由）的策略，似乎已经被提出来作为捍卫这种意向性的实在论招牌的一种方式，而不必去建立心理语言的特定表达，推定性的思想语言被认为与特定的大脑状态相同。然而，正如我刚才所说，即使这些不可或缺的论点是合理的，也只会破坏丘奇兰德的取消主义招牌，而不是丹尼特的工具主义。

有人可能会说，如果没有思想语言假设，那么至少有一些版本的心灵计算理论，就像大众心理学一样处于主流认知科学的基础之上。例如，福多和帕利希声称，"将古典认知科学描述为将证明理论方法应用于思维模型的扩展尝试"（Fodor and Pylyshyn，1988：30）并不是不合理的。认知心理学、神经心理学和认知神经科学等领域的先进模型，几乎都不能支持这一论点。事实上，认知科学（参见 2.4 节）中的所有范畴，包括传统的人工智能（见 1.2.3.2 节），都完全符合对心灵计算理论的彻底排斥。因此，认知科学致力于心灵计算理论的观点被许多哲学家不加批判地接受，这只不过是另一个古老的假设，在许多争论中它是一个重要的前提，但是当认知科学的真正发展被理解时，它被发现实际上没有什么基础。因此幸运的是，大众心理学的命运与计算心理学的理论没有联系，更不用说是 LOT 假设的命运了。

2.5.5 内容

大众心理学面临的最后挑战与内容在认知科学中是否起正当的作用有关。正如我们所看到的，人们对内容的科学可信性已经提出了各种论点，并且针对的是内容固定或内容本身的特定理论。

2.5.5.1 内在主义

反对大众心理学的观点预设了一个以内在主义为核心的论述（也就是说，一个信念环境的论述），这显然是以上述关于认知科学预测和解释实践的错误观念为前提的。

　　第一个这样的论点显然是以错误的假设为前提的，即认知科学主要关心规则的制定，特别是特定刺激、特定内部状态和特定行为之间关系的规则。[20] 正如我们所看到的，寻找这样的规则不是正在进行的认知科学活动的一部分。事实上，如果我们所讨论的论点向我们展示了任何东西，那就是寻找这样的规则从一开始就是一个愚蠢的使命，因为它与人类行为是由内部状态的高度复杂的安排所决定的这一事实形成了鲜明的对比，很明显，这种内部状态会以激进的方式强化人与人之间的分歧。因此，将内容完全剥离并不能复兴这样的希望，即我们能够找到适用于个人的规则，并且能够量化特定类型的心理状态。

　　但是，所有这些都至少提出了一个明智的问题：认知科学如何应对人与人之间的巨大差异？换句话说，它是如何应对人类行为基础的各向同性本质的呢？答案是，认知科学应对这种复杂性，就像无线电工程师应付只有一些无线电台会播放《玛卡雷娜》（*Macarena*）这首曲子，而更少的无线电台会播放《卡门》（*Carmen*），绝大多数人从来不会播放尼克·德雷克（Nick Drake）的《没有答复的时代》（*Time of No Reply*）这样的事实一样。正如我们所看到的，认知科学已经采纳、提炼和维护了一套关于保障人类行为机制的模型，并且正在理解其主要组成部分是什么，在哪里及它们是如何工作的（如它们的组成部分在什么地方以及在哪里）。因此，认知科学提供了截然不同的关于信念网络的理论。每个个体拥有不同的信念网络这一事实，并不会证伪他们共享信念形成、记忆、推理、语言产生和理解等机制的主张。如果内容是由信念环境决定的，这不会妨碍了解这些机制如何联系起来，以及其内部工作如何使它们能够做它们所做的事情。

　　反对内在主义的内容固定论的第二个论点，显然是以认知科学致力于心灵计算理论这个毫无根据的假设为前提的。我们已经看到，这是一个被哲学家传播的神话，他们对认知科学应该是什么样子有一些非常具体的想法，但对它真正的样子却不以为然。

2.5.5.2　外在主义与内容的相关本质

　　虽然前面的考虑提供了一个简单而有效的方法来剔除大部分的非实在论，但是却留下了反对大众心理学的其他论点——即与外在主义内容固定理论和内容本身的"广义"性质——没有被触及。不过，为了看清楚我们已经走了多远，值得暂时驻足。

虽然人们普遍认为如果认知科学被迫回避内容，大众心理学就会陷入困境，但是大众心理学的很大一部分已经被认知科学证实。此外，在大众心理学文献中，还有一个事实是，一个理论在某些方面可能是错误的，而其本体论却没有被消灭。相反的观点在如斯蒂克（Stich，1989）提出的反对大众心理学的论点中是隐含的，但是自 1996 年以来，他一直遵循利康（Lycan，1988）的观点采取了更明智的立场，承认常识可能指引我们走向后来（如通过科学探究）才充分掌握自然的观点，并给予我们一种对其不完美的欣赏。因此，斯蒂克声称，如果我们不提及"燃素"和"女巫"这些术语，我们甚至可能会错过一些东西。关于这些推定实体的一些常识是错误的，但常识并不完全错误。克兰（Crane，1998）补充说，我们可以同样这样说行星，但是对"行星"这个词的忽略是非常不明显的（比如在伽利略之前）。同样的道理，如果各种大众模型除了对内容的调用都是正确的，就有理由断定真的存在信仰和欲望。这肯定比声称存在女巫和燃素论者的争议少得多。毕竟，量化了女巫和燃素论者——更不用说行星了——的理论占据了理论-准确性连续统（theoretical-accuracy continuum）的低端，而缺少内容的大众心理学位于该连续统的上半部分的某处。由于这些保护手段是不容忽视的，因此第 3 章我将解决关于内容的悬而未解的问题，这使我们能够将大众心理学定位在非常接近理论-准确性连续统的高端位置。

2.6　认知科学与竞争性研究计划的图景

在我们处理这些困难的材料之前，让我们先暂停一下并来领会认知科学中相互竞争的研究计划的图景。我认为这一点非常重要，因为认知科学家（在哲学家中更是如此）之间有一种趋势，将大众启发的主流认知科学（FICS）视为许多同样可行的研究项目之一，这对这两个行业的成员如何选择其生涯产生了重大影响。为了获得正确的观点，我们首先要考察一下哲学家在过去大约 100 年中尝试更普遍地理解科学的过程中所取得的一些重大进展。

2.6.1 科学哲学入门

科学哲学研究所揭示的最重要的事实根据数据来看,很少有理由说一些科学家认为他或她对一个特定理论的持续支持是不合理的。无论数据如何,科学家都可以找到根据来维持对一个特定理论的信仰,因为几乎总是有其他的信仰可以替代。

所涉及的推理模式可以在一定程度上形式化。[21] 例如,假设 H 是一个陈述,描述了一个给定的解释性假设,并与另一组辅助假设 A_1,A_2,…,A_n 相结合蕴含了某一陈述 I,I 的真值可以通过检验来确定,我们就得到

$$[H \& (A_1, A_2, \cdots, A_n)] \rightarrow I$$

如果检验显示"I"是错误的,这显然不意味着"H"是错误的,只是"H"或辅助假设之一是错误的。我在这里说得很宽泛。这种形式化所不具备的一个重要的细节是,当面临其他不利的数据时,经常可以修改假设本身。在实际应用中也许最常用的另一个策略是否认这个测试能够公平地评估"I"的真值。

有人试图通过这些方法来指定支配时间的限制,而非"拯救"一个理论,但是这样的提议(由于下面将要讨论的原因)总是被认为过于严格,是它们把科学史上的一些伟大的成功案例归为非理性。这一观点的标准展示与牛顿力学预测天王星在某一时刻出现在公转轨道上的位置的失准有关。尽管有不利的数据,有些人选择坚持牛顿力学且抛弃那种辅助假说——假设太阳系中的所有行星都已经被发现。与此相反,有人强烈要求我们拒绝牛顿力学,或者至少把它的适用范围限制在最接近我们的天体附近。事实证明,用建立在牛顿力学基础上的摄动理论预测天王星轨道位置失准,不是摄动理论错误,而是受尚未发现的海王星的摄动影响。这个例子的一般教训大致如下:无论这在当时的可能性有多低,对于理论家来说可能性总是有的,尽管表面看来是不利的证据,他或她所喜欢的理论最终依然会被证明是正确的。

托马斯·库恩(Thomas Kuhn)通过抓住这个特殊的线索并在研究中利用它,从而使自己声名鹊起。他的主要观点是,科学的某些领域往往在

有限的时间内被范围非常广泛的科学理论支配。这些理论不会因为被证伪而失宠——再一次，似乎不准确的预测几乎总是可以解释的——而是越来越多的理论所产生的预言不会被认同并解释，随着理论的发展，不满越来越多，最终让位于对替代理论的大规模研究。因此，当库恩的同时代人试图辨别支持特定理论评价的典型推理模式背后的逻辑时，库恩退后一步，看到了一个理论变化的过程，这个过程并不像通常认为的那样冷漠而理性。他所看到的是一大批人通过其对广泛的理论框架的赞同和对独特的研究活动的献身而变得团结一致。正如库恩所看到的那样，理论上的变化更多的是由旧理论的死亡，而非由于科学家所采用的任何特殊的推理方式所促进的。因此，这些广泛的理论及伴随的研究技术看起来好像只是提供了不同的观察和处理事物的方式，而其中没有一种方法可以说是比其他任何方式更可取。[22]

库恩的提议使很多人相信，科学本身只是无数研究世界的同样可行的方法之一——换句话说，科学思维并不比任何其他的思想模式更为理性，科学理论也不比任何其他类型的理论更合理。当然，这是一堆胡言乱语——弱化了从启蒙运动开始以来科学所揭示的一切成就——但这确实迫使我们去问，科学有什么特征使其如此特别。

伊姆雷·拉卡托斯（Lakatos，1970）似乎已经非常接近答案。他很快意识到，库恩的大多数核心观点可以很容易地被用来为更传统的科学概念服务。可以肯定的是，再没有回头路，让我们回到那个个人理论可以相对于特定实证结果而被评估的时代；科学如同长期记忆一样具有很强的整体结构，这必须予以考虑。因此像库恩一样，拉卡托斯指出，科学的特点是致力于特定的大规模研究计划的个人群体。每个这样的计划都包括一系列的声明，其中一些（他称之为硬核）是支持者要全力维护的，其中一些（保护带）可以被修改或放弃以保护硬核，否则会被视为错误数据。就像库恩一样，他认识到，在曾经占有主导地位的研究计划失去恩宠之前，经常需要积累许多失败的预言最终使得心智长期僵化。那么到目前为止，拉卡托斯的立场没有什么特别新奇的地方。然而，他也意识到，对于科学来说，这实际上是一件非常好的事情——而且不仅仅是天王星/海王星的例子——尽管有看似不利的数据，其实践者往往不愿意放弃一个特定的研究纲领。换句话说，他意识到科学的进步需要一定的教条主义，因为教条主义使科学领域作为一个整体能够覆盖其基础。毕竟随着证据环境的变化，一个比竞争对手更为合适的宽泛的理论框架，可能会在某一时刻遇到困难。

根据拉卡托斯的说法，只有在一个特定的研究纲领中才会有真正的理论检验。FICS 和进化生物学的研究活动当然符合这种模式，但即使在这些领域我们也必须承认，人们对偏好理论的教条式遵循是相当普遍的，因此波普尔学说意义上的证伪（与拉卡托斯一样）不是促使低级理论改变的唯一力量。相反，在一个特定的领域里，最好的理论家通常希望把他的竞争对手推到一个很少有新手渴望分享的角落。也就是说，虽然每个竞争对手的信念系统可能是完全一致的，但最终还是落在那些刚从一个特定领域出发的人，那些思想尚未僵化的人决定所有来自低级理论的研究纲领的相对合理性（见 1.2.3.1 节）。所有这些都明显地给那些刚刚起步的人带来了沉重的负担，但是承受这一切是他们的责任。[23]

2.6.2　新手的宣传口号

关于科学如何运作的基本事实与我们对大众心理学的科学性的讨论非常相关。尤其是没有了解大众心理学在主流认知科学中所享有的骄傲地位，以及未能了解这个主流研究纲领的相对地位导致了对认知科学高度扭曲的观点，这反过来又对认知科学和心灵哲学都有非常实际的影响。为了弄清楚其原因，让我们考虑一下，如果这些领域的新手能够相信 FICS 只是众多竞争性认知科学领域的研究纲领中的一员，那么这些领域的新人该如何合理地进行研究。

一开始，这样的人可能会认为明智的做法是，不管他们碰巧与常识心理学有什么不一致的地方，都要考虑心灵如何运作的模型。也就是说，他们没有理由把注意力限制在与人类信念和愿望、认识客体、注意、预见、对有关世界和个人事件事实的记忆等相一致的理论上。因此，如果他们选择花费一点时间收集现存的研究纲领，那么他们就会认为自己是完全正当的，同时至少在开始时并没有比别人更有优势。也许他们会发现最容易从小处着手，寻找特定的背景理论和数据收集技术的组合，这些技术似乎在理解某些特定认知方面的能力上给出了承诺。如果他们发现自己被一个特别惊人的组合困惑，当他们试图理解认知的其他方面，疑惑类似的组合可能是没有用的时候，当然会被原谅——也就是说，无论他们是否已经看到了一个新的大胆的研究纲领的图景，都是如此。他们应该发现自己（也许是已经树立的人物形象的温柔刺激）被这种反思的结果所鼓舞，他们甚至会发现自己正在重温一些非常重要的问题，比如他们设想的研究纲领的成功是否会加强或减弱我们对心灵的常识性概念的推动作用。当然，在这一点上他们所能提出的最性感的结论是常识对事情的看法都是错误的。

这就是人们认为 FICS 只是正在认知科学领域争夺主导地位的研究纲领的另一个入口——而且至少在表面上并不是一个特别华丽的入口——可能会选择的路径。事实上，很多人都认为，作为一种后果，这正是他们别无选择的方式。尽管如此，FICS 与其他众多研究纲领一样，不应该被认为是需要比进化生物学投入更多考虑的研究纲领。为了捍卫这一说法，我首先要解释一下，鉴于我所说的关于竞争的重要性，我可以证明，给予FICS 特权地位是合理的。

我们在前面看到，拉卡托斯意识到，教条主义者之间的竞争对于科学来说最终是一件好事。他这样说："科学史一直是而且应该是一个相互竞争的研究纲领（或者'范式'，如果你愿意的话）的历史，但它并没有也不能成为正常科学的一系列时期：竞争开始得越早对可进步就越有利。'理论多元论'比'理论一元论'要好……"（Lakatos，1970：155）。所有这一切都是好的，只有一个附加说明：多元化在研究纲领层面的重要性明显因环境而异。想要看到这是如此有原则性，让我们短暂地张开一下想象的翅膀。假如你愿意的话，从上帝的角度来看，很明显有一个特定的研究纲领已经接近了真相。具体来说，假设该纲领的核心内容是完全正确的，即其支持者所采用的技术使他们能够填补其余的细节空白，而唯一可替代的研究纲领刚刚起步。在这种情况下，拉卡托斯肯定是错误的，因为他声称这个纲领所享有的垄断地位对于这个领域来说是一件坏事。当然，这纯粹是一个形而上学的观点，即研究纲领之间的竞争对于科学来说是否永远是一件好事，而且由于我们没有上帝视角，人们可能会合理地怀疑它是否与我们正在考虑的案例相关。但是在进化生物学和认知科学中，我们还没有达到最深刻的怀疑地步（例如，怀疑事物向我们展现的方式是否与它们自己的方式类似）以至于撼动我们对他们所主导的研究纲领的信心？在这两个领域，随着结构与功能匹配能力的提高，单纯的工具主义的可行性也相应减弱。再次，只有最极端的怀疑论者才能避免实在论的吸引力。事实上，我准备立即记录下来：我是一个关于 DNA 的毫不掩饰的实在论者。事实上，我不但认为有这样一种物质，我也相信它在父母的特点被后代继承，以及在更广泛的自然选择过程中起着非常重要的作用。我还想在另一点上做记录：关于海马体，我是一个实在论者。事实上，我不仅认为存在这样的结构（除非我是在做梦或者我是来自冥王星的智慧生命，我已经看到并触动了其中的一些）；我也相信海马体在我们关于世界的信念被存储、检索并最终归档的过程中起着重要的作用。

也许以不同的方式来看待这个问题将有助于解决该问题。请注意，我们在进化生物学和 FICS 中所拥有的是一对广泛的研究纲领，它们为大量的经验数据提供了一套连贯的解释，而这些经验数据并不会为日益增长的大量异常经验所为难，其竞争仍处于最具推测性的阶段。因此，这些行业中的大部分人都被卷入了，当附近有一个符合他们要求的燃烧的火堆时，他们自然要试图从一些假设的替代研究纲领的余烬中完成煽动火焰的任务。

当然，条件限制是存在的。对于认知科学来说——也许也对于进化生物学来说——有一些研究人员抓住了这个任务，这毫无疑问是一件好事。的确，人们发现一些重要的数据是由 FICS 顽固的反对者产生的。然而，虽然这些边缘因素会吹捧他们的数据以便让 FICS 感到尴尬，但我从来不知道它的延伸会比 FICS 的保护带更加深入。[24]

那么条件就是，为了保持事业的坦诚，可能需要一定数量的反权威思想。尽管如此，如果仍旧认为 FICS 只是众多研究纲领之一，这将是一个巨大的歪曲。对这一点缺乏认识，会对认知科学和哲学都产生不利的影响，因为年轻的研究人员往往被这种扭曲困扰，并且在还有很多重要的工作要做的时候，被引诱远离 FICS。对于科学家来说，这包括了解单个组分过程是如何由生物电路进行的，它们如何结合在一起，最终如何在非生物系统——无论是在个体的基础上（如为了研究假肢）还是全体——中实现这些过程。[25] 对于哲学家来说，我所说的重要工作包括为第 1 章末尾提出的问题寻找答案。不可否认，如果达到这些目的可能会改变认知科学的现状，但它也会使我们的社会发生革命性的变化，对我来说，这是非常迷人的东西。

2.7　结　　论

虽然讨论的所有关于大众心理学的问题或许是不切实际的，但我相信我已经解决了很多麻烦的问题。一旦我们更加关注认知科学的实际预测和解释实践，几乎所有关于大众心理学的科学依据的担忧都会消散。事实上，在哲学家一直打赌说认知科学最终将会成功的同时，认知科学则悄悄地对大众心理学及其本体论进行了颇有说服力的证明。另外，关于认知科学的许多误解是心灵哲学中正在进行的各种辩论的基础，这也是一个不小的问题。因此，心灵哲学家花费了太多的时间来辩论研究纲领的优点——无论某些主张是否与心理规律的存在相一致、心灵的计算理论是否应该只是关于句法，等等。简而言之，虽然认知科学并没有发现自己迫切需要另一种研究纲领，但是心灵哲学需要，这似乎很清楚。

2.8　附言：一个忏悔

我忽略了两个重要的事实。首先，虽然认知科学中的解释不仅仅是规则包容，但这是目前描述解释的唯一接近可行的模型。因此，哲学家在某种程度上可以被原谅，继续从规则的角度去思考认知科学。其次，虽然整个认知科学既不需要一般的计算理论或更具体的 LOT 假设，但是为什么许多人（主要是哲学家）如此投入其中，这是有充分理由的。实际上，我们将看到这两组问题是密切相关的，而我为心灵哲学所设想的研究纲领的转变将需要用更好的保真模型来代替 LOT 假设，并使用这个模型来提出一个关于解释的非律则理论的学说。

3　内容、随附性和认知科学

正如我所解释的那样，大众心理学是我们人类使用的理论，它对我们理解和预测我们同胞的行为效果有限。许多哲学家怀疑认知科学是否证明了、是否将会证明或能够证明这个理论。对大众心理学在这方面提出的许多问题，我在第2章中已讨论过。本章所讨论的其余问题，与大众心理学所关注的心理状态有关，即**关于**事情本质和我们对它们的期望。换句话说，它们是包含内容的状态。许多哲学家和我一样，认为从科学角度来看，大众分配内容到心理状态的方式（即大众语义学）是有很大疑问的。然而，事实证明，对大众语义的一些合理的修改产生了一个新的语义框架，在认知科学中扮演了一个正当且重要的角色。

3.1　引　　言

布伦塔诺声称，心理现象在展示"内容指称"（Brentano，1874/1995：124）方面是独一无二的，所以争论开始在内容是否适于彻底的物理主义者的本体论范围方面开展。这一争论到今天仍在持续，主要是沿着两条研究进路。沿着第一条进路，我们通过澄清那些足以证明内容归属于生物某些状态的因果和历史过程的种类，来考虑内容可能被"自然化"的可能性。沿着第二条进路，我们发现对更一般的问题的讨论，即内容是否具有能够在正在进行的认知科学的跨学科研究中发挥正当作用的特性。

在这一章中，我将主要关注第二种进路，该进路已经表明，大众（隐含地）对待待确定心理状态内容的方式是，把认知科学中起着正当作用的心理内容剥离了。我们将会看到，有一个"大众语义学"[1]的替代方案，在我们对人类行为的一个非常重要方面的最佳解释中发挥着至关重要的作用。根据这个替代方案，由于内容是以非历史的方式固定的，所以在本章的最后，我也会表明，对于内容的自然化来说，所追寻的第一个研究进路是不必要的。

3.2　大众心理学的分歧

这种关于内容状态的争论最终会导致大众心理学的分歧。具体而言，因为大众心理学是一个理论，其假设包括信念和愿望，而且由于这些心理状态几乎被普遍认为是关于事情的方式和我们希望它们成为的方式，如果我们发现内容在认知科学中没起正当的作用，这显然会减少大众心理学有朝一日会被认知科学完全证实的希望。但是，我们应该谨慎行事，因为一个理论尽管在某些方面可能会是错误的，但不必彻底消除其本体论。事实上，正如我在第 2 章中所解释的那样，很明显，大部分的大众心理学已经被认知科学充分证明了。因此，无论关于内容的争论如何泛滥，大众心理学应该至少被认为处于理论准确性连续统的高端部分。

我将在本章中表明，已经被认知科学证明的大众心理学方面可以而且应该补充一个与大众不自觉接受的框架在某些方面有所不同的语义框架。这将会有助于大众心理学保持在理论准确性连续统的高端附近，而非其顶端。我已经提到，我所考虑的语义框架与大众语义是不同的，因为它对历史因素的重视程度要小得多。与此同时，与大众语义共有的是对内容"广度"的承诺。因此，对于内容广泛性的一种标准论点是我们讨论的良好开端。

3.3　对内容广度的论证

自从伯吉（Burge，1979）关于这个话题的开创性论文发表以来，捍卫心理内容广度的标准策略就是孪生地球思想实验。想象一下，例如，有两个世界，地球和（太空中某个地方）孪生地球。[2] 在过去的某一时刻（即在现代物质的原子论之前），这两个世界的每一个地方都是一样的，除了一种分子，在地球上称为 H_2SO_4，而在孪生地球上则是不同的（让我们称之为 XYZ）。然而，在这两个世界上，当地的化合物都被命名为硫酸。

现在想象一下，地球上一个特别的人托尼 E，他坦率地说他认为某些液体样本是硫酸，而在孪生地球上，托尼 E 的复制品托尼 TE 也是这样做的。虽然难以区分两个托尼，但它们在一个重要方面有所不同：托尼 E 的信念是关于 H_2SO_4 的，但托尼 TE 的信念是关于 XYZ 的。因此，如果样品确实是 H_2SO_4，托尼 E 的信念是真实的；如果样品确实是 XYZ，则托尼 TE 的信念是真实的。同样的道理，如果两个托尼（两者都不知道）突然换位，他们（让我们假设）先前关于样本的真实信念将会变成错误的。

如果所有这一切确实如此，两个托尼的信念可以说有不同的真值条件，因此有不同的内容。尽管如此，它们在本质上是难以区分的（即它们具有完全相同的局部属性）。一旦我们掌握了这些事实，那么关于内容广度的论证就显得很直接。除了这个特殊的情况，更广泛的教训应该是这样的，因为两个人的局部不可区分性并不意味着他们的心理内容是一致的，所以心理内容不是（至少不总是）个人的局部属性。

3.4　关于随附性的题外话

如果局部特性的同一性并不意味着心理内容的同一性，那么这告诉我们关于内容所涉及的心理状态的位置是什么？许多人似乎认为，充实关于心理状态区域的心理内容的广泛性的最好办法，就是考虑这一命题的真实性在关于心理状态的“随附性基础”方面能告诉我们什么。在这种背景下，说一个心理状态随附在某个基础上，意味着只有在这个基础上存在差异时心理状态的差异才会发生（Davidson，1970）。

局部随附性的论点认为，个体心理状态的差异只有在局部（即神经生理学）差异的情况下才是可能的。然而，前面的论点所表明的是，局部随附性的这一命题是不正确的。毕竟，心理状态的差异可能是由局部或非局部（如环境）差异而产生的，所以非局部随附性命题是正确的。心理状态不仅仅随附于人的大脑，而且也随附于环境的特征。

这本身并不是很有趣。然而，哲学家当中还流行着另外一个相当普遍的观点，即心理状态与它们所随附于其上的任何事物都是殊型同一的[3]。

根据福多（Fodor，1987：30）的研究，这个假设背后的基本原理是"心/脑随附性[和（或）心灵/大脑的同一性]……迄今为止最好的想法都是关于心理因果的可能性。""但是，我们应该注意不要混淆随附性和记号同一性，因为说一个心理状态随附在一些基础上，就再次意味着心理状态的差异只会在基础差异的前提下发生。"那么，随附性最多给我们提供了一种跟踪（即通过提供可靠指示）殊型同一性的手段。

现在，如果随附性确实能够追踪殊型同一性，那么心理状态同时对大脑状态和环境状态进行监督这一事实，意味着心灵本身超越了头脑并走向了世界。这是一个刺激性的结果，但该结果并不意味着非局部的随附性，因为随附性最终变成了一个非常不可靠的殊型同一性指示器。

在我的研究旅程和解读中，我清楚地认识到，许多哲学家认为，心理状态的广泛性是非局部的随附性的一种含义（Burge，1979；Fodor，1987；Jackson and Pettit，1988；Sosa，1993；Clark and Chalmers，1998；Stalnaker，1989）。再一次，这可能是因为对随附性的依靠似乎是理解因果关系的最好方法。那么，也许我们仍然欠缺一个描述，关于内容广度的支持者为何可以合理地认为心理状态只是存在于头脑中；我们应该考虑广泛的心理状态的个别性和狭窄的心理状态位置的兼容性。[4]

唐纳德·戴维森（Davidson，2001）非常接近于提供这样一个描述。正如他所指出的那样，一个思想是由它所承受的头脑之外事物的关系所确定的（即在此基础上选择的），这一事实并不意味着这一思想本身的一部分在大脑之外。他解释说，毕竟如果我们采用这种推理方式，我们也会得出这样一个荒谬的结论：晒伤不是皮肤的状态。也就是说，某人皮肤的某个部位的状态是晒伤，部分原因是它与太阳之间的关系。因此，戴维森指出，如果一个固有复制品的皮肤状态有其他非太阳的原因，那就不会是晒伤。然而这很难表明，晒伤不是皮肤的（殊型同一）状态。[5]

戴维森（据我所知）没有弄清楚的是，这些因素削弱了随附性作为同一性的可靠指标的效用。也就是说，如果我们用随附性来重新描述戴维森的立场，我们会发现，心理内容的广泛性意味着非局部的随附性，但并不意味着心理的广泛性。换句话说，我们发现，即使一个心理状态随附在大脑状态上（即通过心理状态的属性可以在没有局部变化的情况改变的事实来证明），心理状态本身也可能与大脑状态是殊型同一的。因此，戴维森的观点所表明的是，如果随附性是通过追踪殊型同一性来解释心理因果性的话，那么这就不符合它的目的。[6] 关于这一观点，我看到了出人意料的反对意见，所以为了真正达至其目的（从而加强个别性/位置的区分），让我们考虑一个不同的例子。

设想一个类似早期孪生地球的案例，但涉及相纸而不是大脑。具体来说，想象一下有两张本质上不可区分的相纸（即它们具有相同的局部性质），但具有不同的因果历史。其中一张相纸的固有属性是与科罗拉多大峡谷中一个地区的因果互动而产生的，而另一张的属性则追溯到火星上的华莱士谷中的一个位置，并使其从一个特定的角度看时该峡谷与科罗拉多大峡谷完全一致。[7] 现在，如果我们碰巧知道两张相纸的区分，并被要求指出科罗拉多大峡谷的照片，我们应该指向哪张呢？大众一定会建议一只手的方法，换句话说，他们会建议我们只要指向相纸就可以了。一个由于前文所述原因而赞同心理广泛性的哲学家，可能会建议采用双手的方法，他会建议我们把图片和其中一个峡谷都指出来。这是因为在这个假设的情况下，这两张图片之间的差异可能完全由非局部差异造成。换句话说，由于非局部随附性的命题对于图片来说是真实的（因为同样的原因，对于心理状态也是如此），所以如果假设随附性跟踪了同一论，那么人们将不得不得出结论：科罗拉多大峡谷的图片只是（也许除其他外）一张方形相纸，且只是峡谷的一部分。

尽管如此，当被要求指出大峡谷的图片时，我们似乎应该像大众建议的那样做。毕竟，基于它们与其他事物、状态或进程之间的关系，对事物、状态和进程进行个体化是非常普遍且完全没有问题的。此外，后面的事物、状态和进程的个体化可能会因为与前面的关系不同而有很大的区别。然而，事实上某些事物、状态或过程是通过吸引其中一个相关特性而被挑选出来或个体化的，这并不意味着这个事物或状态都被同一化了。换句话说，随附性很明显是殊型同一性的一个非常不可靠的指标。

心理状态只是另一个例子。心理状态位于众多关系之中（如头脑之外发生的事情），而在我们这些人之间，在这些关系的基础上对他们进行个体化似乎是普遍做法。结果是心理状态的差异可能是由非局部差异造成的，所以心理状态在大脑和环境中都被正确地看作是随附性的。然而，这并不意味着心理状态与大脑和环境的状态是完全相同的。换句话说，心理内容的广泛性不要求心理状态本身限于头脑之中。任何人如果不这样认为的话，可能会犯下这样的错误：假设状态和它们所随附于上的任何东西都是殊型同一的。

事实证明，这并不是从内容的广泛性到思想的广泛性这一论题的唯一问题。事实上我们现在可以看到，这个观点的一个更深层次的问题是，它搞错了我们作为常人因心理状态本身的一种深刻的形而上学事实而将心理状态归因于彼此的方式。

3.5　孪生地球思想实验展示了什么

我在 3.3 节中提出的论点是一个标准的概念分析，其目的是满足我们对内容性心理状态个体化的直觉，从而阐明我们某些形而上学的预设。实验揭示了对表征-被表征关系的解释，这种关系是我们将心理状态归因于彼此的日常实践所预设的。它通过遵循与简单的科学实验相同的推理模式来做到这一点。在这两种实验中，目的都是要确定当所有相关因素保持不变时，对自变量的操纵是否对因变量有影响。例如，两个托尼和周围的条件在每个方面都是相同的，除了当地人通常归类为硫酸的微观结构的差异。

乍看之下，人们可能很容易认为，这个自变量值的变化足以造成两个托尼本来难以区分的心理状态内容的差异。然而，表象可能是骗人的，因为心理内容显然不是实验中的因变量。这不是个小问题，因为我们假设心理内容是因变量，所以我们会误以为这些实验阐明了关于心理状态的一个形而上学的事实。然而，恰恰相反，这些实验唯一阐明的事情是关于心理状态之间关系的解释的经验事实，以及我们日常的归因实践的预设。也就是说，这里的因变量只是我们（正好有一个看待情势的上帝视角）通常倾向于使复制品的心理状态个体化的方式。在这个实验效果的基础上得出的结论是，我们作为大众，是基于这些个体外部的因素（如微观结构以及这里没有涉及的原因：社会环境）来对其心理状态进行个体化的。虽然在特定的思想实验之前，人们可能不会轻易地同意这种外在主义的观点，但事后人们终于可以看出，事实上我们通常就是这样分类的。[8]

如果前面的分析准确地描述了我们作为大众通常是如何将心理状态个体化的，但我们仍然留下了一个深刻的规范性问题，那就是我们作为认知科学家是否应该为了科学解释的目的把心理状态个体化。稍后我会声明刚刚提出的规范性问题的答案是"不"，并且我仍然会提供一种替代的、外在的策略来对认知科学应该采用的心理状态进行个体化。首先，我们需要更深入地探讨这些思想实验所阐明的形而上学的预设。

3.6　内容的非历史决定因素

回顾一下：在目前看待这个问题的方式中，通常的复制品思想实验并没有揭示关于心理状态内容的形而上学的事实；它们反而揭示了关于我们的归因实践中的形而上学预设的经验事实。虽然我们可以证明，我们作为大众人士具有很好的实践理由来坚持这些预设，但事实证明，作为认知科学家的我们必须放弃其中一个解释结果——因果历史决定内容这个假设。为了给另一个选择（即内容的非历史决定因素）提供逻辑空间，如果我们首先清楚地知道内容和决定因素之间的差别，那将会有所帮助。

3.6.1　内容及其决定因素

为了获得必要的明晰性，一个简单的方法就是考虑一个类似于弗莱德·德雷斯克（Dretske，1986）推广的海洋趋磁细菌（ocean-born magnetotactic bacteria）的"玩具"案例。这些细菌有一个可定向的内部磁体或磁小体，细菌根据它沿着地球磁力线（取决于细菌所居住的半球）——磁北极或磁南极的方向运动。结果，这些有机体推动自己远离有毒的（因为富含氧）地表水。内部磁小体的取向因此提供了最近磁极方向的可靠指示，这反过来又提供了贫氧水方向的可靠指示。鉴于这些事实，关于这种特性是被选择出来的假设是相当合理的，因为它符合基本的生物需要。

尽管对于磁小体定向的确切含义存在一些分歧——例如，德雷斯克（Dretske，1986）声称磁小体代表磁场的取向，但米利肯（Millikan，1989）声称它代表了无氧水的方向——但对于我们的目的而言至关重要的是，物种的长期因果关系的历史，是这些作者用以判断装置功能并由此确定装置状态内容的手段。[9] 我们可以合理地假设这个因果史包括至少一次机会突变和由此产生的细菌繁殖性状的差异选择。为了达到这一目的，虽然这些用于个体化磁小体功能的目的论策略意味着固定了装置状态内容的是一个复杂的、历时性的和因果性的过程，似乎很清楚的是，内容本身是一种相对简单的（尽管是相关的）、共时性和非因果的性质，这只是一个定向的详细描述。换句话说，内容显然必须与固定或决定内容的手段区分开来。

3.6.2　非目的论的功能和内容的非历史决定因素

虽然人们可能会认为历史正是决定磁小体功能的因素，但是这个玩具案例的一个变种就说明了功能及其固定的内容也可以以非历史的方式个体化。

想象一下，一群科学家从事基因工程，目标是创造消化海洋污染物并将其分解的细菌。为了使事情更加清晰，我们进一步想象，为了安全起见，我们假设科学家的设计使这些细菌无法繁殖。我们假想科学家创造了理想的污染物清理者，并将数吨该生物转移到海洋中。几年之后，科学家们测试了海洋中不同点的细菌浓度，发现极点附近的浓度最高，这一结果使其感到气馁。然后，他们在显微镜下放置了一些细菌样品，发现它们都往磁北极方向游动。

此时，我们的科学家们正面临着如下问题：细菌如何能够表现出这种定向和推动自己往磁北极方向运动的能力？他们很快意识到一个合理的答案：该细菌拥有一个内部装置，对应于这个能力其功能是为磁小体和细菌指向磁北极方向。这个问题就成为如何了解是否有任何内部装置能够实现这个功能的问题。一些额外的显微镜研究揭示了类似于天然细菌中存在的磁小体的存在，并且我们的科学家将此作为他们原始假设的证据。可以肯定的是，他们仍然不确定为什么这些生物体具有精确定位的磁小体，尽管他们强烈怀疑这是某种繁殖过程的副产品,这种繁殖过程涉及含少量磁铁的生长介质。但是,这是一个更深入的问题,它需要自己独特的答案。相比之下,最初的"如何"问题已经让所有人满意了。

正如我们前面所看到的,对像磁小体这样的装置的功能的目的论分析产生了固定该装置状态内容的历史记录。然而,很清楚的是,在我们设计的污染物清理者案例中排除了这一策略。尽管如此,人们还是对能力背后的机制感兴趣(即解释它是如何发挥作用的),这个例子说明的是,正如康明斯(Cummins,1975)所解释的那样,人们可以将装置的相对功能与对这个能力的贡献联系起来。关于这个案例中的内容的决定因素是否具有历史性,这一点有着明显的影响。在对天然的磁小体的目的论分析中,内容的决定因素是历史的,因为装置进行表征的功能其本身是由历史因素决定的。然而,在我们设计的细菌案例中没有这样的历史用于分配功能或固定内容。

对这些观点进一步的假设性说明,可以考虑许多洄游鱼类能够精确地返回到它们繁殖的水体的事实。就像在我们的思想实验中一样,我们在这里面临一个标准的科学问题:"如何?"而且和之前一样,通过潜在组件机制的功能来回答这个问题是合理的,其中一些可能涉及表征。类似的诉诸非组件机制进行的非目的论已经被用于解释无数其他的能力。[10]那些装置的功能之一就是要代表定向或食物获得的情况,尽管我们很快就会看到,最有趣的情况并不完全属于这两类。[11]尽管如此,在所有这些案例中,所述有机体的进化历史显然是无关紧要的。事实上,如果有一群难以区分的"沼泽生物",无论是细菌、鱼还是人类,都是由一道闪电击中沼泽而创造出来的,那么同样的问题就会出现,给出的答案也是一样的。

回到天然趋磁细菌这个相对简单的案例中,我们发现至少有两种"功能"的含义,在回答关于它们的问题时我们可能会提请注意,而且脱离语境说其中一个比另一个更好,这是没有意义的。相反,根据人们试图回答的问题的类型,其中一个(或者甚至是 1/3 或 1/4)将是合适的。简而言之,我们的建议是,在我们讨论的功能和内容方面,我们采取巴斯·范·弗拉森(Bas van Fraassen,1980)的观点,即为什么(及如何)对于不同的问题,有不同的正确答案。

在继续讨论之前，我认为值得注意的是，对这些观点的欣赏使得内在的和派生的意向性之间的界限变得更为柔和（Dretske，1986）。虽然我不主张走向后现代主义，但我确实认为，功能的分配和意向性的分配是由我们对解释的兴趣驱动的（这只是 3.5 节的延伸）。至少从认知科学的角度来看，意向性不应该被看作是因自身原因而对其有理论兴趣的人一个待解释概念，如果意向性以某种非短暂的方式被彻底清除，从而有利于一些受人拥护的解释，这是所有自然主义者求之不得的事。

3.6.3　为什么要考虑"玩具"案例

在讨论内容时，对"玩具"案例（如真实的和假想的趋磁细菌）的运用与人工智能中早期使用"玩具"世界（即仅包含几个简单对象的世界）相似（见 1.2.3.2 节）。在后者的语境中，重要目标之一是更好地理解为了进行目标导向推理和语言理解/生产这样的活动而需要的各种组成过程。例如，为了让一个设备不需要太多的摸索就能完成所分配的任务，人工智能研究人员意识到，它必须能够表征世界本身、它应该是怎样的，以及世界上巨大的变化中的哪一个将会有利于实现这个目标。这就要求有能力以维护真理的方式操纵表征，反过来也需要知道世界是如何运行的。当然，对于"玩具"世界来说，所取得的成就可能不会扩大到更复杂的情况，但实现这一点也可能是一个进步，因为它可以指明满足进一步的处理要求的方向。

同样，前面对趋磁细菌的分析也只是为了减少人类案例中大部分的复杂性，以阐明内容归因的一些基本组成部分。为了扭转所引入成分的顺序，我们发现人们可以从是什么历史因素导致有机体具有某种特性（即磁小体）这个问题开始，也可以从有机体如何做到这一点（即向北极方向运动）这个问题开始。根据这个问题，这导致了将目的论或基于能力的表征功能分配给特定的机制，并且分配给该机制的功能在一定程度上确定了装置状态的内容。这使得内容之间的一个重要的区别是共时性的、非因果性的，因此决定因素取决于所指定的功能的类型是共时性还是历时性的。可以肯定的是，在分析这样一个简单的生物时，有很多因素需要援引，但是如果无法弄清表征内容的属性是否是正当的科学实践，就会引起相当大的困惑。这当然正是我们想要弄清楚的，所以让我们回过头来看看。

3.7 没有孪生假设的外在主义

一个决定了天然的和人工设计的细菌中磁小体的状态内容的非历史的解释，可能导致人们拒绝内容的广泛性，至少在那些非历史的解释是合适的情况下是这样。毕竟，对于内容的广泛性而言，复制品论证背后的力量很大程度上源于这样一个事实，即我们经常把内容的表征状态由这些状态的因果关系所决定——也就是说，这主要是因为不可区分的局部状态可以是不同的因果历史的产物，这就导致我们把不同的内容归因于难以区分的个人。然而，我们需要搞清楚的是，内容是"宽"而不是"窄"的主张可以用两种不同的方式来理解，这两种方式都不需要复制品思想实验的支持（尽管这样的实验是"宽内容"和"窄内容"之定义的一部分，是理解这种区别的另一种方式）。

首先，有人认为内容是广泛的，因为它们不是个人的局部属性，而是关系属性（即非局部属性）。虽然复制品思想实验没有什么内在的反对点来支持这种说法，但是人们开始意识到，对复制品的诉求实际上是不需要的（Stich，1978；Stalnaker，1989；Davies，1991）。毕竟，根据每个人的情况，某些事物或状态所代表的就是那个事物或状态与其他事物的关系。在没有这种关系的情况下，根本不会有表征，因此也就没有内容。对复制品的使用并不意味着内容是非局部的关系属性，其定义便是如此。

然而，从独立思考实验中，仍然有一个重要的教训。它们揭示出，即使是对命题态度（PA）[12]归属的不透明解读也可以被注入自然和社会的预设。事实证明这一点非常重要，因为这使得它们成为行为原因的不可靠指标。具体来说，当我们做出不透明的 PA 归属时，所归属的内容并不总是准确地描述了 PA 所归属的个人（他们的心理状态的现象、他们所说的意思等）看待事物的方式。[13]这似乎是我们为了预测和解释行为所应该知道的（Fodor，1980）。

那么，我们似乎需要的是把内容和心理状态个体化的手段，这种方式确实能够捕捉到归属者看待事物的方式。正是由于这个原因，哲学家们一直在试图发展一种"窄"内容理论，这个理论是指一种关于内容的理论，在这种理论中，复制品的心理状态总是会有相同的内容。这是一种相当合理的观点，这类内容为预测和解释行为提供了一个更好的指示。

虽然追求这样一个内容理论背后的动机是足够的，但是"窄内容"这个表达似乎选择不当。具体来说，这可能是矛盾的或误导性的。毕竟只有两种寻求窄内容理论的方法是可行的。一方面，我们可能会找到一种方法来描述对归属者来说，事物看上去是怎样的，也就是说，与环境隔离后大脑中东西的分类。对于解释行为来说，这样做可能没什么问题，但是用"窄内容"来考量心理属性将是矛盾的（Stich，1978；Stalnaker，1989）。也就是说，考虑到内容只是非局部的关系属性——这只是表征、内容和真实条件之间紧密关系的一部分，所以很难理解为什么局部属性在心理状态的分类应该被视为内容。[14] 正如我所解释的，这个意义上的内容是宽泛的。

另一方面，我们可以开发一种语义，用一种与归属者所看到的事物完全相同的方式，使真实的内容（即真实的、相关的东西）归属于心理状态。但是，在这种情况下，"窄内容"这个阶段似乎是误导性的，因为这个观点的窄内容当然不是窄的，就像所谓的宽内容不是宽的；它只是比大众归因实践更加贴近归属者看待事物的方式，而非大自然或社会的方式。

如果理解这些事实的人仍然坚持用"窄内容"这个词，那就让他们用吧。但是，他们必须记住，这个单纯的措辞绝对不能避免对内容的"宽"理论提出的一些最严重的指责。正如下面将要详细解释的那样，这种"窄"内容理论的支持者，也就是第二种宽内容/窄内容的区别理论的支持者本身（有点不自觉地）提供了一些非常有说服力的论据，认为内容不论是否与复制品一样，都与行为的解释无关。

现在是提出本章主要观点的时候了。通过总结前面的经验，我将在这里解释的是，认知科学的基础模型之一解释了一个重要的通过系统的功能而体现的人类能力，该系统的功能表征了世界本身及我们眼中的世界，而且由于历史与这种解释无关，所以这个模型有着内容的非历史决定因素这个预设。为了把这件事情分解成容易理解的碎片，让我首先解决这个激励性的问题："如何？"

3.8　规　划　模　型

认知科学的基础模型之一回答了"如何"的问题，这个问题与之前所考虑的"如何"问题非常相似。为了说明这个模型的解释性目标，考虑图 3.1 中描述的设备。请注意，对于一般人来说，想象任何获得硬币的方法都是相当容易的，也许最有趣的方法就是打开龙头。与其他生物不同，我们人类可以快速解决无数这类问题。因此，我们又面临另一个"如何"这种老式的科学问题：我们人类如何能够以如此斩钉截铁（即经过一段时间仔细研究之后）和有效率的方式面对高度新颖的环境条件呢？根据一个非常流行的理论，答案是我们有高度发达的思考未来的能力（见 1.2 节、1.3 节和 2.4 节）。这个理论的关键在于我们既表征了世界的方式，也表征了我们希望的方式，并且我们能够通过保存真相的方式来操纵我们的表征，以找到从前者到后者的路线。这个模型也提供了一个自然的解释，用以回答为什么面对类似的环境条件，人类的行为如此灵活。

（a）一个鲁布·戈德伯格（Rube Goldberg）式的装置和　　（b）活塞上硬币的特写
用于获取置于活塞顶部的硬币

图 3.1

这一模型显然已经被大众心理学所采纳（其中一个核心原则就是，通过思考未来，我们人类能够根据我们的信念来实现我们的愿望），并且像我一样详述它会被认知科学家觉得相当陈腐。毕竟，这是对人类行为最重要和最有争议的独特事实的唯一令人满意的解释。在目前的情况下，这种模式的有趣之处在于，它涉及同一种基本类型的心理状态，其个体化条件一直是心灵哲学中热烈讨论的话题，但是，因为认知科学家用它来回答"如何"这个问题，因此它预设了一个内容理论，它与社会-历史理论的内容看起来有很大的不同，即我们大众似乎通常在心理状态归因方面依靠它。

3.8.1　大众语义学与规划模型

规划模型为"如何"问题提供了一个答案，就像鲑鱼如何能够找到特定的河道入口，燕子是如何找到前往卡皮斯特拉诺的路径，老鼠如何找到它们的食物来源，以及趋磁细菌如何能够定位使自己面向磁北极。在试图回答这类问题时，我们所寻求的是对维持相关能力机制的理解。正如我所指出的，因果历史不是这些解释的一部分。即使装置的因果历史非常不同或不存在，也可以用相同的解释。这本身显然在规划模型和大众语义学之间造成了相当大的张力。例如，如果沼泽人遇到了图 3.1 中这个装置，他们也会以同样的方式获得硬币，就像我们其他人一样（而不像许多其他的生物），他们也会有效地处理极其广泛的环境突发事件。[15] 换句话说，我们将会留下完全相同的"如何"问题，这个问题仍需规划模型提供的答案。

此外，大众语义学导致我们将心理状态归类为自然与社会，所以常见的对心理解释的有关担心似乎使它成为规划模型的一个不好的辅助手段。为了明确这一点，考虑图 3.1 中的装置获得适当构造的孪生地球场景的后果。让我们假设现在的物理学家和化学家对两个世界的所有观察都是一样的，但是利用"数据欠定理论"（data underdetermine theory）漏洞仍然没有被发现关于区分宇宙这两个部分中材料的微观结构的事实。因此，在孪生地球上有孪生氧、孪生氢、孪生铝等。让我们也假设大多数孪生地球人都认为软管连接到的这个装置是"龙头"，但他们并不知道只有在没有连接软管的情况下这才是一个龙头。正如任何体面的孪生地球人将证实的，当把软管连接到该装置时，它就会成为一个龙头。当然，孪生地球人将会在这些事情上尊重当地专业人士的判断。我可以继续添加各种超出我们正在研究的个人知识的变体，但让我直截了当一些吧。大众语义学会导致我们对假设的地球人做出如此不透明的 PA 归属：

> 他们认为打开水龙头会使水流出来。
>
> 他们认为，当水桶充满水时，会对杠杆施加压力。
>
> 他们认为杠杆的下行压力会使杠杆的另一端上升，从而能够够到金币。

但是，如果我们仔细地构建了我们的例子，那么这些属性对孪生地球上的复制品来说都不是真的。然而似乎很清楚，当他们和他们的复制品出于完全相同的原因面对设备时，他们会表现得毫不犹豫和有效，即使他们互换位置也会继续这样做。因此，我们自然就想知道为什么认知科学家应该关心从大众语义学角度出发的心理区别了。

如果这个问题与科幻小说是脱离的，也许我们可以因没有睡不着觉而得到原谅了。但是，大众语义学明显允许很多这样的情况出现，甚至出于一个简单的事实——即被归属者往往不了解大自然或社会——在这个最平凡的条件下仍是如此，然而归属者仍然将被归属者的心理状态与两个计划都联系起来。换句话说，对于我们大众来说，在精神状态相互依赖的情况下，这种情况可能是相当普遍的，因为这些因素完全超出了肯定的范围，所以也不属于这些状态被归属的个体行为的近因。那么，如果我们有了一个使得这类事实变得毫不相关的语义，那就好了。这又是激发对内容特征（即所谓的窄内容理论）的渴望的重要部分，使得复制品之间没有任何区分。

我应该指出的是，在类似的担忧面前也有人提出，从大众语义学的角度来看，心理上的区别与科学的行为解释有关。在我之前的例子中，托尼 E 成功地获得了硫酸，而托尼 TE 只能获得其他物质（Burge，1986）。换句话说，他们心理状态的差异被认为是因果关系，因为他们在不同的行为中出现。像其他许多人一样，我不相信这个答案。我的担心之一是它似乎完全避开了原来的担忧。具体而言，这个担心是大众语义学会导致我们由于超出了相关个人有意识的甚至无意识的因素，从而在行为的近因上做出区分。正是因为这些因素超出了他们有意识或无意识的肯定，所以他们似乎不承担他们行为的近因。该答案似乎只能补充的是，大众语义学的区别与行为效果的区分是类似的，但这不是问题所在。

还有值得一提的一点是，这两个假设的世界处于空间的不同位置就足以保证两个托尼的行为效果的不同。例如，我们可以很容易地想象，除了两个世界的位置，一切都是一样的。在这种情况下，两个托尼的行为效果还是有差别的，因为托尼 E 在这里成功地获得了硫酸，而托尼 TE 只能在那里获得硫酸。因此，他们的行为影响是不同的，但我仍然无法理解为什么一个心理学家应该关心这些差异。

我也发现自己在想象，如果在另一个科学领域提供一个类似的论据，结果将会如何。假设两位生物学家 B1 和 B2 不同意生物学中物种个体化的最佳途径。B1 认为因果历史是重要的东西，而 B2 认为局部结构是重要的（Hull, 1987；Mayr, 1987）。因此，如果在地球上的物种灰狼（*Canis lupus*）的复制品在另一个星球上平行进化，B2 会将其归类为灰狼，但是 B1 不会。因此，关于哪一种区分两个世界的方式更科学的争论由此产生。虽然在这里有很多需要考虑的重要因素，但是通过从思想实验中解读出这个想象的差异，不会让 B1 试图解释任何 B2 对历史计划的正当恐惧，这不仅会导致他对这两组生物进行分类，也会产生科学上的重要事实，例如，灰狼 E 被灰狼 E 吸引，而灰狼 TE 则被灰狼 TE 吸引。我认为 B2 反对"认为 B1 是在耍某种把戏"，这是正确的（Fodor, 1991a）。

无论如何，这些都是我对面上的答复挥之不去的担忧。简而言之，我仍然非常怀疑大众语义学，因为它似乎相当系统地导致了心理区别，这些区别与行为的近因的差异并不相同。

如果你对大众语义学有同样的担忧，那么下面的建议可能是有趣的。但是请记住，即使您不同意我的担忧，规划模型已经以一种与大众语义学有显著不同的语义框架来回答正当的科学的"如何"问题。即使在环境微观结构或有关社会环境的未知事实方面有微不足道的差异，并且（至关重要的）即使这种生物完全缺乏我们的历史，它所提供的答案也将保持不变。那些倡导大众语义学的科学可信度的人最大的希望就是，大众语义学确实为另一组问题提供了重要且无疑义的答案。

3.8.2 语义学 $_{PM}$ 和内容的决定因素

在第 2 章中,我很重视规划模型与自然选择理论非常相似这一事实,因为其真正的能力在于它能够解释关于其范围内生物相当普遍的事实。具体来说(再一次),在规划模型这个案例中,所解释的是人类能够以一种毫不犹豫的(一旦我们开始)和有效的方式来应对高度新颖的环境条件。对表征的操纵在模型中占有重要地位,那些希望通过使用这个模型来自然化内容的人们,必须提供关于这些表征内容是如何被固定的相应的一般性描述(让我们称之为语义学 $_{PM}$)。这个描述当然必须与基于能力的对功能的个体化相兼容。请允许我通过趋磁细菌这个玩具案例来介绍这个语义框架的原理:

> 在"功能"的能力分析中,磁小体的状态可以说是具有表征磁北极方向的功能,因为磁小体的状态与磁北极的关系——前者指向后者的方向——是使细菌能够游向北极的原因;这就是固定了表征内容的原因。内容——磁北方向——就是为了表征被证实所必须获得的事态,而磁小体只有在它被精确表征的情况下才能完成其功能,即只有它被定向于磁北方向时。

对磁小体表征功能的能力分析给了我们一个可以用来充实语义学 $_{PM}$ 细节的模式。那么让我们开始填写下面最简单的一个空格(斜体),并留下其他空格:

> 在对"功能"的能力分析中,规划机制的状态可以说是具有表征____、规划机制的状态与____的关系的功能——前者与后者是____——是什么使得有机体面对当前的情况可以有效行事;这就是固定表征内容的东西。内容,即____是使得表征被证实的所要获得的事态,只有在规划机制准确表达的情况下——即只有____,规划机制才能发挥作用。

规划模型明显比磁小体模型复杂得多,因此其余空位的填充也是如此。但是,如果我们仅仅把自己局限在那个人所表征的世界的方式(即信仰）上，我认为最后的结果将会如下所示（为便于参考，只有被填的部分斜体化）：

在对"功能"的能力分析中，规划机制的状态可以说是具有表征世界的方式、规划机制的状态与世界的方式或根据其变化将要变成什么样之间的关系的功能——前者与后者是同构的 [16]——是什么使得有机体面对当前的情况可以有效行事；这就是固定表征内容的东西。内容，即世界处于这样一个状态或根据其变化将要变成什么样——是使得表征被证实的所要获得的事态，只有在规划机制准确表达的情况下，即只有当这些状态与世界的方式及其变化同构时，规划机制才能发挥作用。

这还不是一个完整的对内容固定的描述。一方面，因为同构是很容易的，所以要回答"为什么不是任何同构都可以"这个问题，我们一定要说些什么。在上面的分析中，至少这样一个回答的开始是隐含的。这里涉及的同构性必须是那些能够相对于某种类型的系统引入有效的计划行为的同构。这意味着：①同构状态必须以适当的方式与行为引导机制相联系（即它们必须能够发挥正确的因果作用）；②有关个体必须相对于该类型的系统被适当地安排。例如，尽管托尼的大脑很可能会拥有与冰淇淋工厂、波士顿排水系统或美式足球的区域防守同构的状态，除非（i）这些状态与他的行为指导机制以一种合适的方式相关联；（ii）托尼与相关系统的类型相对应，这些大脑/世界的同构性不会使托尼能够解决冰淇淋工厂、在波士顿的下水道中行驶或在进攻中打出有效的表现的问题。

另一个最终需要处理的问题是准确和不准确的表征之间界限的模糊性。在理想的情况下——这从未实现过——一个人会成功，因为他的表征完全同构于他所表征的东西，或者一个人会失败，因为他的表征并不是同构的。在实际案例中，准确度将以度来计算。尽管如此，人类面对新的条件而获得成功这个事实，是它们的表征和它们所表征的东西两者同构的结果。同样，如果将这方面的失败归咎于表征，这将始终是缺乏同构的结果。人们也可以说，一个被表征系统的给定表征在某些方面是真实的，而在其他方面是虚假的，但是因为有太多个方面，至少出于当前的目的，我们有一个可以度量真理的类比标准——我们称之为真实性。

请注意，刚才概括的一般语义框架正是前面讨论的硬币-活塞问题的各种排列中贯穿的线索，如图 3.1 所示。首先，因为内容的决定因素不是历史的，沼泽人的行为事实可以用对"正常"人的解释方式来解释。此外，对成功的同一个解释可以在一些案例中应用，诸如，某些材料已经被表面上难以区分的对应物取代，涉及的个人缺乏科学的自然信仰，以及当地的专家共同体对事物的区分方式已经改变了。也就是说，它克服了大众语义学带给我们的差异。

我认为这足以达到目的。任何其他需要补充的细节都需要等待，因为仍然有一个非常紧迫的问题，如果不能正面处理，将会摧毁整个使内容自然化的计划。像所有真正的内容理论一样，这个计划将内容作为广泛的属性来解释。到目前为止，所考虑的问题出现在当个体的心理状态基于个人的微观结构或社会历史因素而个体化的时候，这些个体对此（除假设外）并不了解。然而，另一个被广泛讨论的问题与内容的宽度有关，而与个人知识的深度无关。这种担忧首先是由所谓的内容的广泛性理论的对手所表达的，但事实证明，任何内容理论都不得不面对这个担忧。这个问题至今还没有得到圆满解决。

3.9 因果无能问题

关于在科学语境中对内容进行诉求的正当性，作为第一个近似，其最迫切的问题是：包括认知科学在内的科学只允许诉诸因果有效的属性，但其内容却是因果无能的（Fodor，1987，1991a）。当然有一些复杂的问题，我们必须在继续探讨之前对它们进行详细讨论。首先，我们必须明确可描述内容的无效的确切程度。

3.9.1 问题的本质

正如福多所解释的那样，一个事物的某些特性可以在事实上因果无能，而在原则上有因果能力（Fodor，1987：166，注释 4）。这些是一个事物的因果能力。举例来说，水溶性是盐的因果能力之一，就是说在某些条件下，水溶性这一性质将是有效的，因此这种能力的存在与其从未被运用完全相容。相比之下，在内容方面需要担心的是，在任何条件下内容都没有什么能够引起认知科学对其有兴趣的效果。事实上，这不仅仅是因果关系，而是因为在原则上它们是因果无能的。[17]因此，作为第二个近似，对内容的担忧是它们没有因果能力。

这种担心部分来自于内容是关系属性（在非局部性的情况下）这一事实。然而，这不是全部的原因，因为似乎大多数（也许是所有的）关系属性都具有因果能力，包括内容在内（Fodor，1991a）。只要存在一个给定的关系属性的检测器，那么这个属性的因果能力之一就是它能够影响（或为这个影响负责）这个检测器。因此，作为第三个近似，对内容的担心是它们缺乏相关的因果能力。

内容似乎缺乏相关的因果能力的原因是，它们似乎不能够影响行为（即基于这些状态的内容而被个体化的个体行为）。用一个流行的方式来证明这一点，就是考虑先前考虑过的情况——内容和因果关系不能互相协调。再次考虑一下托尼 E 和托尼 TE 的情况。他们在局部属性方面难以区分，因此似乎具有完全相同的因果能力。把他们当中的任何一个放在一个条件下，你总是会得到相同的结果。然而，虽然它们具有相同的因果能力，但是从大众语义学的角度来看，它们的一些心理状态却有着不同的内容。也就是说，托尼 E 有关于"water"的信念，而托尼 TE 则有关于"twater"的信念。面对这样的考虑，在没有深入细节的情况下，随之而来的就是如下的争论。

伯吉（Burge，1986）：在这种情况下，内容和因果能力并不是不同步的，因为虽然托尼 E 和托尼 TE 有不同的心理状态，但这些状态也有不同的因果能力。例如，关于"water"的想法会导致获得"water"的行为，而关于"twater"的想法则会导致获得"twater"的行为。

福多（Fodor，1991a）：尽管如此，泰勒，内容和因果能力是不同步的。你所提供的分析并不符合在试图证明因果能力差异时必须满足的条件之一，即效果的差异不能不在概念上与这一过程的差异相关。换句话说，关于"twater"的想法导致了获得"twater"的行为，这只是一个概念性的事实，而不是一个经验性的事实。

福多（Fodor，1994）：好吧泰勒，你是对的，尽管是出于错误的原因。内容和因果能力是同步的，因为大自然禁止某些情况下（如孪生地球的情况）内容的变化与行为的变化不平行，而且专家只是工具。

另外，我们已经看到，语义学 PM 跨越了给大众语义学带来麻烦的差异性，从而使内容和因果能力保持同步。这一切都很好，但都没有解决原始问题：即使内容追踪因果能力，内容本身似乎也没有相关的因果能力；它们不能影响行为。事实上，考虑孪生案例的唯一目的就是为了突出这一事实，说明内容和因果能力如何相互不同步。找出一个让它们同步的方法，并不能确定内容具有相关的因果能力。因此在这里，我必须与福多和伯吉分道扬镳。

我认为福多已经相当有效地建立起来的是，为了使内容有可能对行为产生因果影响，相当不严谨地说这里需要的是这些特殊的关系性质的"检测器"，这些性质是个人表征的局部构成的一部分。面向大众语义学和语义学的问题是，为了解释康德（Kant，1992）的观点，很难理解表征者如何超越表征与被表征关系来检测两者之间的对应关系。简而言之，内容似乎很难对行为产生因果影响（如果你没有完全弄清楚这个问题，在我们讨论过自动机器之后你就可以弄清了）。

正如人们所期望的那样，即使这个简单的建议也必须是有条件的。毕竟，一个感官系统根据另一个感官系统的反馈进行校准是很有可能的，而且可能相当普遍。在这种情况下，一个感官系统（如本体感觉）将充当另一个感官系统（如视觉）的关系性质检测器。我的主要目标之一是证明语义学 PM 的正当性，让我简单地指出：这个附带条件不足以将语义学 PM 支持的内容种类从困境中拯救出来，因为所涉及的表征应该发挥——这是它们存在的理由——在解释人类行为方面更直接的作用。规划模型所提出的表征应该直接地——而不是通过校准过程——来解释人类以一种毫不犹豫和有效的方式应对新的环境突发事件的能力。换句话说，校准过程完全不是这种解释的本质特征。最本质的是，人类拥有与他们所表征的内容同构的表征以支持有效的计划行为。

　　这些显然是非常复杂的问题。但是我认为，我们可以通过另一个玩具案例再次控制一些复杂性。这一次，自动机器——一个由罗伯特·康明斯（Cummins，1996）所描述的假想工具，如图 3.2 所示——恰恰提供了我们所需要的那种玩具案例。

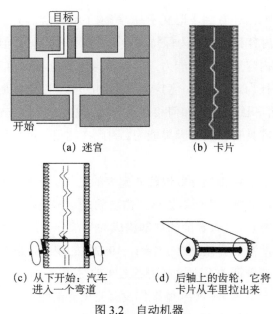

（a）迷宫　　　　　　　　　（b）卡片

（c）从下开始：汽车　　　　（d）后轴上的齿轮，它将
　　进入一个弯道　　　　　　　　卡片从车里拉出来

图 3.2　自动机器

资料来源：Cummins，（1996）第 95 页

3.9.2　内容和自动机器

　　自动机器的行为很大程度上取决于传动系统（图 3.2 中未示出），以及开槽卡和转向机制之间的相互作用。随着车辆向前移动，后轮上的齿轮向前推动开槽卡，这导致转向销被卡中的槽所操纵。康明斯描述的车辆在某个特定的迷宫中非常成功。在卡片和迷宫之间的关系——确实是一组关系——的基础上解释这个事实似乎是合理的。例如，就汽车的成功而言，这似乎是高度相关的，对于路径中的每一个转弯来说，卡片中都有一个凹口，左/右转的顺序匹配了右/左的 V 形槽口的顺序，槽口之间的相对距离反映了转角之间的相对距离。

简而言之，这张卡片与前述两种意义上的世界是同构的。也就是说，卡片①以适当的方式连接到行为引导机制上（即它能够发挥正确的因果作用），并且②整个装置相对于卡槽系统是同构的。那么，让我们把这个卡槽当作通过迷宫路径的表征，看看这个表征的内容是否有任何相关的因果能力。我想，经过一番思考，你会发现答案是否定的。特别是，狭槽的形状和迷宫的形状之间的关系似乎不能使自动机器以其特定的方式行事。换句话说，车本身不能检测到这种关系——康德的担心并未缓和——所以汽车的行为不受其影响。因此，如果我们继续要求在科学解释中所涉及的属性是那些具有相关因果能力的属性——反过来又要求这样的属性至少有潜在的因果关系来影响相关系统的行为——那么，根据槽和迷宫之间的关系来解释迷宫的成功导航是不恰当的。换句话说，带槽卡的内容将不是任何正当解释的一部分。

我认为，对这一结论有抵触的人可能倾向于寻找某种方式来显示狭槽与路径之间关系的因果效力。例如，有人可能会建议这个关系属性会导致另一个关系属性。但即使如此，这也不等于说第一个关系属性具有相关的因果能力。为了弄清为什么不一样，我们注意到在很多情况下一对关系会导致另一对关系。例如，当两个手表在时间 t 表征同一时间时，它们也同时在 $t+1$ 时表征同一时间。对此的解释是手表 1 在 t 时刻的行为导致其在 $t+1$ 时刻的行为，而手表 2 在 t 时刻的行为导致其在 $t+1$ 时刻的行为。然而，它们彼此之间的关系并没有任何相关因果力的属性。

一个相关的方法就是争辩说，关系属性不会影响自动机器的行为，但它确实对整个个体/世界体系有着因果关系的影响。然而，再一次考虑，虽然个体间的关系可能有因果关系，但是它们彼此之间的关系（即同构）似乎是因果无能的。

我不认为这些观点可能会有明显的争议，所以我们只剩下其中一个选择。一方面，我们可以得出这样的结论：对于自动机器来说，涉及带卡槽的内容是不正当的，而同构才是。在人类规划的案例中，同样的结论将以同样的方式达成，这是因为大脑的状态具有相关的因果力，但它们不具有与外界的状态之间的关系（即它们与世界是否是同构的）。我在这里追求的另一个选择是，抛弃那种认为科学只允许涉及具有相关因果力的属性的指责。抛弃这种指责，将使我们明白为什么它的内容实际上具有良好的科学性。

3.9.3　因果无能和解释潜能

杰克逊和佩蒂特（Jackson and Pettit，1988）的解释已经非常接近了。他们首先注意到有许多合理的解释，关系属性在其中扮演着重要的角色。他们引用的一些案例与手表的例子有着相同的结构特征。例如，他们注意到，当两个粒子以相同的速率加速时，物理学家可能会通过指出每个粒子都被施加了相同的力来解释这个事实。可以肯定的是，力的相同性是因果无能的（除了它对科学家的影响），但是物理学家在提供加速度相同性的解释时援引了这个性质，这似乎是完全合理的。尽管杰克逊和佩蒂特可能会把注意力放在这样一个事实上，但是当他们试图澄清这个事实是如何消除对内容的解释相关性的担忧的时候，他们错过了这个标志。

目前关于内容和因果力的辩论，他们的担忧主要来源于许多不同的前因中的任何一个都能够产生单一的心理状态。换句话说，杰克逊和佩蒂特认为，他们为了给心理状态提供内容所采取的因果前因对于那个状态来说是"不可见的"（他们正确地指出，在所谓窄内容的案例中也是如此，因为一个内部状态可以由任何大量内部状态引起）。换句话说，行为的前因不包含其因果前因的记录。粗略地说，杰克逊和佩蒂特（Jackson and Pettit，1988）分析[这也是杰克逊（Jackson，1995，1996）的分析中的错误]中的错误是，它混淆了被表征和表征之间的历时性、据称固定内容的因果关系与内容关系本身，而这是一个共时的和非因果的关系。[18]（见 2.6.1 节）总之，因为杰克逊和佩蒂特误解了担忧的本质，即内容没有相关的因果力，所以他们没能充分地化解这个担忧。杰克逊和佩蒂特提请我们注意，我们仍然需要知道的是，解释为什么是合理的。如果我们能够确定这一点，那么我们应该就能够确定与内容相关的解释是否满足相同的条件。

3.9.4　因果无能和内容的解释力

不幸的是，我们在这里涉及的对"解释"的解释没有达成一致（尽管我将试图在第7~9章中纠正这种状况）。不过，只要我们能够就一些我们感兴趣的案例在解释条件方面达成一致，我们目前的需要就能够得到满足。如果这些条件碰巧过于严格，不足以涵盖所有真正的解释性案例，也没关系；重要的是它们的限制性足以排除非解释性推理的情况。

那么请注意，关于我们所考虑的案例（即手表和粒子加速的例子），我们所做的解释的关系属性是因果无效的，但是它的存在具有确定的含义。也就是说，它是解释的必要组成部分，因为结合对其他因素的了解，知道它的存在是使我们能够推断事件的发生（即在 $t+1$ 时刻的同一性和加速度的同一性）、保持一切不变的动因，知道它不存在会导致我们推断事件的不发生。总而言之，对关系属性的了解是从解释前提到解释物的一个关键因素。[19]

另一个至关重要的因素是对某种形式的生产、因果关系或者至少在个体关系层面上的变化的认识。在现有案例中，我们知道尽管这些解释引用的关系属性本身是因果无能的，但是个体间关系的变化也是事件发生的部分原因。这些变化的知识似乎是这些案例从解释前提到解释物的推论的另一个重要组成部分。

为了补充一些额外的细节，对于解释兴趣的背景，我们有一个解释，如果它是关于这些因果无能的关系属性的知识（或假设），就可以合理地调用关系属性以及个人关系层面的变化，这使得我们可以推断出（其他条件不变[20]）什么是解释所需要的或期待的。

我再给出另一个极端的例子，考虑一下莱布尼茨（我认为我们比较熟悉他）是如何解释你和我都能看到餐厅里的桌子这个案例。根据莱布尼茨的说法，你和我之间，或者我们和桌子之间根本就没有因果关系；我们都是没有窗户的单子（monad）以我们自己预先设计的方式展开。尽管如此，莱布尼茨说，关于我们的这一假定事实有一个合理的解释——即在我、你和桌子之间存在某种预先确定的和谐。这种和谐，就像手表的同步，保证了我看到你（即睁着眼睛）和桌子与你看到我和桌子平行。所以，即使我和你之间的和谐关系是一种关系属性，且假设该属性对任何事物都没有任何因果关系的影响，那么这种和谐确实具有非常实际的意义。特别是在局部层面上的变化，意味着我看到你和桌子将与你看到我和桌子并行；在此观点下我们会预期到这种情况。正如在手表和粒子加速的例子中，在此案例中的解释必然会合理地涉及一个没有相关因果关系的属性。

自动机器的例子符合相同的模式。具体而言，自动机器成功驾驶出迷宫的能力部分地由槽卡和迷宫之间的关系所蕴含。可以肯定的是，这些关系本身并不导致汽车以相对于迷宫的特定方式行事；至少就汽车/迷宫系统而言，它们不会使任何事情发生。然而，这些关系属性的存在具有真实而重要的意义。它意味着，对汽车和构成迷宫墙壁的区块之间的因果关系的普遍缺乏。

与其他动物不同的是，人类是如何能够以这样一种毫不犹豫和有效的方式来应对高度新颖的环境条件（即对这种能力的机制的回答）的，对此问题的解释也使得我们诉诸一个重要的、合理的、因果无能的关系属性（即内容）。再一次，这个问题的答案是，我们既代表世界的方式，也代表我们希望成为的方式，并且我们能够通过以保存真理的方式操纵我们的表征，从而找到从前者到后者的路径。我们不再赘述任何关于表征形式的问题，这里提供的一般性解释是我们拥有世界的模型，并通过对这些模型的保真操作来评估行为的后果。有关表征的内容只是它们保持真实性的条件。根据语义学 PM，表征是纯粹的，因为它们与世界是怎样的或将如何根据具体的变化而变化这一情况是同构的（即关于同构关系给定一些明显的限制是很重要的）。这是规划模型组成要素的整个集合，使我们可以推断出所预料的能力。

这种解释的一个有趣特征是它并不总是能够获得它所提到的关系属性。具体而言，该解释是，我们拥有对事实的真实状态以及如果我们采取具体行动世界将会如何表征。后者的表征通常是真实的，这就要求它们与事物是同构的，这也是整体解释的重要组成部分。因为我们根据具体的变化来表征事物将会如何，这种表征通常是真实的，以至于我们能够避免做一些毫无用处的、反作用的或完全危险的事情。同样，只有当规划模型被整体考虑时，我们才能够理解所涉及的能力。

这些考虑的结果是内容应该被视为具有良好科学地位的关系属性。内容显然不是行为近因的构成要素，在人与世界体系的问题上也不是因果有效的。尽管如此，它们是与相关局部变化相联系的，这是规划模型为人类行为的一个重要方面提供解释的关键因素；它们集中地解释了人类如何能够有效地处理各种新的环境条件。

3.10　结　　论

长久以来，哲学家们一直在想，内容在哪里可能符合彻底的物理主义者的本体论。我们现在掌握的是一个特定的语义框架，并且非常了解它在人类行为基础的特定机制模型中扮演的角色。如果说归根结底，模型或语义学本身并没有什么错误，我想我们终于可以放心，内容是具有良好科学地位的属性。这当然反映在大众心理学上，尽管我们最终不得不放弃大众心理学的语义学，从而能够坚持更广泛的理论。

我们现在也可以更清楚地看到，为什么不需要诉诸因果历史来自然化内容。事实上，认知科学中大部分的解释性努力都是关于因果历史的，因此认知科学的核心是致力于解释诸如 2.4.3 节提到的一系列能力。换言之，认知科学致力于回答一系列像这里所考虑的那一系列的"如何"问题，而长期的因果关系历史不是这些问题的答案的一部分。然而，我并不是说，目的论解释在认知科学中是没有地位的，只要这个地位还存在，那就有可能存在由长期的因果历史所固定的内容的空间。而且，由于这种解释性的努力与大众心理学本身相去甚远，如果以此为基础得出的结论与我们关于内容归因的直觉不一致，我们需要宽容一点。

回到我自己的提议，我们已经看到，它也满足所谓的窄内容理论背后的主要推动力，尽管解释性的目的有限。发展这样一个理论的动机是，那些有兴趣解释行为的人只需要关心自己的头脑这样的直觉，因为行为的近因在头上。对内容来说幸运的是，我们可以坚持这个直觉的第一部分，并放弃第二部分。尽管内容不会引起人的行为，但它们是我们对其核心的最佳解释的一个重要组成部分。

4 竞争性隐喻

心理表征和推理的逻辑隐喻被认为解释了人类思维过程的几个重要特性。其中包括表征无数个不同事态的能力，以保真的方式对这些表征进行操纵的能力，思想的系统性，以及思考非具体的事态、属性和细节的能力。然而，就系统性和保真而言，逻辑隐喻的情况已被夸大了，因为思想远远不具有语言的系统性，而且形式系统所表现的保真的能力，被其易受框架问题影响的性质限制。比例模型的隐喻提供了一个非常优雅的系统性的论述，并对框架问题表现出了免疫力。

4.1 引　言

在第 2 章中，我们看到认知科学的主流研究方案得到了证明，并且大大加深了我们对大众心理学本体论的理解。在第 3 章中我们看到，构成本体论的一些状态（即信念和愿望）内容的归属在我们解释人类行为的重要方面起着至关重要的作用。总的来说，这为人们理解人类行为是由世界表征的保真操作所引导的提供了良好的基础。从这里开始，我们很自然地把目光转向内心，审视那些表征和表征操作的确切性质。

关于心理表征的结构或格式的问题，引起了很多哲学家的兴趣，其中很大一部分原因是许多人认为有必要更好地理解通过哪些工具获得了知识，以确定其能力和局限性（参见 1.1 节）。关于心理表征形式的哲学讨论历来倾向于用两个相互竞争的隐喻来形成其框架：逻辑隐喻（Leibniz，1705/1997；Kant，1787/1998，Boole，1854/1951）和图形或图像隐喻（Aristotle，公元前 4 世纪/1987；Locke，1690/1964；Berkeley，1710/1982）。这些提议的纯粹隐喻状态是根据这样的事实提出的，即直到最近还没有人有丝毫的想法去理解大脑——或其他任何设备——可能会拥有和操纵适当类型的表征。

基于哲学家的扶手椅思考而提出的一些新旧著名论点，目的是表明逻辑隐喻是唯一的选择。在本章中，我将回顾这些论点，并表明他们在几个方面都是有所欠缺的。我还会指出，图像隐喻的一个近亲——比例模型隐喻，在逻辑隐喻失败之处获得了成力。

在第 5 章中，我将继续对逻辑隐喻进行批判，目的是将其推向极限。然而在第 6 章中，我会证明，逻辑隐喻的支持者有潜力发起自己的反攻，因为只有逻辑隐喻被更机械论的方式重构了才会奏效。然而，在第 6 章末尾，比例模型的隐喻将会获得类似的机械论方式的重构，而这应该足以使形势永久地转向对其有利的方向。我们显然已经走过了漫长的道路，始于对认知科学家通常如何影响从解释性隐喻向解释性机制的转变的简要讨论。

4.2 认知科学中的隐喻与机制

影响从解释性隐喻向解释性机制转变的方式之一，是表明存在或可能存在与所涉及体系（如大脑）相似的物理体系，体现了解释性隐喻的主要特征，从而继承了隐喻的确切优点和局限性。举个例子：塞尔弗里奇（Selfridge，1959）曾希望大部分人类认识到可以用他的混沌（pandemonium）模型来解释，这个模型相当于他称为"恶魔"的侏儒，它们之间具有令人惊异的匹配（Bechtel et al.，1998）。支撑塞尔弗里奇模型的一个来源是其解释了当字母的特征丢失或模糊时我们如何猜测字母的能力。为了进一步巩固模型的合理性，塞尔弗里奇创建了一个简单的类神经元处理单元网络，体现了恶魔网络隐喻（如竞争性互动）的中心特征及其附带的解释优势，用这种方式他影响了该模型的机械论重构。

实际上，认知科学有着丰富的解释性隐喻（Lakoff and Johnson，1980；Fernandez-Duque and Johnson，1999），其中一些隐喻非常适合于类似的机械论重构。例如，我们发现关于信息流动的很多讨论有时会遇到瓶颈和替代路径，就像通过各种渠道和加工阶段的原材料。只需要基本的神经生理学知识就能理解这一套隐喻的中心特征如何以生物学上更合理的方式重新表达出来。然而，还有其他的解释性隐喻——如卡内曼（Kahneman，1973）关于分配注意力的资源池隐喻（pool-of-resources metaphor）——不适合这种机械论重构。尽管如此，由于对它们的机械论重构要困难得多，为实现这一目标所追求的总体策略是完全一致的。再一次，该策略是，表明在相关方面存在与大脑相似的物理系统，能够体现解释隐喻的主要特征，从而继承大脑的理想特征。

当然，逻辑隐喻已经经历了这种机械论重构。为了描述这种从解释隐喻到解释机制的过渡是如何在逻辑隐喻的情况下实现的，首先要讨论这个解释性隐喻的主要特征如何引起其特定的优势和局限性。然后，我们将很容易地理解为何能够存在体现这些特征的类大脑物，以继承逻辑隐喻的优点和局限性（见 6.2 节）。

可以肯定的是，用这种方式来介绍这个假设有点历史理想化的意味。毕竟，它的一些优点和局限在已经以更机械论的方式进行了重组之后就变得清晰了。尽管如此，以历史的准确性为代价，在我们试图对比例模型进行机械论重构时，获得了一个有用的模板。因此，在对逻辑隐喻的主要优点和局限性进行分类之后，我也会对比例模型做同样的事情。

4.3　逻　辑　隐　喻

据说逻辑隐喻是为了解释人类在行动之前思考的能力，并且满足了关于心理状态本质的许多哲学直觉（Fodor，1987）。事实上，从表面上看这个假设真的很优雅，难怪许多聪明人都认可它。然而，更深入的分析表明，逻辑隐喻受到各种问题的困扰。其中之一就是框架问题，这个问题是如此严重以至于被迫要寻找一个可行的替代方案。

4.3.1　规划

人们常常认为，逻辑隐喻的核心优点在于它可以解释——甚至有人认为这是唯一途径——思想序列的保真特性（Pylyshyn，1984；Devitt and Sterelny，1987；Fodor，2000）。这样的序列构成了我们的预见能力。出于这个原因，它们集中在对事实的更广泛的解释中，即在高度新颖的环境条件下，人类常常表现出毫不犹豫的（一旦开始）和有效的方式。

人们的行为可能受到预见的指导，这种说法已经流传了一段时间了。亚里士多德说："有时候，你根据灵魂中的形象或思想来推测，仿佛能够看到与目前事物相关的事情将会发生。"（Aristotle，公元前4世纪/1987）自然主义哲学家霍布斯（Hobbes，1651/1988），通过为天文学和物理学提供了表面上相同的粒子（即机械的）世界观的预测性和解释性优势，试图去解释预见性。（参见1.1节）霍布斯提出了一个相当复杂的联想主义理论，为逆向推理做出了规定（从而预测了人工智能的最新进展），并试图解释从规则（如规划中）到不规则（如白日梦）范围人类思想的脉络。

我们在第2章也看到，预见性在20世纪初被认为是一个强有力的解释性结构。这就是当心理学家沃尔夫冈·克勒（Köhler，1938）和肯尼思·克莱克（Craik，1952）提出人们可以通过预见能力来解释为什么人类行为在面对新的环境条件时往往是如此合适。用克勒的话来说，预见就是对问题的一种"洞察"。

当然，克勒对确定黑猩猩和其他非人灵长类动物是否也能显示出洞察力非常感兴趣。这个问题继续引起争议。在某种程度上，这只是一个普遍的、太过于熟悉的关切的一个方面，即我们把人类似乎拥有的高级认知能力赋予其他动物时，我们过于慷慨了。事实上，丹尼尔·波维尼里（Povinelli，1999，2000）最近提供了一些令人信服的证明，认为我们应该对这样的描述持怀疑态度，至少在预见性方面是这样。在一次实验中，波维尼里和他的同事们给黑猩猩提供了一个与图4.1相同的装置。对于一个成年人来说，很明显，当拉动左侧的工具（"无齿耙"）时，该工具将穿过香蕉，而拉动右侧的工具（"T形杆"）时会拿到香蕉。然而，波维尼里镜头里的黑猩猩在能看到T形杆的情况下，反复无效地扯动无齿耙，给人们留下了鲜明的印象，即黑猩猩似乎缺乏我们人类拥有的预见能力。[1]那么，预见性这个发展得很好的能力，也许就是将人类与其他陆地生物区分开来的东西之一（Gopnik，2000）。

图 4.1　作为将香蕉从箱体中取出的工具，在"无齿耙"和"T 形杆"
（"无齿耙"的倒置版本）之间进行选择

资料来源：基于波维尼里（1999，2000）的工作

应该很清楚的是，所提出的以保真的方式操纵表征的能力被恰当地看作是一个假设，它构成了一个非常好的解释，即为什么在面对新的条件时，人的行为往往是如此合适。根据这个模型，我们表征了出现的新情况。然后我们操纵这些表征来产生关于如何改变世界的预测。最后，我们选择可能导致我们实现目标的行动或行动顺序。逻辑隐喻最吸引人的特征之一就是它承诺补充这个过程的重要细节。

4.3.1.1　第一阶段：表征的生产力

规划过程被认为始于对我们所面临的任何环境意外事件的表征。如果这种描述是正确的，那么我们人类可以说是拥有一个有生产力（即具有表现力）的表征系统。[2] 逻辑隐喻的优点之一是许多形式语言，因为它们的

组合和递归语法，展现了巨大的表征生产力。也许解释这一点的最简单的方法是考虑诸如英语等自然语言的组合和递归语法是如何使其产生巨大的表征生产力的（如果你发现这个过于迂腐，你可能希望先行一步）。让我们从组合学（combinatorics）开始吧。

考虑这些简单的英语句子。

（1）The boy hit the ball.

这句话是一个结构上的分子自然语言表征。也就是说，它是一个由"原子"组成的语言单位："boy"、"hit"和"ball"。此外，由此产生的句子的含义（至少在很大程度上）由其组成及其出现顺序决定。例如，句子（1）的原子组成可以重新排列，以传达一个非常不同的信息。

（2）The ball hit the boy.

当然，这些部分如何组合会有限制。例如，这些约束是由句子（1）而不是（如我的文字处理器现在指示的）下面的句子所形成的。

（3）Hit boy the the ball.

这种约束的一个重要特征——语言的语法——是它允许特定类型的成分出现在许多心理公式中（例如，句子（1）和（2）中出现"ball"）。

一种语言即使有着非常有限的语法和词汇，也可以展现出一定程度的表征。例如，假设有一种语言只允许使用名词——动词——名词短语（NVN），而且它有一个由"The"、"boy"、"hit"、"ball"、"saw"和"teacher"等组成的词汇表。即使这样简单的语言也可以用来生成以下所有的句子：

The boy hit the ball.

The ball hit the boy.

The teacher hit the boy.

The teacher hit the ball.

The ball hit the teacher.

The boy hit the teacher.

The boy saw the ball.

The teacher saw the ball.

The boy saw the teacher.

The teacher saw the boy.

当然，这与完全的表征生产力仍然相去甚远，因为在这个基础上可以产生的表征的数量是有限的，而且相对而言是相当小的。

为了让语言表现出真正的开放式生产力，我们首先必须扩展语法，以便为分子类型的递归用途提供条件。例如，扩展刚才描述的系统的一个简单方法就是通过用"and"将任何两个格式良好的表达连接为一个单一的表达。由于使用"and"形成的任何分子表达式可以在最简单的情况下与其自身联结，所以在语法上增加这种递归就能构造无限大小的句子。

虽然刚刚描述的这套语法原则上确实能够建立无限数量的不同表征，但它只能用来表征有限数目的不同事态。也就是说，虽然人们可以继续产生新的表征，但最终会以不同的方式来构建表征相同事态的表达。为了开发真正的生产力，我们必须增加可用的句法形式，并大大扩展词汇量。这大概就是自然语言的流利使用者所面对的情况。人们仍然可以争辩说，这只能达到准生产力的水平，但它仍然是表征生产力的极高程度。

回到心理表征的逻辑隐喻，人们可以争辩说，一个非常大的词汇量及思维层面上的组合和递归语法将解释需要解释的东西——也就是说，我们能够表征环境突发事件的发生。

4.3.1.2　第二阶段：保真操作

正如你可能已经意识到的那样，形式语言如谓词演算（predicate calculus，PC）为思想的语言基础模型提供了真正的灵感。这是因为，与自然语言不同，这些语言由一组语法敏感的推理规则来补充，这些推理规则能够对所涉及的表征进行保真的操作。

具体而言，在规划方面，逻辑隐喻的支持者通常认为，从认知角度来说，世界的特定变化的后果是借助心理推理规则来预测的，该规则规定了开始条件和所涉及的变更的性质，以及由此引起的变更后果。

例如，考虑如图4.2所示的一组项目。我们都很了解这个系统变化的后果。例如，我们知道，当把球放在桶内并且桶保持直立时，球的位置将随着桶的位置而改变。我们也知道如果把球放在桶内，把桶放在门上，随后推动门会发生什么。如果逻辑隐喻是正确的，那么我们就可以通过依赖心理推理规则的认知等价物来预测这样的后果：

如果

水桶搁在门上，并且

球在桶内，并且

门被推

然后

桶和球会掉到地上

图 4.2 一个简单的物理系统：一扇门、一只桶和一个球

的确，如果逻辑隐喻是正确的，那么可以说我们拥有大量的这类心理推理规则。

这个模型对哲学家们产生了很大的影响，在人工智能研究的早期就有了第一个明确的说法。正如我们在第 1 章中看到的那样，运行系统的开发人员很早就利用这个基本框架来模拟规划过程。例如，最新版本的索亚尔（Soar）能够用工作内存系统中的合式公式（wff）来表征世界各国的状态，并且能够通过应用这些公式规则（"运算符"）来推断关于世界变化后果的影响。索亚尔架构就是以这种方式来构建可以预见的系统的。

4.3.1.3　第三阶段：选择适当的行动

为了有效地引导行为，我们必须在基本的保真机制的帮助下，在通常可以预见到的很多事物中选择一个对世界的改变（或一系列改变），使我们距实现目标更进一步。例如，对于想要将图 4.2 中的球从墙的一侧移动到另一侧的人来说，很明显将球从墙上扔过或使用水桶将其投掷过门口，才能有他们所期望的效果。当然，还有其他的改变将会使这个目标更加接近。然而，当我们进行规划时，我们能够筛选出这些替代方案，并进行一个改变或一系列改变，从而实现我们的愿望。

再次从人工智能的角度来看，逻辑隐喻有望丰富这个过程的重要细节内容。解决方案涉及一组更大机制的规范，其中可能嵌入了基本的保真机制。根据一个提议，这套更大的机制使得启发式引导搜索、反向推理和学习等过程成为可能（见 1.2.3.2 节）。这些过程使一种冒险的但（相对于对可能变化的空间的彻底搜索）高效率的推理方法成为可能，即从事物本身的方式到我们看待事物的方式这个推理过程。运行系统再一次被用来通过结合进一步的、更高阶的、语法敏感的推断规则（称为生产）来对这些过程进行建模。通过这种方式，这些模型进一步证明了表征和推理的逻辑隐喻，因为它们更详细地阐述了可能会承担我们有效使用上述基本保真机制能力的各种基于逻辑的过程。

4.3.2　系统性

许多哲学家也认为逻辑隐喻的一大优点是，它提供了一种解释——就保真而言，有人说是唯一的解释——对于假定的思想系统性的解释。要理解这种说法，首先要理解为什么人类的语言能力是系统性的。[3]

如果说我们的语言能力是系统的，那么从最低限度来讲，像英语这类语言，能够生成和解析某个句子的流利的使用者可以产生和解析这个句子的系统变体。通过切换名词短语来展示系统变体是比较普遍的。例如，人们不会认为流利的语言使用者能够产生和解析(4)却不能产生和解析(5)：

（4）Ike hit Tina.

（5）Tina hit Ike.

我们以这种方式生成和解析系统变体的能力似乎是我们掌握英语句子良好形式的原则（即我们对语法的隐性知识）的产物。例如，有人可能会说，NVN 形式的句子是语法的，这是英语的一种规则（尽管是非常肤浅的）。因此，任何能够根据它对这一规则的隐含掌握而产生和解析（4）的人，都能够重新调整这种掌握，从而产生和解析其系统的变体（5）。简而言之，这里涉及的语言能力似乎是系统的，对这个事实的解释是一个语言流利的使用者已经掌握了语言的组合和递归语法。

有人认为，由于思想与语言一样是系统的，所以思想的能力也必须根植于我们对思维语言［又名心理语言（mentalese）］的组合和递归语法的掌握。这个说法的第一部分的争论始于一个明智的提议，即流利的语言使用者不仅能够产生和解析句子，而且产生和解析一般是在思想表达和句子理解的基础上进行的。我们把注意力集中到后者，理解句子似乎只是为了表达句子的思想。现在，如果语言能力是从系统层面一直到语义层面，那么任何能理解（4）这样的句子的人都能够理解其系统变体（5）。因此，如果语言能力是系统化的，那么任何能够思考（4）所表达的思想的人都可以思考（5）所表达的思想。换句话说，如果语言能力一直是系统化的，那么思维能力就像语言能力一样系统化——也就是说，思想和语言一样是系统性的。

逻辑隐喻为思想的系统性提供了一个非常简单的解释：如果心理表征具有大致相同类型的表征自然和形式语言的句法结构，那么许可一个心理表征的语法约束将通过对组成部分的简单重新排列，从而许可系统相关的表征。

这似乎是一个非常优雅的解释，其支持者认识到了这一点，但是这个刚刚勾画出来的论点存在一个大问题：思想和语言一样系统化，这不完全是清晰的。这种说法的论点是假设语言能力是全面系统的（一直到语义层面和思想层面都是如此），但是事实并非如此清楚。要明白为什么，请注意，根据控制英语的句法约束，以下几个句子在句法上是合式的：

（6）The food coloring was rinsed from the cloth.

（7）The cloth was rinsed from the food coloring.

（8）The ball rolled down the inclined plane.

（9）The inclined plane rolled down the ball.

（10）The water balloon burst on the sidewalk.

（11）The sidewalk burst on the water balloon.

（12）Fred examined the definition.

（13）The definition examined Fred.

虽然这些句子在句法上是形式良好的，但我不清楚它们在语义上是否良好。似乎很清楚，任何能够产生和分析每一对句子中的第一句的流利的语言使用者都可以产生和解析第二句，但是我们不知道是否任何能理解每一对句子中第一句的流利语言使用者都能理解第二句。然而，在系统性的标准说明（Fodor and Pylyshyn，1988）中，流利的语言使用者的能力应该是毫无疑问的，因为所需要的只是对思想语言中的句子的构成要素（心理名词短语）进行简单的重新排列。

我想，我们可以想出一个故事，说明如何控制思想句子的格式，允许某些系统的变体而不是其他的，但是考虑到约束如何处理解释语义系统性不能是临时性的，而必须从假设机制的假定（Fodor and Pylyshyn，1988）中直接得出，这个选择似乎并不理想。[4] 对每一对中的第一句可以很容易地理解而对第二句的理解不那么容易，这一事实如果存在一个直截了当的解释的话，那情况肯定会好得多。

4.3.3　表征抽象领域、类型和细节

哲学家也经常注意到这样一个事实：与图像隐喻不同，逻辑隐喻可以轻易地解释我们理解表征实体、属性和过程的单词和短语的能力——如"战争罪犯"、"所有权"、"经济通货膨胀"和"电力"——这些都是直截了当的描述。为了说明我们理解这些单词和短语的能力——这可能是因为缺乏一个体面的词汇所以被称为抽象的——福多等（Fodor，1975；Fodor et al.，1975）提出，我们有一套语法敏感的规则，或者"含义假设"，使我们能够进行相关的语义推理。它被认为是这种语义信息如何表征的基本句法规则模型的一大优点——这并非巧合，长久以来，它通过传统的AI技术[如奎利恩（Quillian，1968）]包括运行系统体系结构（Anderson，

1983）被模型化——它不关心对于所涉及的词项是具体的还是抽象的。例如，"经济通货膨胀"的语义蕴含可能通过一个认知推理规则来获得，该规则规定如下："如果经济体 x 经历了通货膨胀，那么 x 中的货币单位的整体购买力就会下降。"

它也被认为是逻辑隐喻的优点，它可以解释我们如何能够思考类型。例如，人类不仅可以思考特定的三角形，而且可以思考一般的三角形（Berkeley，1710/1982；Kant，1787/1998）。我认为这与解释我们理解抽象术语的能力有些不同。毕竟，类型有时是高度具体化的（如岩石），而抽象术语不一定表征类型（如"启蒙"）。无论如何，由于自然语言和人造语言中的术语似乎很适合代表类型，所以心理语言的术语也同样容易。

最后，有人指出，心理语言的假定句子将解释我们思考涉及将特定属性赋予特定对象的思想的能力（Foder，1975，1981；Wittgenstein，1953）。例如，弗雷德的汽车是绿色的想法，从大量的特性中指出了弗雷德的汽车的一个属性。正如自然语言和人造语言可以用来表征这样的属性分配一样，假设的心理语言也是如此。

4.3.4 描述的层次

自然语言和人工语言表达的另一个重要特征——尽管其真正的意义与它在逻辑隐喻的机械论重构中所起的作用有关（见 6.2 节）——是它们可以在任何一个多重的、独立的抽象层面被理解。出于当前的目的，我会把我的注意力仅限于两个这样的层面。[5]

一方面，我们可以通过诸如墨水、纸张或声波等特定媒介来描述自然语言表达的物理体现。同样的表达（即相同的组合结构）可以在任意上述媒介中实现，也可以在无数其他媒介中实现。因此，自然语言表达在实现媒介方面是可以多重实现的。换句话说，我们可以从表达类型的差异中抽象出来，并纯粹用这些类型的性质来讨论。事实上，在任何不同的物理媒介中，表达的类型都可以被实现或被歪曲这一事实表明，对表达的性质的讨论是在一个更高的、独立的抽象层面上进行的，而不是在对实现媒介的属性的讨论中进行的（Pylyshyn，1984：33）。

4.3.5　框架问题

虽然逻辑隐喻有许多明显的优点，但它至少有一个主要的缺点——框架问题。麦卡锡和海耶斯（McCarthy and Hayes，1969）通常被认为是第一个认识到（和命名）框架问题的人，这个框架问题与通过表征系统来预测什么将会改变，以及什么仍然会随世界的状态而改变这个挑战有关（Bechtel et al.，1998）[6]。描述逻辑隐喻所面临的问题的本质的一般方法——首先出现在 PC 类形式系统的帮助下建立预测模型之后——也就是说，虽然假设一个心理逻辑似乎在表征的生产力（即表征无数不同的事态的能力）方面做了合理的工作，但它没有考虑推论的生产力（即预测无数明显变化后果的能力）。

框架问题至少由两个问题组成。第一个问题是预测问题（Janlert，1996），源于需要大量的推理规则（4.3.1.2 节中描述的那种推理规则）或者框架公理来实现包含日常规划的预测推理。再次考虑如图 4.2 所示的情景。现在花一点时间来想象一下每一种可能改变这种简单装置的各种方式的后果。从工程学的角度来看，很快就会出现的问题是，无论在模型的知识库中建立多少个变更/结果对，通常会有更多被忽视的变量/结果对。此外，还要注意的是，如果我们要对方案进行微调（例如，其中也包含一块板），这将对可能的变更/后果对的数量产生指数效应，因此，人们必须将其纳入模型的框架公理之中（Janlert，1996）。在这种情况下，我们仍然在处理一个相当简单的物理系统，事实上，这比人类通常所面对的情况要简单得多。在涉及更为现实的系统的情况下，规定每种可能的变更后果的挑战似乎是不可逾越的。根据最近关于运行系统的指南，"在处理大的（现实的）问题时，可能用于解决问题的操作符（即框架公理）的数目与可能的状态描述的数目将是非常大的，有可能是无限的"（Congdon and Laird，1997：28）。此外，我们迄今一直在谈论对含有有限数目的对象的离散系统的改变的后果的知识。然而，我们对世界变化的后果的认识比这要复杂得多。为了体现一般人对世界改变的后果的认识，框架公理系统必须包含规定了无数个对象的规则，无论是熟悉的还是新颖的，将在相关的每个可能的无限数量的变化中来行动。因比，首先作为一个工程问题而出现的问题，让位于对逻辑隐喻本身的可行性的严肃的先验关注，因为没有一套有限的框架公理足以表达我们所了解的关于世界在经历了各种改变之后将会变化的方式。

预测问题本身已经足够令人担忧，而框架问题的另一个组成部分是资格（qualification）问题（McCarthy，1986）。它是复杂的，因为为了体现我们所知道的改变世界的后果，不仅需要无数的规则，而且每一条规则也必须以看似无穷的方式来限定。例如，假设图 4.2 中的物品被重新配置，使得球在桶内，并且桶在地板上竖立。在这种情况下，如果桶翻倒了，那么球就会落到地板上——当然是在球没有楔在桶中的情况下，桶中没有胶水，等等。为了捕捉你和我隐含地所了解的这个改变的后果，所有相关的限定都必须加到相关的框架公理上。工程问题的严重性再一次引起了对逻辑隐喻本身可行性的严肃的先验关注。现在是时候认真考虑替代者了。

4.4　比例模型隐喻

图像和比例模型属于物理同构糢型（PIMs）的更一般的情况，这些模型是对其推理能力的表征，因为它们具有与它们所表征的一些特性完全相同的特性[7]（Palmer，1978）。由于预测经常需要对三维空间和因果关系的表征进行保真的操作，所以在当前情境中最令人感兴趣的 PIMs是比例模型。[8]与逻辑隐喻类似，比例模型隐喻有它独特的一套优点和缺点。

4.4.1　规划

规划可能被比例模型的认知等价物承担的想法并不新颖。例如，克莱克认为，"如果生物体带有一个外部现实的及它的脑内可能采取的行动的'小比例模型'，就可以尝试各种不同的选择，得出最好的结论，在未来形势出现之前做出反应……并以各种方式以更全面、更安全、更有能力的方式应对所面临的紧急情况"（Craik，1952：61）。要了解这种预见模型是如何起作用的，我们可以从评估它是否能解释人类表征新情况的能力开始，以保真的方式来操纵它们，并确定哪些世界变化将会让我们更接近我们的目标。

4.4.1.1　第一阶段：表征的生产力

为了理解比例模型隐喻是如何解释表征的生产力的，我们需要把注意力从模型本身转移到建立起它们的模型媒介上。当我们这样做的时候，我们看到确实存在构建比例模型的生产力（或至少是准生产力）媒介。例如，可以利用有限的乐高积木块对几乎任何建筑物进行建模。9 当然还有许多其他建模媒介展示了表征的生产力（如火柴梗和黏合剂、黏土和纸模型）——事实上，世界就是自己的建模媒介。

还要注意，相同类型的元素的添加——一种递归——对增强建模媒介的表征生产力的作用，要远大于构成元素递归使用对语言媒介表征生产力的提高。随着建模元素数量的增加，可以表征的事情状态数量的上限也随之提高。正如我们前面所看到的，对句子成分的递归使用并不会增加可以表征的事态的数量，因为它增加了可以表征同一事态的方式的数量。

4.4.1.2　第二阶段：保真操作

虽然从 AI 早期开始，心理表征的比例模型隐喻已经被忽略了，但这种（令人印象不太深刻的）图像隐喻最近已经重新引起了哲学家、心理学家和计算模型构造者的注意。其主要原因是，空间表征可以通过避免指定每个对表征系统可能的改变后果的规则（即框架公理）的方式来产生预测（Haugeland，1987；Johnson-Laird，1988；Lindsay，1988；Janlert，1996）。例如，人们可以使用一张方格纸来表征 Harry、Laura 和 Carlene 的相对位置（图 4.3）。如果希望知道 Harry 移动到新位置时所有人的相对位置，人们只需删除表征 Harry 的标记，并在对应于新位置的正方形中插入一个新标记。

二维空间媒介也可以用来表征客体的结构，这种表征的集合可以用来

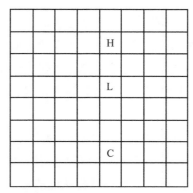

图 4.3 使用空间矩阵来表征客体的相对位置

预测相对位置和方向变化的结果。例如，我的咖啡桌（从上面看）的纸板剪影可以与我的客厅中的其余物品的二维表征（等比例的）以及房间本身的描述相结合，以便生成关于这些物品相对空间位置和方向的无数变化的后果的预测（Haugeland，1987）。这个策略可以避免规定所表征的系统的无数可能变化的无数后果的规则。因此，对于这组有限的表征维度的集合，这种表征对框架问题表现出了免疫力。而且，它们可以很容易地扩大至能够包含更多对客体的表征。正如我所说的，依赖框架公理的系统在这种扩展性方面存在问题。因此，詹勒特认为可扩展性提供了一个表征系统是否遭遇框架问题的指示器。詹勒特（Janlert，1996：40）这样说："框架问题处于恰当的控制下的标志是，表征可以逐步扩展：对世界上的事物的保守增加将导致对表征的保守增加。"

当涉及支持人类做出的常规预测时，仅仅有图像是做不到的。一个可行的人类预测模型必须解释在三个空间维度上预测空间和因果变化后果的能力。心理表征的比例模型隐喻就能很容易地满足这些要求。

当然，比例模型长期以来一直是设计测试的主流。就像对预测的表征一样，比例模型被用来预测无数系统的行为，包括熟悉的和新颖的系统（如新的结构、设备、制造过程等）。[10] 与单纯的图像相比，比例模型在更广的范围内对预测问题表现出了免疫力。例如，人们可以使用合理的门-桶-球设置的比例模型来预测该系统无数变化的结果（例如，当里面放着球的桶被放置在门上并推门时会发生什么，当里面放着球的桶被翻倒时会发生什么，当桶被用来将球扔到门上时会发生什么……无穷无尽）。用豪格兰德（Haugeland，1987）的话来说，这种表征改变的副作用将自动反映所表征系统改变的副作用——也就是说，不需要它们的明确规定。再一次，所表征系统的增量式增加，对表征的内容也没有指数性的影响。例如，在图 4.2 的系统中增加一个板，可以通过简单将该板的比例模型添加到该表征中来处理。

比例模型不受资格问题的困扰。要明白为什么，请注意，模型化区域的大部分情况在该区域的比例模型中都是对应的。例如，对于图 4.2 装置中的比例模型，球的比例模型在翻转时会从桶的比例模型中掉出来，但前提是球没有被楔在桶内，桶内没有胶水等情况。就像我们预测的一样，通过使用比例模型产生的预测是以开放的方式隐含地限定的，因此，这些资格限定不需要被明确下来。

4.4.1.3　第三阶段：选择适当的行动

逻辑隐喻使得选择适当的行动方式这个问题变得易于处理，虽然这在最初看起来是优点，但这样的方式远非理想。这是因为逻辑隐喻通过逻辑驱动系统的先知性是相当有限的（即它们遭遇了框架问题）这一事实，使这个问题变得容易处理。这意味着可能行动的领域及搜索空间已经减少到一个心理上很不现实的程度。另外，比例模型允许对无数改变的后果进行预测。这意味着搜索空间无法被彻底探索，而只能有策略地探索。尽管如此，基本的解释方法与霍布斯（Hobbes，1651/1988）所描述的一套技术并没有很大的分歧，并且由运行系统的设计者决定。对此的基本建议仍然是要有能够有效使用基本的保真装置的额外表征机制和策略（如学习、启发、反向推理等）。[11]

4.4.2　系统性

乍一看，逻辑隐喻似乎是为思想的系统性提供了一个合理的解释。这是因为对一个表达式的语法约束也适用于系统变体。但是，逻辑隐喻绝对不是唯一的选择。要搞清楚为什么，只要注意这样一个事实，即世界本身就承认了一些系统性的变化。例如，猫不仅可以在垫子上，垫子也可以在猫身上；艾克可以击中蒂娜，蒂娜也可以击中艾克；金星可以在太阳之前，太阳也可以在金星之前等。因此，不是把语言结构"下"推到思想媒介，比例模型隐喻的支持者会建议把世界的结构向"上"推[12]。而且，通过这一举动，我们发现自己有了一个更优雅的解释，即思想比语言的系统性程度要低。

正如上面所解释的，逻辑隐喻的系统性所说明的初始合理性，在某种程度上由于它不能直接解释句子（6）～（13）的理解难易程度而被削弱了。另外，至少在句子（6）～（11）方面，比例模型隐喻以相当直观的方式解释了不同的易于理解度。具体来说，虽然与每一对的第一个成员所提供的描述相一致的比例模型的构建将是非常简单的，但是与每一对的第二个成员提供的描述相一致的比例模型的构建将更具挑战性。这是因为，当术语的意义是按照惯常的方式来解释的时候，所描述的那种事件在世界上是不能展开的。因此，它们也不能在世界的比例模式中展开。例如，考虑到"人行道"、"水球"和"突然出现"的通常意义，"人行道不能突然出现在水球上"这句话使得理解变得困难，但也许并非不可能，因为我们或许能够想出对这些术语的通常解读的替代方案。长话短说，虽然这不是逻辑隐喻的一个直接的含义，即一些合式的、系统的变体是难以或不可能理解的，但它是比例模型隐喻的直接含义。

4.4.3 表征抽象、类型和细节

必须承认，对于为什么句（13）难以理解而句（12）容易理解这样的问题，比例模型本身并没有提供明显的答案。但是这个案例中的问题与系统性无关，这仅仅是对图像和（通过扩展的）比例模型的表征能力所提出的更广泛关注的一个例子。特别是，正如经常指出的图像隐喻一样，比例模型隐喻似乎在表征抽象领域、类型及将特定属性分配给特定对象的能力方面面临困难。第 5 章的大部分内容都将致力于表明，这些论点是以一种天真的认知图景为前提的，但是现在让我们简单地看看我们已经达到的程度。

系统性，糟糕的系统性！

逻辑隐喻的最大吸引力是它对规划的保真表征操作负责的承诺。那么你刚刚目睹的就是逻辑隐喻的一个重大失败，而对比例模型隐喻来说是一个重要的胜利。这种大规模的失败应该导致除最理想的换边站的考虑之外，所有人都应考虑追求和平共处。

4.4.4　描述的层次

为了完成对两个解释性隐喻的比较，请注意，比例模型的另一个重要特征——尽管它的真正意义与它在比例模型隐喻的机械论重构中所起的作用有关（见 6.4 节）——是它们可以在多个独立的抽象层次上被理解。为了理解其原因，注意在比例模型的情况下可以采用上述相同的个体化标准（即多重可实现性）。例如，如果我们采用一个给定的模型类型来包含那些遵守一组特定的跨维度、广泛约束的标记模型，通常会有多个建模媒介可以用来实现给定的模型类型。一种类型的模型是可以用来预测各种三维空间变化对我的客厅物体的影响的后果。我可以用各种各样的材料制作这样的模型，包括黏土、纸模型、乐高积木等。换言之，模型类型与可用于实现它们的各种媒介之间存在着多重实现性关系。因此，至少有两个抽象层次可以理解给定的模型：建模媒介的层次（即实现基础）和实例化的类型的层次。

4.5　框架问题的诊断

虽然比例模型对框架问题表现出了明显的免疫力，但是为了实现第 6 章所设定的目标，即提供对比例模型隐喻的机械论重构，最重要的是我们必须明确理解为什么会是这样。

4.5.1　内在和外在表征

有人说，PC 风格的表征遭遇到框架问题，而图像和比例模型没有此问题的原因是，前者是外在的表征，而后者是内在的（Palmer，1978；Haselager，1997；Haugeland，1987；Janlert，1996）。内在/外在的区别是帕尔默首先提出来的，以区分表征的类型。帕尔默认为，当它们必须被约束以便遵守给定表征领域的非任意的或固有的约束时，表征被认为是外在的；而当它们不需要被任意约束以遵守（即它们固有地遵守）所表征领域的非任意的或固有的约束时，表征被认为是内在的。根据这一分析，使用PC 来预测物理系统的行为通常会产生外在表征。正如哈塞拉格（Haselager，1997：64）指出的那样，这是因为"逻辑本身与世界几乎没有同构性"，所以必须以附加推理规则或公式的形式对其施加约束，以便 PC 支持必要的保真的表征操作。在这个分析中，比例模型构成了内在的表征，因为它们不需要施加任意的约束就能保留它们所表征的真值。

虽然它有一定的直观性，但区分这种表征形式的方法有一个问题，那就是它过于依赖固有约束与任意约束之间的模糊区别。例如，如果人们只对高于关系（taller-than relation）的保真感兴趣，就可以设计一个完全适合的逻辑系统（我们称之为 PC+）。换句话说，为了保存关于高于关系的真值，PC+不必被任意约束，所以 PC+的公式将被认为是相对高度的内在表征。但是，如果存在一个或两个简单的公理，使得 PC+成为构成相对高度的内在表征的媒介，那么内在/外在的区别就更糟了。它不能使我们清楚地区分逻辑表征和比例模型，也不能提供为什么前者似乎遭遇了框架问题，而后者却没有的答案。[13] 然而，框架公理系统和比例模型对保真的支持方式有一些明显的区别——让我们称之为真正的内在/外在的区别——与它们对框架问题的相对敏感性有关。

我们不应依赖于任意的/内在约束的概念，而最好通过是否支持基于不同数据结构的特定变更/结果对的预测，或是否需要明确每种类型的变更的后果，来区分逻辑表征和比例模型。为了产生关于特定改变的后果的预测，传统的框架公理方法利用推理规则，其前因规定了改变的起始条件和性质，其结论指明了改变的无数后果。换句话说，框架-公理方法要求信息是明确的。这就是为什么框架公理方法遭遇了框架问题：为了体现普通人对世界变化的后果的了解，框架公理系统必须包含不同的规则，即包括新的和旧的规定了无数对象中的每一个规则，将根据无穷的可能变化的每一个后果，相对于彼此而行动。

另外，为了预测特定物体根据特定的改变相对于其他物体的表现，比例模型不需要单独的数据结构。通过适当的相关系统模型，对表征的无数改变的后果将自动反映对表征系统的无数改变的后果。换句话说，所有相关信息都隐含在表征中，因此不需要明确表征。此外，比例模型能够如此优雅地比例化的原因在于它增加了比例模型的新项目，也隐含了预测新系统改变后果所需的所有信息。同样，该方法的效用不限于包含有限对象的单个系统。通过比例建模方法，不需要事先明确地说明在每个无数的可能变化之后，每个物体（熟悉的和新颖的）如何相对于彼此表现出来。甚至没有必要对世界上的物体进行先行规范，因为我们所要求的信息——如在设计测试中使用比例模型所展示的——将隐含在我们根据环境要求所构建的模型中。

4.5.2 一些细节

在预测物理系统（甚至是简单系统）的行为时，单独使用每个属性的内在表征通常是不够的。例如，使用简单的杠杆来移动物体是否具有优势，这不仅取决于杠杆的长度，还取决于涉及材料的刚性和强度、支点的位置及被移动物体的质量等属性。正如帕尔默（Palmer，1978）指出的那样，世界上的约束是相互依存的，而复杂的维度间约束的内在表征很难被找到，明显的例外是比例模型和其他 PIMs。对于帕尔默来说，他暂时性地提出了一个混合描述，根据该描述，大脑被认为拥有特定属性的一系列内在表征和外在表征，以捕捉所表征系统的维度间约束的方式来协调内在表征。然而，这种混合解决方案的可行性并不明显，因为为了捕捉不同属性的相互作用的所有方式，需要无数的规则和例外，也就是说这种方法也面临着框架问题（Palmer，1978）。一个迹象表明，这种方法不能满足詹勒特（Janlert，1996）所提出的可扩展性条件，正如帕尔默（Plamer，1978：274）所指出的那样，"随着越来越多的维度的增加，高阶结构急剧增加"。因此，为了在表征等复杂度的系统时避免框架问题，所需要的是维度间约束的内在表征。

在一个相关的说明中，扎诺·帕利希（Pylyshyn，1984）声称，有些情况下，基于实现基础（如虚拟机）的基本操作的表征，将根据特定的实现基础而隐含明确的信息。例如，人们不是要构建与每个改变/后果对相对应的单独的数据结构，而是要依赖虚拟机的基本操作，该操作具有与所表征系统中获得的某些关系相同的逻辑属性。帕利希说，然后我们只需要说明所表征的关系是什么逻辑类型，其余的信息"可以作为使用特定原始操作的副产品而'免费'获得"（Pylyshyn，1984：100）。然而，当各种被表征的维度相互作用时，就会遇到上一段所述的同样的问题。例如，为了从塔尼亚比布兰登高而安东尼比塔尼亚高这一事实推断出安东尼比布兰登高，可能会涉及某个原始操作的传递性。同样，可能会用到另一个原始操作的对称性：由于安东尼与布兰登站在同一高度，布兰登与塔尼亚站在同一高度，所以安东尼与塔尼亚站在同一高度。也许在这样一个计划中会隐含一些更深入的信息，但是就目前而言，这并不包括安东尼的头顶比布兰登更高的事实。问题是，系统不会自动表征属性是如何相互作用的。为了做出这个非常简单的推理，一个客体底部的高度与另一个客体顶部的高度之间的关系将不得不被明确下来，除非碰巧虚拟机的一些更进一步、更复杂的原始操作展示出了相关的同构，并且正如已有的解释，考虑到进一步表征的维度，所要明确的信息量将以指数方式增加。

还要注意，传统上框架公理的原子成分被认为与由相应的自然语言描述构成的项（Haselager，1998）有着一一对应关系。实际上，框架公理系统对框架问题的敏感性似乎只是系统有限推理能力的一个例证，它们的预测完全基于对特定对象（或对象类型）和关系（或关系类型）的概括。例如，像霍布斯和后来的经验主义者那样的联想主义预见模型（associationistic models of forethought），也会出现类似的问题。[14] 正如莱布尼茨（Leibniz，1705/1997）在批判联想主义心理学时指出的那样，统计概括可能导致你会期望事件的一个类型会跟随另一个，但是，由于它们不告诉你为什么，所以在预测其他变更对同一系统的影响或预测观察到的规则例外时，它们没有什么用处。

那些（像我一样）连接主义的粉丝应该记住，莱布尼茨的批评也适用于标准的反向传播网络。正如克拉克（Clark，1993）所言，问题在于一阶连接主义系统似乎无法学会如何合理地处理所谓的结构转换归纳（structure-transforming generalizations）。说得更粗略一点，可以想象一个连接系统已经学会了（并且因此可以预测）含球的桶将从被推动的门上落下。如果要求确定一个桶是否可以用来携带一个球通过一个门，那么这一点知识对于系统来说就没什么用处。换句话说，虽然一组连接权重可能足以应付含有球的桶将从被推动的门上落下的事实，但这组权重不能被重新部署以预测诸如当一个装有球的直立桶通过门口时会发生什么。为了做出这个预测，必须应用一套新的统计规律，而这些统计规律拥有一组新的可能是重叠的权重。换句话说，我们需要合理地将其解释为新的数据结构，因为必要的信息并不隐含在先前的权重集合中。因此，前馈连接主义系统（feedforward connectionist system）似乎受到框架问题的困扰，至少当它们被用于提取关于如桶、球、门等物品改变的后果的粗略规则时是这样的。

　　然而，分析的精细度只是问题的一部分。要明白为什么，需要注意到仅仅关注微观特征不会缓解框架公理系统或前馈连接系统的框架问题。例如，仅仅是客体某部分的微观特征编码本身不会包含有关这些部分的相对空间布置或不同客体之间相互关系的任何信息（Barsalou and Hale，1993）。虽然这些信息可以用更多的特征来明确，但其代价是缺乏可扩展性（St.John and McClelland，1990）。

　　这里我没有提供框架问题的连接主义的解决方案，但是在第6章中将提供一个构建维度间约束的内在表征的方法，这个方法的通用性足以说明如何找到这样的解决方案。

5　整体性的思考

我在第 4 章的目标是加强观点，即我们至少有时通过操纵比例模型的认知等价物来进行推理的合理性。因此，人们仍然可以声称，这种特定的认知处理模型的领域受到高度的限制，而且仍然需要用特殊的思想语言来操纵表征。本章中我的首要目标是削弱这个主张的剩余影响力。为此，我首先引用了一些哲学观点。这些观点会表明，用思维的图像隐喻来解决难以解决的问题会涉及心理句子。然后，我讨论了一些著名的心理学家所提出的主张，即演绎是我们推理的主要模式。

5.1　引　　言

当我第一次听说人类会不知不觉地用一种被称为心理语言的通用内部语言来思考观点时，我感到怀疑。但是我的怀疑可能更多的是一种直觉反应而不是一种成熟的立场。然而，现在我至少觉得有理由怀疑这个假设能否解释人类思维过程的一个非常重要的子集，也就是我们关于机械系统的行为的思考。[1] 就以下章节所辩护的主要论题而言，我甚至可以承认，心理表征有时采用比例模型的认知等价物的形式，有时采用特殊的思想语言。但我的直觉不允许我这样做，它一直告诉我，这种特殊的思想语言是完全没有必要的。因此，本章的主要目标之一就是完全证明我的直觉一直告诉我的东西。特别是，我将解释一些哲学和心理学方面的观点，这些观点表明需要一种特殊的思想语言。[2]

5.2 节讨论的第一类问题包括一些众所周知的哲学观点。在每个案例中采取的总体策略是，坚持认为我们所思考的是心理图像不适合表征的东西，而心理语句却很容易对此进行表征。许多人认为这些论点相当有说服力，但实际上它们是基于一种高度简化的人类思维过程模型的。一旦理解了这一点，这些论点就失去了很多说服力。

5.3 节讨论的第二类问题涉及一些著名心理学家的观点，即演绎是指导我们大部分日常行为的推理形式。如果是这样的话，那么它将极大地限制比例模型隐喻的应用领域，除非把心理语言请回来。然而，我认为这些心理学家正在进行一种分类不充分的推理过程，并且一旦被适当地区分出来，很明显，比例模型比喻才最能说明他们感兴趣的大部分推论。然后我提出，不管剩下什么，我们碰巧拥有的纯粹的形式化推理能力都可以很容易地被解释，而不需要依靠操作心理语言中的句子。相反，它们可以通过重新部署我们的非句法建模媒介（non-sentential modeling medium），通过 5.2 节中所述的对额外表征的认知资源及对"外部"语言句子的操作来解释。[3]

5.2　传统的哲学异议

在解释我们对日常环境突发事件的预见能力方面，目前比例模型隐喻没有竞争者。同样，比例模型隐喻提供了一个优雅的关于差别化易度（differential ease）的描述，从而使我们能够理解有关这种意外事件的系统相关的句子。然而，长久以来，人们一直认为，图像隐喻在解释为何我们具有考虑抽象领域（如战争罪犯、所有权、经济通货膨胀和电力）、类型（如三角类和犬类）及特定属性的归属（如弗雷德的车是绿色的事实）的能力方面面临困难（见 4.3.3 和 4.4.3 节）。最近有人提出，图像隐喻不能解释我们理解包含某些逻辑术语（即"不"和"或"）的句子的能力（Pylyshyn，2002：180，181）。所有这些担忧都在比例模型隐喻中出现，而且雪上加霜的是，心理语言的句子似乎很适用于整个思想范畴。因此，图像和比例模型隐喻的支持者如果想要让人们相信，思维过程有可能从整体上无须使用心理语言来描述，那他们需要更好地解决这些问题。[4]

5.2.1　思考产生的能力

在详细说明这些异议错在哪里之前，我们首先需要弄清楚一些事实。

首先，正如第 4 章中所讨论的那样，自然语言构成了思想表达的生产力媒介。因此，它需要一个创造性的飞跃，即想象每一个可理解的自然语言表达都可能在心理语言中有一个同义句。事实上，在我们开始考虑给图像隐喻带来麻烦的不同类型的思想之前，我们事先知道逻辑隐喻是完全没有问题的。毕竟，只要这样的想法可以用语言来描述，而且这些想法只用于讨论目的，那么心理语言支持者就会对它们进行解释。因此，对于逻辑隐喻而言，一切都变得很容易。然而，可能是太容易了——也就是说，逻辑隐喻可能解释得太多了。请允许我解释一下。

逻辑隐喻有这样一个轻松的时期，它导致我们相当错误地期望，当涉及解释命题态度（PA）的非态度部分时，心理表征应该承担几乎所有的负担。[5] 也就是说，逻辑隐喻使我们期望，只要我们对 x 有信念或愿望，我们就拥有一个单一的、在许多方面简单的对 x 的表征——例如，相信弗雷德是一个战争罪犯，就是在一个人的信念盒子中放入一个意味着"弗雷德是一个战犯"的心理表征（Fodor，1987：17）。逻辑隐喻的支持者从来不会质疑这个假设——让我们把它称为单一表征假设（single-representation assumption，SRA）——因为它们的模型很容易容纳它：用"x"的心理语言对应物代替它，故事结束。然而事实证明，在解释命题态度的非态度部分时，不应该让表征承担所有的责任。

如果单一的表征能够承担所有的工作，我们为什么不能假设它们确实能呢？一般的问题是，这个观点排除了其他各种认知能力——这些是争论双方都认为我们拥有的能力——也在思考中起重要作用的可能性。

其中最基本的一点就是我们识别不同表征元素之间关系的能力。我们运用这种能力的目的是多种多样的，其中之一就是在类比的基础上进行抽象和推理。在进行类比时，我们通常比较两个领域（如一对实体、事件、过程等），其中一个往往比另一个更熟悉或更好理解。在类比的基础上进行推理时，由于与前者——即"源头"领域相似，我们对后者即"目标"领域给出了结论（Holyoak and Thagard，1995）。因此，哲学家长久以来把这种推理分解为三个不同的步骤。

在第一步中，人们寻找两个领域共同的属性。例如，人们可能会注意到水波的行为和光的行为之间具有明显的相似性：两者都以入射角等于反射角的方式在表面反射，并且在进入新介质时都产生折射。在第二步中，我们注意到，除了最初比较中提到的相似，源头领域还有一些附加属性。例如，人们可能注意到，水波是横波，即振动垂直于而不是平行于传播方向（与声波相同）。最后，根据两个领域之间的其他相似性，我们得出结论：目标领域也可能拥有这个属性。例如，像托马斯·杨（Thomas Young，1773～1829年）一样，人们可以得出结论：光由横波构成。

虽然有一些实验研究的目的在于揭示比语言的表面结构更深入的类比和隐喻（Gentner，1983），但大多数关于类比的研究只是理所当然地认为事实如此，而不是尝试来揭示我们所描述的和基于类比的推理过程。[6]例如，类比推论的范围从简单（即只有少数非关系属性有争议）到高度复杂（即两个领域之间的比较是基于关系属性网络的影响），似乎有一个发展进程，最终导致在类比推理方面可以跟踪这个指标的成熟能力（Gentner and Toupin，1986）。尽管我们对类比思维的过程——即对这类思维发展的能力以及影响我们有效运用类比能力的因素已经有了很多了解，但对于我们的目的来说很重要的事实是，我们经常使用类比来思考和推理不熟悉和不了解的领域。这本身就意味着对 x 的思考有时候会涉及比 x 的单一表征更多的东西。比如说，如果杨说"水波和光是相似的，两者都有一个独立于其源头力量的速度"，那么逻辑隐喻的支持者就可以提出，引发了这种表达的思想由单一表征构成（即杨表达的心理语言对应物）。然而，一个更为合理的模型是，让思维过程的非态度成分包括两个领域的不同表征之间的比较。

我们也使用我们的能力来认识不同表征元素之间的关系，以便提前思考。毕竟，除非我可以将我对事物可能方式的表征要素映射到事物初始状态的表征要素上，否则前一种表征方式对于我来说没有什么用处。例如，假设我在扑克牌上写一个名字，然后把它埋在一小堆剃须膏里。你怎么能确定那里写的是谁的名字？有不同的方法来做这件事，但是无论你做了什么样的选择，都可能是手段-目的推理的结果，而这种推理往往可以被报告出来，关于推理的文献中有许多这样的报告。例如，一个人可能会说："我可以通过从剃须膏中取出扑克牌并在裤子上擦干净而找出答案"。在这种情况下，他们将要报告的内容可能是一些手段-目的推理，而且在所有这些推理中，都既包括对表征的操纵，也包括建立对事物初始状态和目标状态的不同表征元素之间的对应关系。[7]总而言之，思考与这些句子相对应的思想意味着什么似乎是合理的，这些句子不仅仅包括一种态度（如信念）和一种单一的简单表征（如在心理语言中的一个句子）。

毫无疑问，我们有能力选择性地关注我们环境中的某些对象而忽视其他对象，或选择性地关注（局部的和相关的）对象的某些属性而忽视对象的其他属性。例如，当我越过我的办公桌看公告板，并且报告"这个板是长方形的，并且上面有一个鲑鱼色的粘钉"的过程中，这个能力很明显地牵涉其中。我想每个人都会同意，我的报告的分析中包括选择性关注的能力。然而，没有明显的理由可以排除这种可能性，即对这种能力的运用构成了我的某些想法，比如公告板是鲑鱼色的这个想法。

稍后我会再谈这个问题，但是首先让我重申一个更一般的观点，即逻辑隐喻对于任何可表达的思想的解释，都容易使我们忽略我们的思想涉及了比态度和单一表征更多的东西这种可能性。当我说逻辑隐喻可能解释得太多时，我是这个意思。事实上，只要 SRA 仍然是一种现实的可能性，那么以 SRA 为前提的反对图像隐喻（及比例模型隐喻）的论据应该被认为是高度可疑的。事实证明，上述所有的哲学论证都是以这个有争议的 SRA 为前提的。

我相信单单考虑前面的这些就能对平衡竞争环境有所帮助。尽管如此，作为一个对使用心理语言感到不满的人，我感到有必要更多地谈论一个人如何诉诸合理的认知能力——包括但不限于上面提到的那些——以便解释那些思考逻辑隐喻的支持者所宣称的每种思想，为图像隐喻（以及相关的比例模型隐喻）提出这样的问题意味着什么。因此，在本节的其余部分中，我将推测思考这些想法的过程中可能会涉及什么。在整个讨论过程中，我继续强调 SRA 是错误的。因此，对于心理语言支持者来说最初很清楚的结论将开始变得不遂人意。

5.2.2 抽象领域

有很多代表实体、属性和过程的单词和短语都是隐晦的。例如，很难想象如何实际描述（如用图像或比例模型）战犯、所有权、经济通胀的过程及电的属性。前两个例子都包含明显的规范性维度，这至少部分解释了为什么它们难以描述。然而，这并不是对逻辑隐喻的推荐，因为我们对这类规范性的思考，以及我们关于正义、仁爱和怜悯等属性的想法，似乎完全有可能除表征外，还包含情感状态、语气态度及其他心理状态属性。[8]我不清楚所有这些究竟是如何进行的，但竞争者也不清楚。我想大家都知道的是：单一的、简单的陈述是不够的。

另外，也许我们可以在包含"经济通胀"和"电力"等术语的句子的理解和生成方面取得一些进展。至少对于我们这些人来说，我们对这样的过程和实体的思考，似乎很可能涉及一些植根于我们可以用图像和模型来表征的领域的类比和隐喻。[9]毕竟，关于抽象和未知领域的话语肯定是用类比和隐喻来实现的（Lakoff and Johnson，1980；Lakoff，1987，1989）。例如，"经济通货膨胀"这个短语表明，我们对这个领域的想法可能包含隐喻。而"电"这个词虽然可能不会类似地背离对类比或隐喻的依赖，但*关于*电的话语会这样。例如，金特纳等（Gentner and Gentner，1983）发现，当被试被问及电路问题时，他们通常会提到水流过管道或人群穿过走廊这样的术语。此外，每个源头领域对于在各种电气元件配置下对电流"流动"的推断都是非常有用的（图 5.1），并且金特纳等发现，至少在很大程度上，主体性能反映这一事实。因此，我们关于非规范性特征（如果仅仅是因为对它们知之甚少）难以描绘的想法可能涉及隐喻假象和类比映射这样的过程。

普林茨（Prinz，2002）认为这种方法是行不通的。他担心的是，当我们对某个领域进行隐喻思维时，我们意识到了兴趣领域和隐喻问题领域之间的相似点和不同点。基于这个原因，他声称，前一个领域一定有我们以非隐喻的方式表征我们自己的方面。在评估这个论点之前，我们应该抛开这样一个问题：我们关于规范性的思想是否可以被这样解释，如前所述，很可能不行。一旦我们的关注得到适当的限制，我们就会发现这里的问题比普林茨想象的要少。例如，考虑通过一组特定电路的电流。在这种情况下，对电流的理解——至少对于非专业人士来说——在很大程度上取决于其来源、目的地及沿途的影响。这些东西通常可以以非隐喻的方式来理解

（如借助电路图、关于开启灯的想法、开关闭合等）。然而，我们的理解却有一个缺陷，因为我们不知道如何看待"事物"本身，正是这个空白必须用类比和隐喻来填补。

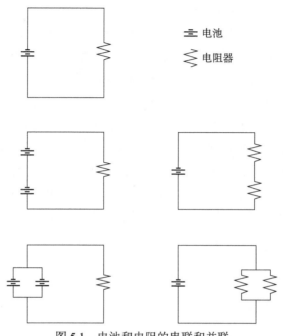

图 5.1　电池和电阻的串联和并联

资料来源：基于金特纳等 1983 年的描述

再举一个例子，我们注意到杨通过自己和别人的观察和推断，对光的行为有了较多的了解。杨和其他物理学家所不知道的是——尽管他们非常渴望——什么样的"东西"能够引起这些可观察到的事件，并以他们所推断的光的行为方式行事。再一次，只有这个空白需要用类比和比喻来填补。[10]

5.2.3　为特定对象分配特定的属性

有人指出，句子表征特别适合于赋予特定对象以特定属性的表征任务。例如，正如我们可以认为弗雷德的汽车是绿色的——从大量属性中挑选出弗雷德汽车的一个单一属性——我们可以用一个句子来表征这个属性分配。

（1）弗雷德的车是绿色的。

像往常一样，对事物的逻辑隐喻很容易，因为任何可以用自然语言表达的思想，都可以很容易地在假设的思想语言中被表征。与此同时，无论是图像模型还是比例模型都不能对思想做我们所做的事情——也就是单独列出特定对象的特定属性。举例来说，弗雷德汽车的比例模型将不仅仅处理其颜色，它也可以表征门的数量、车身类型、前灯的形状等。不过，与前面的担忧一样，一旦我们放弃那种不切实际的约束，即对应于（1）这样一个句子的思想仅仅涉及一种态度和一种单一表征，这种担忧就会迅速消失。正如前文所指出的，我们有能力选择性地关注我们环境中的某些对象而忽视其他对象，或选择性地关注对象的某些（局部的和相关的）属性而忽视对象的其他属性 [11]，这种能力与某些陈述的产生有很大的关系，这完全是合理的。我们也有能力关注外部图像和比例模型中的特定对象和属性。[12] 我们可能会重新部署内部（实际上只是离线）表征的相同注意机制的提议是完全可行的；一旦这一点得到承认，这个论点就会崩溃，它所依据的 SRA 再一次看起来是过于限制性的。

5.2.4 类型

乍看之下，图像和比例模型隐喻在涉及我们的思考类型或"掌握"普遍性的能力时，似乎遇到了难以解决的问题。然而，有几个考虑有助于缓和这种担忧。首先，我们不能忽视这样一个事实：关于普遍性的争论和哲学本身一样古老，关于普遍性本身的本体论地位的两个最著名的立场（即唯名论和柏拉图主义）——位于反实在论与实在论的连续统两端——都否认有限的人类思维过程是由普遍性的表征构成的。[13] 逻辑隐喻的支持者从不怀疑我们的心灵是否适合孕育普遍性，因为事情对于他们的模型来说非常容易。毕竟他们认为，自然语言和人造语言的词汇能够表征类型，所以心理语言的术语也可以做到这一点。

不过，人们有理由怀疑这个立场是否真的成立。关于类型的思考真的只是相当于对单一心理表征内容的态度关系吗？这些单一的心理表征的组成部分表征了所涉及的类型？

5.2.4.1 关于类型的推理

如果我们进行一次心理旅行，回到解析几何发明之前的时代，我们找到了这个故事比 SRA 所讲的更有内涵的理由，并且比例模型隐喻至少可以缓口气。在那个时代，几何学家能够得出关于一个特定几何类别的所有成员（如直角三角形的类别）的结论，但只能通过推理某个特定成员（如某个特定的直角三角形）来得出结论。

作为一个例子，让我们考虑毕运哥拉斯定理的许多空间证明之一。然而在证明之前应该强调的是，虽然我们通常用代数术语（即"$a^2+b^2=c^2$"）来表征这个定理，但毕达哥拉斯时代的哲学家们显然不得不以其他方式来思考它们。斜边上的正方形被看作是等角四边形——也就是字面意义上的正方形——它的边长与直角三角形的斜边相同。当我们用这些术语来思考"斜边上的正方形"的含义时，我们发现毕达哥拉斯定理相当于说这个正方形的面积等于三角形另外两边上的正方形的面积之和（图 5.2）。这就是当前的证明所展示的。下面的证明实际上只是许多这样的空间证明或综合证明中的一个，我们会看到，它的成功取决于在此过程中所使用的外部和内部表征的推理生产力。

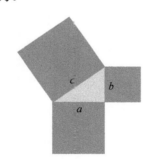

图 5.2　直角三角形边上的正方形

要进行证明，我们首先要绘制一对正方形，其中一个正方形的边长为 a，另一个的边长为 b[图 5.3（a）]。我们现在需要证明的是，这两个正方形的面积之和与另一个正方形的面积完全相等，这个正方形的边长与一个直角三角形的斜边相等，该三角形最短两边长分别为 a 和 b。幸运的是，在这两个正方形上叠加这样一个三角形非常容易[图 5.3（b）]。现在想象一下，如果我们将这个三角形向右滑动，直至它的最短边与小正方形的右

边对齐。在这种情况下，整个图形的面积不变，图形底边的长度仍然是
$a+b$［图 5.3（c）］。现在我们可以很容易地想象出在图的左侧内加上一个
相同的三角形［图 5.3（d）］。现在我们可以开始在心理上切割和旋转这两
个正方形的组成部分。首先，让我们想象一下，最左边三角形的顶点是一
个不动点，让我们绕这个点转动三角形，这样长度为 a 的边就与正方形的
顶边对齐，其长度也是 a。由于两者长度都为 a，所以两个图形不会重叠。
另外，当两个直角以这种方式彼此相邻放置时，它们将形成直线。这个图
形的总面积再次保持不变［图 5.3（e）］。最后，让我们想象另外一个三角
形的顶点是固定的，并绕此顶点旋转三角形，使长度为 b 的边与小正方形
的顶边对齐，其边长也是 b。长度为 a 的边也完美配合，因为前一个图的
高度就是左边正方形的高度（即 a）加上左边三角形的最短边的长度（即
b）。从这个总数中减去小正方形左边的长度，就留下长度为 a 的边。因此，
第二步的最终结果是一个正方形，其边长为 c，其面积等于原来的两个正
方形的面积之和［图 5.3（f）］。

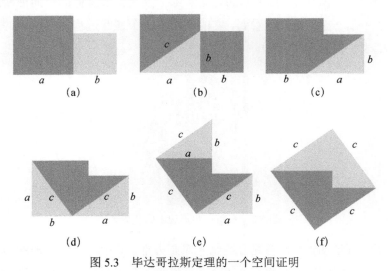

图 5.3　毕达哥拉斯定理的一个空间证明

我想我们可以同意，我们在把结果画出来之前，就知道每个特定操作
的后果，比如再次考虑第一个操作的后果。外部图表只是帮助我们跟踪这
些后果。这个证明所提出的一个重要问题是，逻辑隐喻或比例模型隐喻是
否更好地说明了我们是如何知道这些后果的。要完整地回答这个问题，需

要深入研究一些复杂的问题，我将会在第6章这样做。尽管如此，如果我们将自己限定在逻辑隐喻的支持者脑海中的版本中——即我们对类似"直角三角形"这样的术语的含义的思考和推理所依据的那个版本，这样的术语是由心理语言的对应物所承载的，植根于更大的心理语言的句子和推理规则网络中（即被生产系统启发的描述，参见1.2.3.2节）。

我们在第4章看到，这种表征和推理的方法被框架问题困扰，这个简单的事实削弱了该提议，即逻辑隐喻可以解释我们对上述操作后果的认识的可行性。例如，上述证明取决于我们预测一些非常规变化的后果的能力。换句话说，这是一个非常有说服力的人类思维过程的推理生产力的例证（见4.3.5节），而推理生产力不是逻辑隐喻的强项。当然，人们可以提供可能构成证据的句子和公理的事后说明（例如，可以设定一个心理推理规则，规定"如果两个正方形彼此相邻并且一个三角形被放在其中一个正方形中使得……"），但是必须记住的是，在构造几何定理的空间证明时，没有一套这样的规则可以解释我们使用几何知识的能力。如果你还没被说服，那你应该记住，这只是对目前已知的毕达哥拉斯定理的许多空间证明之一；还有无数其他尚未被"发现"的证明方法，而这只是一个定理！

正如第4章所解释的那样，相比之下，在这种空间推理中使用的推理生产力很容易被比例模型隐喻解释。对于比例模型隐喻的支持者来说，这是一个不错的结果，因为理解这个证明就等于理解关于所有直角三角形的事实。因此，我们在这里已经有了仅仅通过对个例表征的操作来思考（也就是推理）普遍性意义的描述（Waskan，1999）。

我相信任何认同这个证明的理性的人，都会反对刚才所做的表征操作只能证明关于一对正方形的毕达哥拉斯定理的真实性，而且会反对一个真正的证明将会要求在所有可能的正方形上重复这个过程。不知为何，我们有限的头脑能够"掌握"这个概念，即我们最初选择的正方形的大小与证明的成功没有关系。[14] 在我们认识到所选择的尺寸与证明没有关系的情况下，我们知道，无论正方形的大小如何，无论直角三角形的边长如何，定理都是正确的。理解了这些就相当于理解了对所有直角三角形来说这个证明都是正确的。

一个理性的人可能不会认为正方形的大小对证明的成功没有影响的

信念不能用比例模型来解释。然而这与下列反对意见完全不同，即对一个特定直角三角形的表征不能正确处理所有直角三角形。新的反对意见是，对特定直角三角形的表征适用于所有直角三角形，前提是这个概念与其他的推断知识相匹配，即所有直角三角形都不依赖于被表征的特定情形。对这个知识的解释比最初要容易得多。这个知识似乎是以下事实的综合体，即对任意边长的三角形来说，证明过程中所做的每一个单独的操作都有着相同的结果。如果快速回顾一下上面的操作，我认为你会同意这个比例模型隐喻在描述这些单独的知识片段时没有什么困难。

根据上述证明，我所提供的关于认识毕达哥拉斯定理对所有直角三角形都是正确的说法，实际上源于古代哲学。例如，在柏拉图的几何知识理论之后，亚里士多德说："脱离图像我是无法思考的。因为思考与画图是一样的。因为在后一种情况下，*尽管我们没有使用确定大小的三角形这一事实，但我们也不能用一个确定的尺寸来绘制它*。同样，对于一个正在思考的人来说，即使他没有想一个有尺寸的东西，也没有在他眼前摆放一个有确定尺寸的东西，他也会在没有尺寸的情况下思考它。如果它的性质是有尺寸的东西，而不是一个有确定尺寸的东西，那么就算在他眼前放一个有确定尺寸的东西，他也仅把它看成是具有一定尺寸的东西。"（Aristotle，公元前 4 世纪/1987：449b，450a，增加了强调）。

实际上这是对几何思维的描述，在解析几何出现之前甚至在出现一段时间之后，这种思维都是首选的（下文将详细介绍）。而且，正如亚里士多德早就猜测的那样，刚才所描述的那种思维过程的效用并不局限于几何推理。请注意，例如，在金特纳等（Gentner D and Gentner DR，1983）的研究中被要求得出关于电路属性的一些一般性结论——例如，确定是否有更多的电流流经具有两个并联电阻的电路而不是只有一个电阻的电路——但他们通常通过构建外部描述来推断他们的结论。很明显，他们创造的图表在许多方面都是非常具体的，但是他们却能够知道这些具体内容与他们得出的结论没有关系。

这种推理在许多方面都类似于类比推理和手段-目的推理。具体来说，无论推理过程如何，都要经历复杂的思考过程。因此，声称一个人知道 x 可能不仅简单地有一个意味着"x"在这个人的信念盒子中的表征。

5.2.4.2 关于类型的其他观点

以实例为基础的类型推理，对于类型的思考来说是一个非常重要的部分，但是，这离全部完成还有很远的距离。其中重要的问题有以下几点。

①某个个体属于某个范畴的想法意味着什么？②思考一些范畴成员的范畴-独立属性意味着什么？③思考什么属于特定范畴意味着什么？

问题①紧跟在上述考虑之后。虽然我们确实看到了如何解释我们通过操作某一范畴的特定成员的表征来得出关于所有范畴成员的结论的能力，这就导致了进一步的问题，即认为某个特定的个体首先被看作是这一范畴的成员意味着什么。在当前的情况下，一个重要的问题是，对于某个个体是否属于某个范畴的思考，是否可以用比例模型隐喻所限定的特定表征来解释。就像在另一个案例中一样，如果要求在这里坚持 SRA，对于比例模型来说情况确实很糟糕。一个事物的外部比例模型本身并不能表征这个事物是一个范畴成员的事实，所以这种模型的内部对应物在这方面并不会更好。然而，在这种情况下没有其他理由要求坚持 SRA，在其他情况下也一样。

即便如此，设计一个关于模型的认知等价物如何与其他似是而非的过程结合起来，认为某个个体是某一特定范畴的成员的猜测性叙述，是一项艰巨的任务。但是不管你听说了什么，无论你正在使用哪种心理表征模型，解释这个问题都是一项艰巨的任务。要搞清楚为什么，我们首先需要清楚的是，在这些语境中使用"概念"这个词，造成的混乱要多于启发。

为了回答问题①，我们需要的是我们在将某个特定的个体划分为特定范畴的成员时所采取的方式和程度的解释，需要的是我们关于这个范畴的长期陈述性知识，或者（哲学上的说法）我们的倾向性信念。[15] 也就是说，我们需要解释我们在问题③上所涉及的知识类型的方式和程度，因此①的完整答案以③的答案为前提。②的完整答案也以③的答案为前提，因为在这种情况下，我们需要知道的是我们对多个范畴的长期陈述性知识的使用方式和程度。例如，我们相信一个特定类型的对象具有特定类型的属性。

但是，即使在我们开始回答问题③之前，我们也可以合理地确信，当我们在思考问题①和问题②的时候，我们并不总是使用我们对相关范畴整体的长期陈述性知识。举个例子，有人向我解释说一些不寻常的纸是外币，这不一定会引起我思考"外币"所暗含的一切。这并不是否认整体性（见2.2 节和 2.5 节）。也许确实为了把我算在内，至少按照大众心理学的标准，作为一个曾经相信某一张纸是外币的人，我可能也需要很多进一步的倾向信念。用心理学术语来说，我可能需要将许多不同的事实存储在长期的语义记忆中。我在这里所宣称的是，注意力和短期记忆的局限性使得当我思考这个问题的时候，这个知识是不可能完全被提取到的。同样，当我看到刚刚从自动取款机（ATM）取出的钱是崭新的而短暂地感到欣喜时，我不可能想到钱是一种任意的但社会接受的交换媒介，我也更加不可能会考虑交换的货物或服务是什么。[16]

这些简单的考虑使人质疑在回答问题①～③时继续使用"概念"这个词的背后的智慧。概念广泛地被认为是思想的构件。更具体地说，这些假设性的构件被认为具有与自然语言方面相似的结构和内容（见 4.5.2 节）。例如，对应于"狗"这个词，人们认为对应于关于狗的想法中有一部分是"狗"的概念。同时，概念的假设也广泛地被认为体现了我们一直在讨论的范畴知识。然而，这两个假设之间存在真正的张力。毕竟，如果我们认为这个概念上的"狗"由我所知道的关于这个范畴的成员的含义（或甚至是很重要的一部分）所组成，如果这个知识（作为整体）不是通常我对狗的想法的简单组成部分——例如，我认为菲多是一只好狗——那么概念不是思想的离散部分。面对这样的事实，我们可以否认构件观点，并坚持概念就是体现我们对特定范畴的认识；我们可以坚持构件观点，并否认概念就是体现我们对特定范畴的认识；或者，为了避免混淆和毫无意义的关于谁可以使用"概念"这个词的争论，我们可以避免使用这个词。最后这个选择可能是最明智的。

这些考虑也指出了逻辑隐喻的简单性。这种观点的支持者声称——虽然值得注意的是，他们倾向于只在批评图像隐喻的背景下这样说——认为菲多是一只狗的想法，是一种关于狗类的想法，是一个人的信念盒子里面有一个句子，这个句子的其中一个成分是"狗"的心理语言对应物的事实。如上所述，自然语言和人造语言似乎能够表征类型，因此心理语言的支持者认为他们假设的思想语言方面也可以做到这一点。但思考有关类型的思想显然是比在信念盒子中正确安排符号要复杂得多的过程。例如，问题①和问题②所涉及的思想类型肯定涉及（除其他外）我们对范畴的长期陈述性知识的某种有限形式，而且以假设的思想语言来定位一个方面，对这个过程的复杂性并无帮助。因此，当人们认为菲多是一只狗时，就是以某种未知的方式和某种未知的程度利用了对狗的范畴的广泛的陈述性知识。

事情已经足够复杂了，但是一旦我们考虑到被涉及的陈述性知识的性质，事情就显得更加复杂了。毕竟，我们可以（直觉性地）有对特定范畴的各种信念。例如，当涉及某些范畴（如狗的范畴）时，我们中的一些人是心理上的本质主义者[17]；我们中的一些人相信作为其他范畴的成员有足够的（或至少是必要的）条件（如单身汉的范畴）；我们中的一些人明确地规定了其他范畴成员的必要条件和充分条件（如在制订操作定义时常见的情况）；我们中的一些人遵从关于特定范畴（如水晶的范畴）的成员条件的专业信念；在某些情况下，范畴成员是程度问题（如毛茸茸的东西的范畴）；在某些情况下，当我们看到一个成员时就知道它的范畴（如蓝色的东西的范畴）。这些似乎都是合情合理的。这些选项不相互排斥。例如，有人可能会认为，有一些微观的本质是所有晶体共有的，并导致其外在的共有属性。使事情更加复杂的是，这些信念的性质可能取决于所讨论的那个范畴，而范畴有很多种。例如，有人工制品范畴、生物范畴、物质范畴、纹理范畴、社会范畴、活动范畴、语法范畴、数学范畴、方向范畴、意识形态范畴、范畴的范畴等。其结果是：为了对涉及问题③的思维模式提供充分的辩护——在我们开始考虑为问题①和问题②所涉及的思想提供一个完整的解释之前——人们将不得不证明关于一个范畴的陈述性知识模型，至少要涵盖范围广泛的范畴和范围广泛的关于范畴成员性质的信念。

我无意在这里捍卫这样的模型。我只想提请人们注意，我们关于类型的各种想法所涉及的巨大困难，以及对心理语言的诉求提供了一种虚假的安全感。对我们关于类型的想法的一个可行解释将需要回答问题①～③，但是这些问题都不能仅仅通过在心理语言中假设关于适当内容（如"狗"的心理语言对应物）的术语而得到回答。同时，如果我们摆脱了麻烦的 SRA，我们面前这些问题的可能答案就显现出来了。了解了这一点之后，我发现没有心理语言的生活要容易得多。

最后，为了进一步猜测这种生活会是什么样子，我想建议，如果我们特别注意我们在说出涉及问题③的思想时所使用的语言，那么寻找问题①～③的答案的进程将会加快很多。特别要注意的是，这种话语充满了一系列的隐喻。举例来说，把范畴说成是具有自己成员条件的社会群体是很平常的（例如，一个人可以说"属于"或"是"某个特定范畴的成员）。[18]把范畴看作容器也很常见（例如，一个人有时被认为是"落入"一个范畴）（Lakoff，1993）。在其他情况下，"边界"被认为是"模糊的"而不是"明确的"。当然，如果这只是一种谈话方式，那它们就不重要了。但也许它们不是（见 5.2.2 节）。也许它们表明了我们理解世界的方式。也就是说，我们可以把世界看作是以某种方式被"分化"了，好像它是由"属于"或"落入"某些范畴的实体组成的。至少，这一切都符合那些明智的观点，即我们先天的认知能力仅限于自然选择所喜好的，因为它们使得人类能够种植、建设、狩猎和集体对抗竞争对手等。

5.2.5 否定和析取

之前对图像隐喻（以及比例模型隐喻）的异议已经流传了一段时间。最近有人反对说，这些模型是不可行的，因为否定和析取是不可能描述的（Pylyshyn，2002：180，181）。然而，与其他反对意见一样，这个反对意见明显依赖于过度限制性的 SRA。一旦放弃了这个假设，就很容易想象对这种思想的一种非心理语言描述的可能性。

我们先讨论否定，似乎（至少）有道理的是，我们在不同表征图像的元素之间映射的能力，集中在我们产生和理解某些含有否定的句子的能力上。事实上，比例模型隐喻的一个支持者已经提出了对这个能力的合理解释。根据约瑟夫·佩纳（Josef Perner）的说法，在其发展的早期阶段，孩子们就有能力模拟世界上的实体和关系，并操作这些模型。佩纳用了一个简单的场景来说明，这个场景涉及一个公园，而在一段距离之外，还有一辆停放在教堂附近的冰淇淋车。根据佩纳的观点，当幼儿开始能够表征诸如冰淇淋车在公园而不是在教堂这一类反事实情况的时候，一个发展过渡阶段就产生了。佩纳（Perner，1988：145-146）解释说：“有明显的迹象表明，婴（幼）儿的思想开始超越现实的约束，并分离出假设的和反事实的……如果要在不对现实产生混淆的情况下做到这一点，就必须有适当的心理表征机制。我的建议是，这个机制由可操作的模型组成。婴（幼）儿将其知识基础的心理要素（即他对世界实际状态的表征）转移到另一个模型中，在这个模型中他可以以不同的方式重新排列这些要素。”

佩纳的论述提供了一个对思维过程的简单解释，如当被告知冰淇淋卡车在公园时，会引起孩子说出“这是错的”（Perner，1988：148）。佩纳说，为了得出这个结论，孩子必须首先表征出他（她）被赋予的（反事实的）描述的意义，然后比较并注意这种表征与他/她对真实世界的表征之间的差异（Langacker，1991；Fauconnier，1985；Goldberg，1995）。这是一个非常直观的对认知过程的描述，涉及思考与否定了其他句子正确性的句子相对应的思想，而且这也是对思考对应包含否定某些句子的思想意味着什么的一个描述。毕竟，“这是错误的”只是“你刚刚说的不正确”的简化版。

举一个不同的例子，想象一下，把你关于一个特定房间的过去与现在的陈述性记忆做一个比较，并注意到它们的不同之处在于，只有前者表征了有沙发的房间。人们可以通过声称“沙发已经不在房间里了”来报告这种比较的结果。这看起来似乎是很合理的（如果不是很明显的话），即那种刚才所描述的差异的比较和认识能够说明思考这句话相对应的思想意味着什么，然而在这个合理的说法中，“不”的含义没有被明确地表征出来（如在心理语言的一个方面）。当然，所有这些都直接违反了 SRA，在这一点上，我认为我们正在走上正轨。可以肯定的是，逻辑隐喻能够以尊重 SRA 的方式来解释否定（“不”只是心理语言中的另一个词），但是这里的胜利主张就像一个因为他的食指可以弯曲所以声称自己高人一等的孩子。当然，他可以做到，但为什么会有人想做呢？

可以肯定的是，还有诸如否认范畴成员的其他涉及否定的思想，这些思想更加难以解释，但是这里的困难源于，涉及确认范畴成员的思想尚未得到很好的理解。尽管如此，5.2.4.2 节结尾处提出的推测性提议可能会提供一些指导。例如，也许与"蝙蝠车不是 SUV"相对应的想法是，有一种类似容器范畴的事物被我们的英语使用者称为 SUV，并且蝙蝠车不属于该范畴。在这个模型中，我们所使用的表征一直是具体的，而且"不"的含义也没有被明确表征。此外，由于蝙蝠车和 SUV 的选择是完全任意的，所以这种关于拒绝范畴成员的思想的综合模型（Lakoff，1993，见前文 5.2.4.1 节）对于我们认为一个对象不是某个范畴的成员的所有情况都能进行良好的描述。

思考析取的思想的意义可以用同样的方式来解释。尤其是，没有必要假定析取的思想中有一部分与"或"的含义是相同的。毕竟，就像大家都同意的那样，我们有能力思考多种可能的事态。根据这个简单的事实，我们可以认为思想可以在不使用这个术语的心理语言对应物的情况下，对应于含有"或"的句子。也就是说，我们关于析取的思想似乎有理由对多重表征有适当的态度。这些可以是与一个句子相一致的事态的表征，甚至可以是被一个句子所排除的事态的表征（Johnson-Laird，1983：36）。[19]

虽然我不相信这些关于思考否定和析取的想法是正确的，但我认为它们和上面提出的其他推测性建议一样，说明了一个重要的问题：一旦我们放弃了不必要的限制性的 SRA，曾经似乎不可能的事情就开始变得可能。当然，哲学上的反对意见都依赖于只有图像和模型的生活的不可思议性——只有在排除心理语言的情况下才是如此。

5.2.6　关于哲学异议的最终思考

在这里，我试图弱化那些哲学论证，这些论证意图表明作为逻辑隐喻的替代者（即作为涉及心理语言的特定思想句子的逻辑隐喻的替代者），图像隐喻（以及比例模型隐喻）在先验的领域中失败了。我已经表明，这些论点是基于一个可疑的假设，即单个表征应该承担对思想的非态度部分的所有解释。我也已经表明，一旦这个假设被抛弃，最初关于比例模型隐喻可以在不依赖心理语言的情况下解释有关各种思想的提议的不可思议性就会消散。最后，虽然冒着重复的风险，让我提出最后一个问题：逻辑隐喻是否有可能解释任何可表达的思想，而不必提及推理、注意力、情感、跨表征映射能力、语义记忆或者人们对人类思维过程模型的其他许多期望？如果事情可以如此简单就好了！

5.3　推理和表征

我已经讨论过，人们如何通过合理地引入超一表征的认知资源，为我们思考与包含"或"和"不"等词语的句子相对应的思想提供一个非心理语言的解释。解释这样的思想只是解释了我们如何从事演绎推理的广泛问题的一个方面。对未经训练的能力的解释问题的重要性取决于你所讨论的认知科学家。认知科学中有很多人把演绎推理看作我们日常的推理模式，但也有很多人认为非单调推理才是最重要的。

兰斯·拉普斯（Rips，1990）认为，如果我们要知道"为了使科学和实践事务成为可能，在足够多的案例中，人们所引用的演绎是如何做到保真的"，那么我们就需要理解演绎能力。同样，菲利普·约翰逊-莱尔德和露丝·伯恩（Johnson-Laird and Byrne，1993：323）也认为"一个没有演绎的世界将是一个没有科学、技术、法律、社会惯例和文化的世界"，而演绎推理能力是承载在规划中牵涉到的保真的表征操作的基础（Johnson-Laird and Byrne，1991：2，3）。正如我们所看到的，拉普斯和约翰逊-莱尔德、伯恩（此后被称为 J-L&B）在涉及他们如何解释演绎推理的时候分道扬镳了，但是在他们之间最终找到了比认知科学中的其他研究者更多的共同点。例如，他们的著名对手尼克·查特（Nick Chater）认为非单调推理才是最基础的，而非演绎推理。查特（Chater，1993）认为："演绎推理的叙述使人们了解了一个迷人和神秘的人类能力；一般而言，非单调推论的叙述与思想理论相差甚远。"不幸的是，这些阵营之间的争论由于归并和疏漏显得极为混乱。为了把事情弄清楚，我们首先应该清楚地认识到，存在多种形式的非单调推理，而倡导非单调推理是根本性推理形式的拥护者，通常只关注一种非单调推理。

5.3.1 推理的种类

我们从最基础的开始，当我们推理时，我们根据一个或多个信念或假设得出结论——换句话说，我们在前提的基础上得出结论，其解释非常广泛。在一个有效的论证中，前提的真实性保证了结论的真实性。例如，如果（2）和（3）是真的，（4）也必须是真的。

（2）如果狗是哺乳动物，那么狗是温血的。

（3）狗是哺乳动物。

（4）狗是温血的。

换句话说，只要（2）和（3）是真实的，就不会有其他证据能够破坏（4）的真实性。而且，如果（4）被证明是错误的，那么其中一个前提也必须是错误的。通常后面这个事实是理解单调性的关键（Chater，1993）。

现在考虑下面的情况：一个下午，一台自动取款机拒绝给我任何现金。我知道我账户里有很多钱，所以我得出结论说这台机器有问题。不过，过了一会儿，我注意到有人成功地从这台取款机上取出了现金。在这种情况下，以我的观点来看，（a）我账户中有很多钱，而且（b）机器不让我得到它们，所以我得出这样的结论：（c）这台取款机有问题。然而，这个结论被其他人毫不费力地从机器中获得现金这个事实推翻（尽管其本身也可能出错）。那么，在这种情况下，前提（a）和前提（b）的真实性就不能保证结论（c）的真实性。同理，当我认为（c）是错误的时候，我并不认为这暗示着前提（a）或前提（b）是错误的。这种可取消性（即在结论错误的同时保持前提的真实性不变）是非单调推理的标志。

常常被忽视的是，上述每种推理形式都可以分成多个子类型。非单调推理至少可以分为三类：溯因推理、归纳推理和类比推理。我已经在5.2.1节中讨论了类比推理，所以让我暂时转向归纳推理。

当人们进行归纳推理时（正如我正在使用"归纳的"这个词），人们根据对该类别的一个子集（样本）的了解得出关于整个类别（也就是"总体"）的结论。例如，我可以从（5）推理到（6）。

（5）我见过或听说过的每头牛都会反刍。

（6）所有牛都会反刍。

这是一个合理的推论，但即便（5）为真，（6）也可以是错误的。例如，完全有可能我不知情，一位杰出的科学家进行了一场从马到牛的移植手术，创造出了一头可以一次完全消化草的奶牛。

现在考虑从（7）～（9）到（10）的推论。

（7）汽车不能启动。

（8）燃油表读数为"空"。

（9）电气系统似乎正常工作。

（10）汽车不能启动，因为它没油了。

这也是一个合理的推论，也是另外一种明确的情况，即前提的真实性不能保证结论（10）的真实性；推论又一次被破坏了。就像自动取款机的例子一样，这是一个所谓的溯因推理或"到最佳解释的推断"的例证。在溯因推理的情况下，人们（粗暴地）从事实推理到其解释。

溯因推理不仅在我们的日常生活中起着重要的作用，而且是科学研究中使用的主要推理形式之一，当然也包括认知科学研究。当查特（Chater，1993）声称"非单调推理"的说法是"一种思想理论"时，他明确想到的正是这种形式的推理，他后来声称这种"常识推理可以被认为是最佳解释的推论的一种"（Chater，1993）。

值得注意的是，尽管没有成功，一些人曾试图以计算方式为溯因推理过程建模（Chater，1993：341）。特别是，最近的研究工作被导向创建溯因推理的形式系统，希望能够抓住我们从事实推断到假设的规则。虽然查特将这一研究的缺点归结为框架问题（Chater，1993），但是除非研究者能搞清楚单调推理是由溯因推理构成的这一事实，否则很难想象在这方面能够取得很大的成功。[20]

为了弄明白为什么人们会认为这是真的，可以再次考虑一下从（7）～（9）到（10）的溯因推理。[21]暂时性地说，在这个案例中人们确实从事实开始，对这些事实做出了解释。然而，当我们最初考虑什么是解释的时候，单调推理似乎起着不可估量的作用。例如，似乎有理由认为，车辆燃料用完了（连同一些进一步的假设）这个原因，解释了人们无法启动车辆是因为车辆燃料不足，这又不可取消地暗示了车辆无法启动。因此，如果在最后一次尝试之后汽车终于启动了，我们将不得不修改我们关于车辆没有燃料的观点（或者背景假设之一）。[22] 同样，在我们迄今为止所考虑的所有解释（如认知科学解释、生物学解释、意向性解释、为什么汽车无法启动的解释、为什么 ATM 不能取出现金的解释等）中，谁负责解释与解释什么之间有一个特定的关系。具体而言，在每一种情况中，前者都不可取消地暗示了后者。[23] 溯因推理不可取消的原因是，对于一个给定的事件或规律，解释可能不止一个，有时会发现新的事实使我们相信旧的解释至少部分是不正确的，或者说不同的解释会更好。

根据这些关于推理的基本事实，查特关于我们的推理模式是非单调的而不是单调的观点看起来像是一个范畴错误。毕竟，他所想的非单调推理的形式——溯因推理——实际上是由至少一种单调推理组成的。

5.3.2　演绎（后推）对前演推理（前推）

拉普斯和 J-L&B 可能认为这是他们关于演绎的重要性观点的胜利。他们可能会认为，演绎在溯因推理中所扮演的角色只是我们演绎推理能力的多种用途之一。它也被用于进行预测、得出一系列断言所蕴含的结论、评估它们的一致性等。然而，他们似乎并没有意识到，演绎只是（至少）两种不同形式的单调推理之一。

5.3.2.1　演绎

演绎是一个形式且单调的推理过程。它是单调的，因为它（当有效的时候）是不可取消的。它被广泛认为是形式的，因为它的不可取消性与逻辑术语的语义（如"和""或""不""所有"等）有关，并且在一个重要的意义上，与更具有内容性的词项的语义无关。也就是说，联结词连接什么或量词量化什么都不重要。在演绎推理中，我们从这个内容中抽象出来，并注意逻辑形式。[24]

演绎推理至少有时会涉及对"外部"表征规则控制的操作，而其所偏好的选择似乎是操作一些人造语言的合式的公式。演绎的支持者认为，思维是通过一个类似的、形式符号操作的内部过程来进行的——但是，我们将会看到，J-L&B 的观点在这一点上并不完全一致。

5.3.2.2　前演推理①

在第 4 章中，我指出外部图像和比例模型可以用单调推理的方式进行操作。这种推理的形式是单调的，因为（如同一个有效的推论）如果世界与我们所表征的相同，那么其他特定的一些事情必定是真实的。同样，如果那些其他的事情不是真实的，那么我们表征这个世界的方式在一个或多个方面必定是不准确的。

然而，比例模型的操作显然不是一个形式推理过程。换句话说，结论的推导确实要求所有的事实都要用一组标准的逻辑运算符的含义来表征，而且所有的推论都是以只对一组标准逻辑运算符的含义敏感的方式来表征的。这种非形式单调推理模式尚未在标准分类法中找到明确的位置，所以让我们把它称为前演（exductive）推理。[25] 虽然前演推理明显可以通过对比例模型的操作从外部进行，但我一贯主张的是，它也可以通过对比例模型的认知等价物的心理操作在内部进行。

有了这个区别，我们现在可以更好地理解它究竟是什么，也就是说，前面提到的每一个自称的演绎的支持者实际上所声称的东西。

5.3.2.3　拉普斯基于谓词演算的心理演绎模型

拉普斯确实认为演绎是我们首选的推理模式。他的提议实际上仅仅相当于声称单调推理的认知基础与句法约束系统、句法敏感推理规则，非常类似于形式演绎系统的构成，如谓词演算。他关于这个过程的运行系统模型（见 1.2.3.2 节）称之为自然演绎系统（ANDS），体现了其方法的核心。拉普斯（Rips，1983：40）说："ANDS 的核心假设……是在将心理推理规则应用于争论的前提和结论这个过程中构成的演绎推理。应用规则的顺序构成了从前提到结论的心理证明或推导，这些隐含的证明类似于基本逻辑的明确证明。"拉普斯恰当地命名了心理逻辑假说，显然这相当于说演绎是最重要的。

---

① 这是本书作者自己提出的一个术语，意思是超前推理，与演绎推理相反。——审校者注

5.3.2.4　约翰逊-莱尔德和伯恩的心理表征和心理模型

约翰逊-莱尔德和伯恩［Johnson-Laird and Byrne（J-L&B），1991：207］所提倡的东西远不是那么清晰。例如，他们声称，我们通过构建和操纵具有"远离言语断言结构，但接近于人类所构想的世界结构"的"心理模型"来单调地推理。因此，尽管他们表现出对演绎的兴趣——这是他们著作的主题——他们在这里真正建议的是我们主要的前演推理模式。不幸的是，他们在这一点上并不一致。例如，考虑 J-L&B（1991）将如何解释我们的条件推理能力。

（11）如果门被推动，那么水桶就会掉下来。

根据他们的心理模型假设，我们通过心理表征一些与这个条件相一致的可能事态，从（11）开始进行推理。符合（11）的可能性可以被表征如下[26]：

door pushed	bucket falls
¬door pushed	bucket falls
¬door pushed	¬bucket falls

他们认为，演绎可能涉及对额外信息的使用，以排除其中一些可能性。因此，如果我们也知道水桶没有掉下来，我们就可以排除前两种可能性。因为剩下的唯一可能性就是门没有被推的那一个，所以我们可以断定门没有被推。

J-L&B 因此认为，思考与（11）这样的句子相对应的思想，涉及与上面表格中的事态被表征的方式类似的方式，表征事物状态的可能性。[27]然而，这一套"模型"的结构比（11）更接近于世界。还要注意，逻辑术语的语义承载了整个观点。因此，前因与后果是否有关系并不重要。所以他们的提议对于以下条件来说是一样的。

（12）如果苹果可以飞，那么甜甜圈是不新鲜的。

前因和后果如何被表征也不重要。另外，涉及否定的思想被认为是由任意的心理符号所表达的，这与"事实并非如此"意义相同。事实上，所有这些都非常接近于心理表征采取了心理语言术语的观点！声称这些至少不会与上述提议相矛盾。

到目前为止，J-L&B 的说法使得单调推理看起来像是一个纯粹的形式化过程：它与逻辑词项（如"和""或""不""所有"等）的语义完全相关，而在一个重要的意义上与非逻辑词项的语义无关；连词连接了什么或量词量化了什么无关紧要（J-L&B，1991：41-43）。事实上，正如 J-L&B 所承认的那样，他们的提议与真值表分析的纯粹形式方法有着重要的相似之处。然而，显然通过使用真值表或 J-L&B 用于描述其模型原理的紧密相关的空间矩阵进行单调推理，与使用比例模型的认知等价物相距甚远。因此，尽管有这个暗示性的名字，但是心理模型的假设与我们日常的推理模式是演绎的而非前演的提议完全一样。

但是正如我已经提到的，J-L&B 在这一点上并不完全一致。例如，当他们宣称内容对单调推理绩效的影响时，当他们解释不同种类的条件句的不同真值条件时，以及在他们所提供的我们推理空间关系的能力的解释中，他们想的是前演推理。他们在寻找的是对这一套事实，以及我们从具体的和熟悉的内容抽象中（即纯粹基于逻辑词项的语义）单调推理的一个统一的叙述（J-L&B，1993：324）。他们认为，他们的心理模型假设提供了这样一个叙述。

不幸的是，它们之所以正确，只是因为它们模糊了"模型"这个词。也就是说，为了说明我们仅仅基于语义逻辑词项（如"和""或""不""所有"等）推理的能力，他们提出我们使用的心理模型，其含义是类似于空间矩阵（以某种方式或其他方式）的东西，矩阵中的行表征了可能的事态。同时，为了说明所谓的事实性知识影响单调推理绩效的方式，他们提出我们要利用心理模型，即模型的认知等价物。

他们的模棱两可显然是由广泛的、错误的假设所推进的，即"演绎"与"单调"是同义的。由于他们试图说明的两种推理形式都是单调的，所以根据相当广泛的心理学和哲学实践，他们都称之为"演绎"，这给人一种使用了单一的、统一的框架的印象。但是，一旦我们区分了演绎和前演推理，我们就会发现 J-L&B 的模型不是他们自称的单一统一模型。事实上，只要他们希望认为被推理的材料的具体性质可以对单调推理产生质的影响，他们就需要保持单调推理是双向的。毕竟，演绎推理是形式的，因此就其性质而言，并不对被推理的材料的性质敏感（以相关的方式）。[28]

5.3.2.5　前演推理是基本的

正如在第 4 章中所解释的那样，由谓词演算启发的演绎技巧不适于解释我们对改变世界的后果的认识。演绎推理的心理模型描述对以上认识的刻画并非是更好的。具体而言，为了体现我们所知道的各种世界变化的后果，一个心理模型驱动的演绎系统将需要拥有无数套模型（每一个可能的变化都有一套），每一套都必须在前因和后果之间的联系可能无法获得的无数条件中包含一个明确的规范说明（也许是每一行左栏中的一个非常长的连接词）。这里的观点是相当一般性的：我们基于演绎推理的关于世界变化的后果的认识遭遇了框架问题，因为它们对世界变化的后果进行了外在表征（4.5 节）。简单地说，为了一开始就从内容中进行抽象，内容必须在之后建立起来。

显然，在这两种形式的单调推理中，前演推理能力（而不是演绎推理能力）可以（以最快的时间）最好地解释"在许多情况下人们所做出的演绎如何能够使科学和实践事务的保真成为可能"。但是，我们必须承认，我们确实在纯粹的演绎推理方面比较熟练。例如，大多数人可能能够从（12）和（13）中推出（14）。

（13）苹果可以飞。

（14）甜甜圈不新鲜。

因此，人们会想知道，这种熟练程度——不论其重要性有多么局限——是否有可能在不涉及特殊的思维语言的句子的情况下被重新解释。

这里的问题在很大程度上弱化为解释思考包含各种连接词和量词的、与句子相对应的思想意味着什么，而不需要声称这些思想具有对应于所讨论的逻辑词项的句子成分。然而，你会记得，在这方面心理语言的支持者所认为的两个最困难的案例是涉及析取和否定的思想，而且正如我们所看到的，对这种思想的非心理语言描述是不难想象的。

即便如此，我认为单调推理的故事还有很多。特别是，我认为我们有时甚至不用思考相应的想法就可以从特定的句子中进行演绎推理，这是不容争辩的。也就是说，有时我们纯粹通过操纵"外部"语言表征来进行演绎推理。此外，还有其他形式的单调推理——最明显的是那些涉及用数学符号来操作表达的推理形式。

5.3.3 人工语言

事实上，已经有许多人批评演绎推理的纯粹内在的论述，如拉普斯和 J-L&B 的演绎推理，理由是演绎推理有时是以外部表征的形式为基础进行的（Bechtel and Arabhamsen，1991；Falmagne，1993；Green，1993；Savion，1993；Stevenson，1993）。例如，萨维恩（Savion，1991）提出，"在（心理模型）理论的框架内，人们无法叙述人们一般从正式宣称的前提中所做的直接'自动'的推断"（Savion，1993：364）。同样，柏克德和亚伯拉罕森认为"根据逻辑原则操纵外部符号的能力，不需要依靠操纵内部符号的心理机制"（Bechtel and Arabhamsen，1991：173）。他们甚至用一对连接主义模型来支持他们的观点，即通过发展必要的模式识别技巧来评估论证的有效性，并提供缺失的信息（如前提）。

所有这些都强化了我们许多人已经相信的东西：高效的形式符号操作需要检测纯粹的句法模式。例如，在命题逻辑中，了解（好的老师把这个事实传达给他们的学生）形式为～（pvq）的表达式可能是相当有用的，因为它们可以很容易地转化为否定式的合取，连词本身很容易"分解"成更简单的成分。经过一段时间的练习，人们往往会进行这种启发式的思维，而不需要考虑符号操作的含义。事实上，我们在 1.2.3.2 节中看到，在图灵"计算"被这样定义之前——人类只用铅笔和纸张就可以进行形式符号操作而无须依赖洞察力或独创性。从这个意义上讲，"计算"这个术语也没有被看作是一种抽象的可能性。图灵本人在第二次世界大战期间执行了一个程序，其中有许多人在不知情的情况下负责执行他的解密程序（Hauser，2002）。因此，尽管学习执行形式符号操作的任务很可能通过理解符号操作意味着什么而得到促进，但是显而易见的是，（如果使用的话）一旦这个技能被掌握，语义梯子就可以完全被抛弃。

进一步支持此提议的是，德仁子等（De Renzi et al.，1987）对意大利 44 岁女性 L.P. 的检查，她在一次脑炎中幸存下来。L.P. 似乎具有完整的语法能力。当被要求检查语法错误、阅读、做词汇决定、听写词和句子甚至消除同音异义词时，她的表现都是正常的。然而，她确实显示出一些语义上的缺陷：她在检查句子的语义错误、命名对象及指向命名对象方面有很大的困难。然而 L.P. 没有表现出标准失语症的症状，因为她也有相关的、非口头的语义问题。例如，她难以将简单物体（如橘子）的线条图与相应的颜色相关联，或估计出相关动物的相对重量，也不能按照是否居住在意大利这个一般标准对动物进行分类。她还患有一种严重的、非常不寻常的逆行性遗忘症，在使长期的记忆片段保持不变的同时，影响长期的语义记忆。[29] 即使是广泛的提示也不足以唤醒她对有关希特勒或任何有关第二次世界大战的知识的记忆。她也没有关于切尔诺贝利灾难的地点或性质的记忆，但是她却记得这使她的植物受到了损害。

在 L.P. 生病之前，她对数学有相当的了解。尽管她保持了高度熟练的纯粹的数学推理，但似乎已经失去了各种符号操作意味着什么的知识。德仁子（De Renzi，1987）解释说："她不仅正确地进行了四个三位数或四位数的数学运算（如 928×746 和 8694/69），还有百分比计算、分数加法、分数排序、加法、幂的除法和乘法，以及一次和二次方程。她记得计算正方形、三角形、圆形、圆柱面积的公式。值得注意的是，尽管她能够识别幂并对其进行操作，但她甚至不能以模糊的方式回答幂或指数是多少的问题，也无法画出一个菱形、一个圆柱、一个梯形。"关键在于，一旦我们掌握了符号操作的技巧，我们就可以开始依靠它们，而不用考虑操作本身的含义了。

形式系统可以通过这种方式与其基本语义分离，这一事实也意味着这些系统可以通过否定（至少有点）对人类思维过程的僵化约束的方式而被改变。这是近几个世纪以来一直被利用的一个事实，毫不意外，专家们的反应总是很犹豫的。

解析几何发明之后的发展提供了对这一点最早的例证（Detlefsen，2005）。代数学家很快发现的一件事是，几何证明通常比那些依赖于旧的"综合"方法（如上面的空间证明所阐明的类型）的证明方法更简短、更容易构造。同时，他们也经常要求使用否定和其他表达，如 $\sqrt{-1}$，这些表达很难理解甚至不可能理解。尽管这些表达方式最终可能被取消或排除，但在整个证明过程中应该引用这些表达方式，一些人对此是有异议的。这在很大程度上是由于这些表达的不可理解性使其难以确定其间的转移是否总是能够保真。正是出于这个原因，有些人坚持认为几何推理应该被认为是有问题的，除非它是基于某种形式的图像（Detlefsen，2005）。例如，普菲费尔（Playfair，1778）就持有如下的观点：

> 几何学的命题从未引起争论，也不需要形而上学论述的支持。另外，在代数学方面，负数原则及其结果往往使分析者感到困惑，并使他陷入最复杂的争论。毫无疑问，他们在用来表达我们的观点的不同方式中寻求具有相同对象的科学多样性的原因。在几何中，每一个量纲都由其同类型来表征：直线用直线表征，角度用角度表征，类别总是由个体表征，而普遍观点总是由该类别中的一个项目构成。通过这种方式，所有的矛盾都是可以避免的，而且几何学绝不允许对不存在或不能展示的事物关系进行推理。在代数中，每一个量纲都被一个不同的人造符号表征，这些量纲在某些情况下有被忽略的倾向，而符号可能成为唯一的注意对象。它们之间的联系不存在的情况也许未被注意到，而且分析者继续在没有任何东西可以表达的情况下对字符进行推理。如果是这样的话，最终只有把字符转化为数量，结论才能成立，而且会出现模糊和悖论（Playfair，引自 Detlefsen，2005）。[30]

对于西方世界来说幸运的是，并不是每个人都同意。例如，伯克利认为，当从一个可理解的表达推导到另一个可理解的表达的整个过程中，都不需要运用可理解的表达方式，即使有人这样做了，也不需要注意其意义（Detlefsen，2005）。[31] 其他人则更进一步，例如，约翰·沃利斯（John Wallis）认识到，符号在某种意义上比图像更抽象，并且在这个基础上争辩说，它们比图像更好地表现了被推论对象的不变特性，后者必然包括对偶然性质的表征（Detlefsen，2005）。[32]

值得注意的是，首先，这场异常激烈的辩论仍集中在是否允许使用纯粹的句法方法来得出关于最终可想象的结论上；其次，辩论是关于欧几里得几何中综合的和分析的技术的相对优点。然而，在明确解析几何的句法可以完全离开其母语义的温床并开始其自身的全新生活之前，这个争论不会太长久。这是因为，与主宰我们思维过程的约束不同，控制句法结构的形成和操作的约束可以随意改变（虽然人们通常试图保留诸如一致性等属性）。直到最近，每当有关形式系统的这一事实被有效利用时，许多由此产生的表达的不可理解的性质一开始就导致了尖锐的抵触（在某些情况下，来自形式系统自身），但是后来，当实际利益不能再被忽视的时候，对这个系统的依赖就会被接受（可以理解的是，这已经引起了许多哲学讨论）。最近（并且我敢打赌，最终）这个进展的例证——相对论和量子"力学"的出现和反响——将在第9章讨论。

显然，对"外部"语言编码表征的操作，构成了它自己独特的使用单调推理的方法。这种方法被用于演绎，但它也成为数学推理的首选方法。人们自然而然地想到（有很多人明显已经）形式数学推理适合这里提出的推理分类。它显然属于单调的类型，但除此之外它可能是独特的。尽管如此，我将在第6章中指出，数学形式主义可以与演绎形式主义一起用于实现前演推理过程。对于我来说，这是一个深刻的结果，它有能力重塑主流认知科学的图景。

5.4　结　　论

我在这一章中的目的是要让你相信，与你听说的相反，至少在原则上认知科学是有可能脱离心理语言的。这是因为所要思考的东西比心理语言的支持者所允许的要多得多。心理表征肯定在我们的思维过程中起着重要的作用，但是它们不能独自完成。事实上，正如我们刚刚看到的，有时它们会阻碍我们！

6 从隐喻到机制

随着现代可编程计算机的出现，心理表征和推理的逻辑隐喻的支持者终于能够提供对其假设更直接、更机械论的解读。然而，图像和比例模型的支持者却一直无法效仿。在这里，我一劳永逸地表明，图像和比例模型的隐喻可以用更为直接的、机械论的术语来重新表述。具体来说，我会证明台式电脑可以拥有非句法的图像和模型，因此大脑也可以这样做。顺便，我将解释人工智能的框架问题是如何最终解决的。

6.1 引　　言

正如我在第 4 章和第 5 章所展示的那样，表征和推理的比例模型隐喻有很多值得推荐之处。它提供了一个对表征生产力和保真性的叙述，这是解释我们在面对无数环境突发事件时表现出来的毫不犹豫的（一旦我们开始）和有效的应对方式的能力的基础，并且（不像逻辑隐喻）它对框架问题是免疫的。它也超越了逻辑隐喻对思想的系统性程度进行描述的能力。可以肯定的是，它所宣称的表征无法承担我们关于抽象领域、类型和具体思想的非态度部分的全部负担，但仔细观察一下，似乎没有单纯的心理表征理论能够做到，因为思考一个句子所表达的思想，往往比用一个单一表征表达一种态度有更多的意义。任何思维模型都应该考虑到跨表征的映射、表征操作、选择性关注和影响。一旦这些过程被涉及，比例模型隐喻就能更好地承担解释的任务。

尽管比例模型隐喻有诸多优点，但隐喻必须以更为机械论的方式被重构，至关重要的是，无论它如何享受其成功，这个提案将继续被怀疑（而且是正当的）直到关于大脑可能拥有适当的表征类型的观点被证明是有意义的。正如我们所看到的，有些人认为关于大脑和（或）计算本质的基本事实排除了这种机械论重构的可能性。如果这些人是对的，那么前两章就完全成了无用功。另外，处于危险之中的是大量的实证结果的相关性，这些实验结果已经被用来支持人类拥有和操作非句法图像和模型的假设。（Brooks，1968；Segal and Fusella，1970；Shepard and Chipman，1970；Huttenlocher et al.，1971；Shepardand and Metzler，1971；Kosslyn，1980；De Kleer and Brown，1983；DiSessa，1983；Gentner and Gentner，1983；Norman，1983；Johnson-Laird，1983；Fauconnier，1985；Marschark，1985；Garnham，1987；Farah，1988；Lindsay，1988；Perner，1988；Talmy，1988；Johnson-Laird and Byrne 1991；Langacker，1991；Glasgow and Papadias，1992；Hegarty，1992；Kosslyn，1994；Goldberg，1995；Janlert，1996；Barsalou et al.，1999；Schwartz，1999）。也就是说，如果说人类的大脑是不可能拥有这样的表征的话，那么这些人一直试图表明或者假设它确实拥有，似乎是在浪费时间。鉴于这些担忧，而且由于逻辑隐喻长期以来一直以机械论的术语被重新表述，所以由此产生的心理逻辑（ML）假设（又名 LOT 假设，参见 2.2 节）享有的广泛追随开始变得更有意义。

在这一章中，我一劳永逸地证明，大脑是一种能够真正拥有和操作非句法图像和模型的系统。此外，我还会指出，这种说法与进一步声称大脑在某种程度上是计算系统的说法是完全一致的。换句话说，与流行的观点相反（Block，1981；Pylyshyn，1984；Block，1990；Sterelny，1990；Fodor，2000），计算系统可以并且很多都能够存放非句法图像和模型。我也会证明这样的系统表现出对框架问题的免疫力，从而提供了迄今为止最好的关于保真的表征操作的最佳机械论模型，它承载了人类的日常预见。为了实现这些崇高的目标，我必须从 ML 假设的支持者那里采纳一些建议。

6.2 从逻辑隐喻到逻辑机制

ML 假设的历史分水岭是它从一个解释性的隐喻到一个解释机制成熟，这主要归功于现代可编程计算机的出现。一旦存在其他机制，其活动可以用句法结构化的表征和句法敏感的推理规则来解释，那么它就直接超越了单纯的逻辑隐喻，就可以相对直接地说明更强有力的主张，即思想确实受到心理逻辑的影响。

这个过程的第一步是诉诸多重可实现性的关系，作为区分理解人类大脑操作的各种抽象层次的手段（4.3.4节）。这种区分抽象层次的方式是从计算机科学家那里借用的，这些计算机科学家认识到存在一些可以理解特定计算机运行的独特的层次（1.2.3节）。最高的或最抽象的水平是算法的水平[1]（Bach，1993；Pylyshyn，1984）。例如，只要给一台计算机一对输入形式："if p then q" and "p"，它就会输出一些形式"q"的陈述。换句话说，它可能会实施逻辑学家所知的一种演绎推理规则——假言推理（modus ponens）。然而，虽然我们知道这是一个给定的计算机的计算算法，但这并没有告诉我们它是如何做到的，因为对应于任何给定的算法，在许多不同的*有效程序*执行之后——通常被认为是配方——才能达到预期的效果。例如，输入的语句可能被发送到缓存，并且缓存中的具有这些句法属性的表征可能触发并激活句法敏感的推理规则，该规则向缓存添加了形式"not p or q"和"not（not p）"。这一对新表征的存在可能会导致另一个规则的激活，该规则会向缓冲区添加一个形式为"q"的语句，并且还会使这个语句显示在计算机显示屏上。然而，这只是为了获得相同的输入/输出功能（即实施算法）而可以遵循的许多有效程序之一。关于这一点，通常的说法是算法在有效的程序方面是多重可实现的。

在编程语言实现给定的有效过程会产生一个程序，并且经常有许多不同的编程语言（如 C++，Basic，Lisp）可用于实现给定的有效程序。换句话说，有效的程序本身可以在程序方面多重实现。同样，程序可以通过许多不同种类的计算机架构来实现（例如，有不同的方式来配置信息如何进入存储器和访问存储器）。同样，通过使用许多不同的材料（如真空管、晶体管、微芯片）实现特定的架构。[2]

计算机的操作可以在多个独立的抽象层次中的任何一个中被理解，这一事实的一个重要含义是，当系统被理解为处于相对较低的抽象层次时，表征系统的特性通常是不存在的，这样做是为了更深层次地理解，反之亦然。这反映在我们用来描述每个级别的事情的语言中。例如，虽然一个给定的程序可能是用一组不同的函数调用和可执行语句来描述的，但是它也有可能是这样的，即它所实现的有效过程和实现的架构都不应该被如此描述。逻辑隐喻的机械论重构取决于这种性质的层次相关性。毕竟，当你看着计算机的"大脑"时，不会发现任何明显的证据表明句子是按照语法敏感的推理规则被操作的。尽管如此，要理解计算机在有效程序和程序的抽象层面上所做的事情，需要知道它所包含的句法结构化表征，以及它用来操作它们的句法敏感推理规则。

除了提供证据证明，逻辑隐喻的支持者所提出的一般类型的数据处理（即句法敏感的推理规则在句法结构化表征中的应用）在机制上可实现的，早期的计算机科学家还展示了计算系统如何编程实现了逻辑隐喻的原则。从解释的角度来看，这是非常理想的。具体来说，规划、语义记忆和语言理解（1.2.3.2节）等认知过程的基于逻辑的计算模型体现了逻辑隐喻的特征，这使得它能够解释表征生产力、保真、系统性和表征类型、具体的和抽象的领域等。所有这些都为"逻辑隐喻的主要原理在机械论上是可实现的"的主张提供了相当大的支持。这种说法甚至得到了进一步的支持——尽管它对广义的事业并没有帮助——因为基于逻辑的规划模型被框架问题困扰。

除了这些计算系统提供了逻辑隐喻的原理是机械论可实现的证据这一事实，它们还形成了类比的强大论证的基础，其结论是这些逻辑隐喻的原理也是神经可实现的。正如我在4.2节中指出的那样，实现从解释性隐喻向解释性机制过渡的一个好方法是表明存在与相关系统类似的物理系统，体现了解释性隐喻的主要特征，从而继承了其优点和局限性。另外，在抽象程度非常低的情况下，计算机在应用句法敏感的推理规则时，没有被恰当地描述为操作了句法结构化的表征，但是在有效程序和编程的层面上，这些计算机被恰当地表征了。换句话说，虽然它们的"大脑"——高度复杂的电路是在较低层面上才能得到最佳的描述——并不能从外部证明对语句表征的句法敏感的操作，正如所有程序员会告诉你的，这就是他们所做的。同样地，人类的大脑——高度复杂的电路是在较低层面上才能得到最佳的描述——并不能从外部证明对语句表征的操作，但完全可能的是，这正是它们所做的。事实上，至少在原则上，大脑似乎有可能实施有效的程序，这些程序与构成规划、推论、语义记忆、语言理解和语言生成

的现存计算模型非常相似。[3,4]

6.3　一　个　困　境

　　尽管逻辑隐喻受到框架问题的困扰，但它的机械论重构却是一个重大成就。而且，这个成就是图像和比例模型的支持者竭尽全力也无法匹配的。特别是，目前为止尝试对图像隐喻或比例模型隐喻进行的这样一种机械论重构产生的影响，都无法同时使得（i）基本的大脑事实与（ii）对语句表征和图像表征之间的区分的证据保持一致。

6.3.1　竞争需求

　　仅仅认为认知图像和模型与它们所表征的东西是同构的——这正是克莱克（Craik，1952）所提出的——显然不能满足标准（ii）。如果对表征的操作——句子的或其他形式的——是我们能够在面对各种新奇的环境突发事件时做出应对计划的原因，那么这些表征和它们表征的内容之间就必须是同构的（参见 3.8.2 节）。为此，研究人员试图找到一个更为严格的同构概念，这可能有助于将图像和模型与语句表征区分开来。

　　一种被称为结构的（Shepard and Chipman，1970）或物理的（Palmer，1978）更强烈的同构似乎符合这种要求。正如我在第 4.4 节中所解释的那样，图像和比例模型的一个独特之处在于，它们的效用来源于它们具有许多相同特性和关系的体现——而这些都是物理同构所表征的。当斯蒂芬·科斯林（Kosslyn，1994：13）提出其观点时，他所想的正是这种强烈的同构，他认为，在视觉皮层某些区域的视网膜组织的基础上[7]，"这些区域在最直接意义上表征了描述性"。然而由于多种原因，这种物理同构表征的假设是值得高度怀疑的。首先，我们发现在 V_1 等方形区域的视网膜视觉受到了高度扭曲，因为视网膜中央部分（即中央凹）的皮层数量不成比例。[8] 因此，视野中的一块方形区域在皮层中没有被竖排的神经元群表征，更不用说平行的神经元群。此外，视觉表征似乎没有通过单一视网膜组织神经集合的活动来实现。相反，它涉及各种系统的综合活动，其功能在相当程度上是不同的（Zeki，1976；Mishkin et al.，1983；DeYoe and Van Essen，1988）。[9] 最终，科斯林所指出的视网膜视觉仅限于两个空间维度，而二维的表征媒介将不能容纳三维物理同构的表征（如立体的）。更不用说，它也不能够容纳在三维和因果方面都是物理同构的表征。简单地说，就是大脑中没有真实的桶、球和门。

涉及物理同构的问题就是它不能满足标准（i）。这个问题实际上人们早就认识到了。例如，正如谢泼德和奇普曼（Shepard and Chipman，1970）所指出的那样，"用大致相同的逻辑，人们不妨争辩说，表征绿色区域的神经元本身应该是绿色的"。因此，他们提出了以下同构的概念，它比物理同构弱一点，但也比单纯的同构要强："同构性不应该在（a）个体对象和（b）其相应的内部表征之间的一阶关系中寻求，而应在（a）其他外部对象之间的关系和（b）它们相应的内部表征之间的关系中寻求。因此，尽管对一个方形区域的内部表征本身不一定是方形的，但它与矩形的内部表征的功能关系至少应该比与绿色闪光或柿子的味道更密切。"谢泼德和奇普曼希望，二阶同构［也称为"功能"同构（Palmer，1978）］提供了物理同构的一个替代者，既能满足标准（i），也与表征和推理有足够大的区别，使得每个模型会做出不同的预测，从而满足标准（ii）。

胡滕洛赫尔等（Huttenlocher et al.，1971）讨论了类似的温和同构论。他们特别感兴趣的是被试如何进行顺序推理（即涉及三个项目的顺序，如尺寸、重量和高度），比如：

比尔比克里斯高。

克里斯比德尔高。

∴比尔比德尔高。

胡滕洛赫尔等（Huttenlocher et al.，1971）认为被试可以使用"与他们用于解决类似问题（图表、地图等）的物理实现的表征同构"的表征。其观点的本质是，为了解决这些问题，主体形成的心理表征可能更像空间阵列而不是句子。例如，像上面那样的三阶顺序推理的外部语句表征，其与众不同的是，因为每个前提都是用不同的表达来表征的，所以表征个体的项必须被重复。另外，当借助外部空间阵列进行这样的推论时，这些项不需要重复。例如，人们可以在左边关系（left-of relation）的基础上做出关于高于关系（taller-than relation）的推论，借助一张纸上的这样的标记：

B C D

由胡滕洛赫尔等获得的内省报告确实表明，被试当时正在构建这种空间阵列的功能等价物——例如，被试报告称项没有重复。据此，胡滕洛赫尔等认为被试可能会在认知表征的基础上进行三阶顺序推理，这些表征的功能类似于实际的空间阵列，而不像句子的列表。

谢泼德和奇普曼（Shepard and Chipman，1970），以及胡滕洛赫尔等（Huttenlocher et al.，1971：499）很明显是在追求符合标准（i）的同构概念。不幸的是，他们提供的解决方案不能满足标准（ii），即关于功能同构的问题在于它不能清楚地区分语句和图像表征。胡滕洛赫尔等（Huttenlocher et al.，1971：499）是首批怀疑这个问题的人："目前还不清楚，是否有任何将图像假设为解决问题的机制的理论，在可以用抽象的逻辑方式来重构的同时，也可以做出相同的行为预测。"约翰·安德森通过研究表征结构的假设和涉及表征过程的假设之间可能的折中，确认了这种怀疑。他表明，可能的结构——过程折中使得语句描述足够灵活，几乎可以应付任何行为发现。大多数人都认同安德森（Anderson，1978：270）的观点，即关于事实，总是有可能"创建一个命题（即语句）模型来模仿一个想象的模型"。帕尔默（Palmer，1978）认为，换句话说，如果你创建了正确的语句模型，它将在功能上与它所表征的东西同构，就像非语句模型所应该做到的。

另一个较早试图为人类拥有图像表征的观点提供非隐喻性解读的尝试，出于类似的原因也失败了。李·布鲁克斯（Brooks，1968），悉尼·西格尔和文森特·富塞拉（Segal and Fusella，1970）研究了图像推理是否会影响视觉处理资源。对视觉图像和视觉感知之间的干涉——而不是图像和听觉之间的干涉——的发现，表明图像确实依赖于视觉处理资源。然而，只要这些发现被用来支持句法结构化的认知表征的替代者，那么，视觉图像依赖于视觉处理资源活动的主张与功能同构的概念就有着相同的缺点。正如内德·布洛克（Block，1990：583）所指出的那样，因为感性处理原则上也可以用句法的结构化表征来解释，"认为图像和感知的表征是同一种类的观点，与关于图像扫描和旋转等实验的形象主义解释和描述主义解释之间的争论无关"。（Anderson，1978；Fodor and Pylyshyn，1988）。简而言之，图像利用了视觉处理资源的说法不能满足标准（ii）。

这个争论大部分集中在人类拥有非语句的心理图像的提议上，但是那些希望为比例模型隐喻提供实际解读的想法也面临着同样的挑战。问题的症结在于，想要将这些提议以与基本的大脑事实相一致的方式组合起来，而且保持它们与语句描述的区分，这是极其困难的。这些看似不可调和的限制，继续妨碍着那些希望捍卫非语句认知图像和模型的人。

6.3.2　计算表征是语句的和外在的吗？

在 6.2 节中，我解释了如何通过显示存在其他体现了隐喻的中心特征且继承了其独特优点和局限性的非生物（即计算）机制，来为逻辑隐喻提供真实的解读。那么，似乎值得考虑的是，是否有计算系统可以为图像和比例模型隐喻提供相同的结果。换句话说，我们想要找到的是体现且继承了这些隐喻的独特特征的计算系统。然而，有人认为，这种试图对图像和比例模型隐喻进行机械论重构的方式是不起作用的。简而言之，人们担心的是这种方法不能满足标准（ii）。要搞清楚为什么，我们值得考虑一些针对科斯林（Kosslyn，1980）的心理图像计算模型和类似模型的论点。

科斯林的模型有几个组成部分。其中一个是包含对象的形状和方向的语句表征的长期存储。这些描述被用于构建另一个组成部分——视觉缓冲区中的表征，视觉缓冲区根据计算矩阵的填充单元和空单元来编码相同的信息。矩阵的单元由 x，y 坐标表示，而长期存储器中的描述则采用了填充单元位置的极坐标系（即距原点的角度和距离）形式。控制过程在坐标上进行操作，以执行平移、扫描及心理旋转等功能。

正如我在 4.4 节中所说，"真实"空间矩阵表征的一个显著特征就是它们体现了所表征的属性和关系（即空间关系）。然而，科斯林的计算矩阵表征（CMR）与它们所表征的物体并不是同构的。此外，还有一个观点认为 CMR 是语句表征。这个论点的关键很简单：科斯林（Kosslyn，1980）

的视觉缓冲表征不是"真实的"矩阵表征，而是计算矩阵表征。可以肯定的是，使用这些表征法的建模者在计算机监视器上通常看到的是真实图片，但是真正的表征位于运行模型的计算机的中央处理单元（即随机存取存储器）中（Thomas，1999）。因此，负责执行像旋转这样的表征变换的控制操作不是通过所显示的图像来操作的，而是通过存储在计算机存储器中的坐标规范来操作的。在一定程度的描述中，计算机只是简单地实现一组语法敏感的规则来处理句法结构化的表征，这是计算机的功能。那么，就 CMR 而言，最强烈的主张就是它们像图像一样运作，所以这种试图通过这样的计算来实现图像或比例模型隐喻的机械论重构模型的尝试（以及所有的尝试）显然不能满足标准（ii）。更糟的是，这些系统实施的规则在旋转案例中，可能会被解释为对变更-后果的明确规定（尽管它确实提到在这种情况下变更-后果会涉及特定单元内容的坐标变化）。换句话说，它们似乎依赖于外在表征，而图像和比例模型隐喻最重要的特征之一就是："真实"图像和比例模型是内在的表征（见 4.5 节）。毕竟，这是关于图像和比例模型的事实，这些模型解释了它们对框架问题的免疫性。

这一节提出的观点被广泛采用，以排除对图像和比例模型隐喻进行机械论重构的可能性，这种隐喻与代表逻辑隐喻的机械论重构相类似。更令人担忧的是，如果有人相信大脑本身就是一个严格的语法驱动的计算系统，那么这就会为实现图像的机械论重构和比例模型隐喻设置一个难以逾越的障碍，因为，福多（Fodor，2000：13）声称，"如果……你提议将图灵关于计算性质的说明用于认知思维心理学，你将不得不假设*思想本身就具有句法结构*"。然而，表象可能是骗人的。

6.4　内在的计算表征

尽管刚才所描述的论点有直观的吸引力，但它却存在严重的缺陷。事实上，即使大脑是一个严格意义上的计算系统，也不能保证思想是语句的；通常用于实现框架公理的过程的二进制本质，也不能保证框架公理是二进制的。事实上，与流行的观点相反，我们有充分的理由认为，在描述的高层次上，像科斯林（Kosslyn，1980）那样的计算系统，实际上确实存在着非语句的和意象的表征。

6.4.1 模型和抽象的层次

为了使计算系统能够并且确实拥有这种表征的主张得以实现，人们只需要选择一些 ML 假设的支持者长期使用的概念装置。特别是，这个假设的所有支持者都认同的一点是，他们所描述的认知处理是在一个非常高的抽象层次上进行的。早些时候，有人解释说，ML 假设的机械论重构案例取决于这样一个事实，即当一个系统可以在多个独立的抽象层次中的任何一个上被理解时，就会存在这样的情况：低层次所拥有的属性在高层次不存在，反之亦然（6.2 节）。也有人解释说，ML 假设理论家们最感兴趣的层次——正如它的支持者之一所说的那样——被在这一层次上的环境的事实和反事实表征"区分"出来（Pylyshyn，1984；另见 1.2 节和 4.3 节）。[10]在下一层次，人们可能会发现最初的约束是相关规则和表征的实现基础。

图像和比例模型隐喻的支持者可以利用一组平行考虑来实现对这些假设的机械论重构。对于初学者来说，回顾一下，如何使用相同的层次个体化标准（即多重可实现性），以便对"真实"图像和比例模型的属性和行为在不同的抽象层次上进行个体化理解（4.4 节）。在当前情况下最相关的是表征媒介的层次（即图像和模型的实现基础）以及表征本身的层次。在更高层次上，人们发现的是环境的事实和反事实表征（即各种对象、属性和关系的表征），而在下一层次，人们发现的是一组不同的属性［例如，一组限制乐高积木（Lego blocks）联结方式的规则］。这只是争论的另一个例子，当表征系统的属性在相对较低的抽象层次上被理解时，这些属性在较高层次上常常是不存在的，反之亦然。所有这些教训都直接地延伸到了计算领域。

6.4.2 计算图像可以是非语句的和内在的吗？

在计算图像的情况下，通过图像本身和用于构建它们的媒介之间的区别可以看出，实际图像和用于构建它们的媒介之间的区别显然是平行的，因为表征类型相对于表征媒介是多重可实现的。换句话说，表征类型（例如，我的咖啡桌的表面的计算图像）超越了实现层次上的任何特定的句子组。对于初学者来说，它们在相同的媒介上是多重可实现的，因为坐标可以在不改变表征本身的非关系属性的情况下做出改变（如旋转一样）。另外，它们也可以通过不同的媒介来实现。例如，除了计算矩阵的填充单元和空单元，还可以使用表征媒介，即通过一组多边形的顶点坐标来实现表征。

同样，与"真实"的图像一样，更高层次的"区别"在于在这一层次上人们发现了对象、属性和关系的事实和反事实表征，而实现层次则是由一组控制表征媒介的原始约束所描述的。例如，在科斯林模型中，媒介是一组内存寄存器，在最简单的情况下，可以是填充的或空白的，这些内存寄存器按照 x, y 坐标系统进行索引，其内容可以以各种方式改变。可以肯定的是，对这种媒介的描述在对外部句法结构化表征的句法敏感操作方面是最好的。[11] 然而，当一个系统在一个（相对而言）较低的抽象层次上被理解的时候，人们往往会发现其属性在更高的抽象层次上是不存在的，这使得一种可能性得以实现，即刚刚所描述的从句法驱动的媒介中构建的表征本身不仅是非语句的，而且是内在的。[12] 我们现在讨论为什么这不仅仅是一种可能性。

6.4.3　为什么计算矩阵表征是非语句的和内在的

尽管 CMRs 的实现基础可以说是语句和外在的，但是 CMRs 本身就构成了维度间广泛约束的内在表征（参见 4.5 节）。例如，我们注意到一旦通过施加相关处理限制而产生了 CMRs 的构建和操作的媒介，我们会发现由该媒介提供的"材料"所构建的表征显示出对框架问题的免疫力，至少在关于某些二维空间关系方面确实如此。正如帕利希（Pylyshyn，1984）所意识到的，当预测二维空间关系变化的后果时，"矩阵数据结构似乎可以预测到某些后果，而不需要涉及几何知识的某些演绎步骤……而且，当一个特定的对象移动到一个新的位置时，它与其他地方的空间关系不需要重新计算……"。换句话说，关于二维空间关系，表征变更的后果自动反映了相应的表征系统变更的后果。事实证明，这种影响不仅限于两个空间维度，也不限于相对位置的简单变化。例如，再一次，媒介通过对外在表征的依赖而被创造出来，且表现出了对关于无穷对象的位置和方向的三维变化的框架问题的免疫力。[13]格拉斯哥和帕帕迪亚斯（Glasgow and Papadias，1992）的心理图像模型提供了一个例子。事实上，他们的模型似乎非常接近于詹勒特（Janlert，1996）所想的那种系统，因为他们认为框架问题的答案可能是一种"心理泥塑"（mental clay）。尽管格拉斯哥和帕帕迪亚斯声称他们的 CMRs 是非语句的，但他们和帕利希一样，注意到"虽然空间表征中的信息可以表征为命题（即句子），但是这些表征计算上并不是等价的，也就是说，推理机制的效率是不同的"。他们（格拉斯哥和帕帕迪亚斯，1992）继续称："图像的空间结构具有演绎语句表征所没有的特性……空间图像表征……利用构建和获取其过程的内在约束来支持*非演绎性*（参见 5.3.2 节）推理。"（Glasgow and Papadias，1992，pp.373，374；强调为本书作者所加）。

帕利希以及格拉斯哥和帕帕迪亚斯都指出，在 CMRs 的案例中，不需要包含不同的数据结构，而这些数据结构指出了每个不同的对象在每个可能的改变之后，如何互相改变它们的相对位置和（或）方向。换句话说，在 CMRs 的案例中，信息隐含在所创建的表征中，因此不需要被明确下来；表征改变的后果自动反映了相应的世界变化的后果。因此，虽然媒介的描述会涉及外在的、由规则决定的处理约束（如使用存储器寄存器的限制），但是由该媒介实现的表征——类似于 4.4.1.2 节中所描述的我的客厅的比例模型——是关于物体的相对形状、大小、方向和位置的复杂的、维间约束的内在表征。

帕利希似乎很高兴地承认，相关信息是"隐含在数据结构中"的（Pylyshyn，1984：103）。然而，他不愿将 CMRs 看作是*内在的*，坚持保留那个控制了表征的实现基础的原始约束的项（即一些真实或虚拟机器的功能架构的属性或某些正式标记法的基本属性）。然而，斯蒂尔尼告诫说，"这显然不符合一个表征系统是初始内在的这样一个事实：英语与我的大脑可以是硬连接的，但它是一个非内在系统的范例"（Sterelny，1990：623）。实际上，一个给定的功能架构本身可能只不过是运行在某种其他类型的机器上的一个程序（如 Java 虚拟机）。因此，当帕利希声称符号或虚拟机器的原始属性是内在的时候，很难想象"内在的"在他脑海里是多么有用的概念。

我们不是在一个实现基础的原始操作的层面上，而是在一个给定的、原始约束的实现基础上的表征层面上找到了内在表征。证明了这一说法的一部分观点是，某些约束在表征层面上是不可侵犯的，而且相关的是，由于表征是通过特定类型的媒介实施的，所以大量的信息将是隐含的。正如帕利希所指出的那样，由于为了实现特定类型的表征媒介（如计算矩阵）已经施加了某些约束，所以"各种空间和度量属性能够被表征和改变，而且对变化的逻辑后果的推断不需要符号编码规则来表征空间或其他量的属性（如欧几里得公理或度量公理）"。帕利希继续解释："……预先在符号中所固有形式的属性越多，符号系统的表达能力越弱（尽管该系统对于适用的情况可能更有效）。*这是由于系统可能不再能够表达某些违反构建成符号的假设的事态*。例如，如果将欧几里得假设为固有符号，则该符号不能用于描述非欧几里得属性……"（Pylyshyn，1984：105；强调是增加的）。同样，鉴于这些表征通过使用原始约束媒介而被实现了，所以某些约束将是不可侵犯的，而且大量的信息将是隐含的。或者，正如马克·比克哈德（在信函中）所说的那样，只有在实现的层面上内在地建构一个层次的属性和规则才会是"内在的"——否则它们在本体论上是被"固有化的"，如同物理比例模型中的严格空间关系一样。比例模型由于后一种原因所以是内在的；CMR 是由于前者是内在的。在实施层面上建立一定的约束——媒介层面——在 CMR 的案例中，保证了媒介实现的表征将会遵守复杂的、维度间的、广泛性的约束。因此，许多类型的变更后果会自动地遵循，因此不需要明确规定。

回顾一下：就像运行系统和比例模型一样，我们发现至少有两个抽象层次可以理解 CMRs，即 CMRs 本身的层次和其实现基础的层次。此外，我们不仅在前一层次上发现了内在表征，而且在后者发现了外在表征，但是正如框架公理"意图表征与实现层次中的表达是完全不同的东西……"（Pylyshyn，1984：94），CMRs 也意图表征与实现层次上的表达完全不同的东西。也就是说，前者是因为它们是对象及其关系的表征而被"区分"的，而后者如果表征了任何东西的话，那就是填充单元和空单元的数字坐标，以及控制着内容可改变的单元坐标的约束。

6.4.4　内在的计算模型

那些对预测模型感兴趣的人应该考虑格拉斯哥和帕帕迪亚斯（Glasgow and Papadias，1992）的模型，这是朝着正确方向迈出的重要一步。毕竟，它具有对复杂的，由形状、大小、方向和位置所施加的维间约束的内在表征，从而表现出对这组被表征的维度的框架问题的免疫力。然而，对框架问题的全面解决方案——也就是说，人们可以说明人类在面对各种环境突发事件时展现出的有效行为背后的推理生产力——需要对相互影响的三维空间和因果约束的内在表征。反过来，确实存在拥有这种表征的计算系统。

这样的系统可以在计算机科学领域中找到，这些领域目前似乎还离认知科学有点远。具体而言，主要为娱乐目的而设计的虚拟现实模型（VRMs）和为工程目的而设计的有限元模型（FEM）是构成了相互作用的三维空间和因果约束的内在计算表征。

6.4.4.1　虚拟现实模型：Ray Dream Studio 5.0.2

与计算矩阵表征非常类似，虚拟现实模型通常涉及建模元素的坐标规范（即在 x, y, z 坐标系中）。然而，虚拟现实建模领域的基础是二维多边形，而不是矩阵的填充单元和空单元。多边形顶点的坐标规范被给定，并且对象的表面用（通常）很多多边形的集体排列来表征，形成所谓的多边形（Watt，1993），或者更常见的是线框表征（图 6.1）。同矩阵（无论是空间的还是计算的）和比例模型的媒介一样，多边形网格媒介的生产率也随着基本建模元素的数量而变化——在这个案例中，随着多边形的数量而变化。换句话说，拥有的多边形数量越多，你可以表征的东西就越多。

虽然许多虚拟现实（VR）建模研究已经将精力集中在物体的表面特征和各种照明之间的相互作用上，但是也已经创建了 VR 建模媒介以支持表征的创建,使其能够预测关于无数对象——熟悉的和新颖的——在每一个可能的变化后将如何互动。换句话说,VR 建模媒介已经被创建出来,用以生成对三维空间变化和广泛的因果相互作用方面的框架问题具有免疫性的表征。为了说明这一点,一组被称为 Ray Dream Studio 5.0.2 的程序被创建了出来。

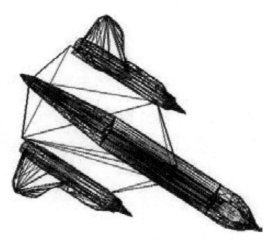

图 6.1 用 Ray Dream Studio 5.0.2 的对象库创建的 SR-71 飞机的一个多边形网格表征

1)表征和推论生产性

图 4.1 描述了一个大多数正常人都能轻易解决的问题。我们的目标是挑选那些能够够到香蕉的工具(当绳子被拉动时)。如果预见的比例模型隐喻是正确的,那么人类就会构建问题的比例模型的认知等价物,并使用这个模型来预测拉动绳子的每一个后果。[14] 为了像比例模型一样展示这一点,VRMs 展示了保真的必要能力,创建了如图 4.1 所示设置的模型。在创建了模型之后,每个工具的位置都随着时间的推移而变化——也就是说,每个工具都从桌子后面被移到桌子前面。人们会期待发现移动无齿耙和移动 T 形杆(倒耙)之间的区别在于,在后一种情况下香蕉会被移动,而前者不会。事实上,这就是事实(图 6.2)。

这些表征改变的后果会自动反映被表征系统相应的改变情况,因此不需要任何关于香蕉、无齿耙或 T 形杆特性的规定。这种情况下,VRMs 至少展现出了与比例模型相似的保真能力。当然,如果 VRMs

真的具有与比例模型相同的预测能力，它们也将显示出对框架问题的免疫性。

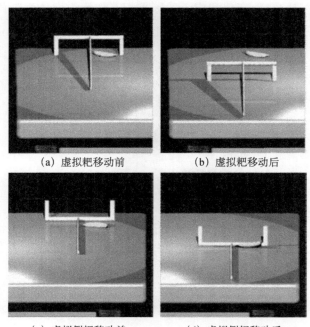

（a）虚拟耙移动前 （b）虚拟耙移动后

（c）虚拟倒耙移动前 （d）虚拟倒耙移动后

图6.2 保真：移动虚拟耙和虚拟倒耙的效果

正如我在 4.3.5 小节中解释的那样，框架问题的一个方面就是资格问题。与在框架公理系统中涉及的表征不同，比例模型不会受到资格问题的困扰，因为它们所许可的预测在很多方面都是合格的。例如，拉动 T 形杆的比例模型将导致香蕉的比例模型移动到可及的范围内，前提是桌子的比例模型中没有洞。VRMs 也隐含地承认这样的资格。为了证明这一点，刚刚描述的模型在一个简单的方面被改变了：在 T 形杆和外壳开口之间的桌面上设置了一个洞。再一次，结果是非常满意的。香蕉没有被带到容器的边缘，而是落入了洞中（图6.3）。与我们自己的预测和通过使用比例模型产生的预测一样，在 VRMs 的基础上产生的预测无疑也是合格的。

图 6.3　合格的预测：香蕉从桌子上的一个洞里掉下来

框架问题的另一个主要方面是预测问题。比例模型和 CMRs 也免于这种苦恼（至少在预测空间关系变化的后果时）。VRMs 标志着上面所考虑的 CMRs 的一个重大进展，它们对三维空间和因果关系的预测问题表现出了免疫力。为了说明这一点，图 3.2 中描述的装置模型是以各种方式构建和改变的。

第一个改动的起始条件是把桶放在门的上面，并且把球置于桶的上面，对这一系列事件的唯一直接操作是门被突然打开。在这种情况下我们应该发现的是桶和球落在地板上，这正是所发生的情况（图 6.4）。和以前的模型一样，我们发现其副作用是自动进行的，而且不需要任何关于门、桶和球属性的规则。

（a）之前　　　　　　　　　　（b）之后

图 6.4　预测变化："推"一个上面搁着一个桶和一个球的门

在一种新的情况下，水桶被倒置并放置在球上。然后将桶移动过门口并随后升起。如果对于实际的门-桶-球装置或这种装置的比例模型进行这种改变，我们应该期望在桶下找到球（或球的比例模型）。这也是我们在 VRM 的案例中所看到的（图 6.5）。

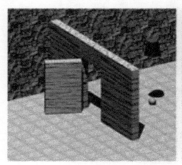 

（a）之前　　　　　　　　（b）之后

图 6.5　预测变化：使用一个桶把球移动过门口

证明这个模型能够预测任何数量的附加变化的后果是一个简单的事情，而证明 VRMs 不受框架问题影响的另一种方法是证明它们满足可扩展性标准（scalability criterion）。正如我所指出的，詹勒特（Janlert，1996）提出，一个不被框架问题困扰的系统在被表征系统数量增加的同时，不会在表征内容的增加方面产生指数效应。比例模型（更不用说 CMRs）满足这个可扩展性标准，VRMs 也是如此。作为一个对可扩展性的简单演示，在门-桶-球模型中添加了一个板。为了确保它的存在是相关的，板被放置在门口（与球和桶在墙的同一侧），而桶被用来以较低的轨迹将球投掷过门。再一次，我们预计在世界及它的比例模型中会发生的事情都发生在 VRMs 中——也就是说，球从板上反弹，而不是滚过门（图 6.6）。

（a）之前　　　　　　　　（b）之后

图 6.6　满足詹勒特（Janlert，1996）的可扩展性标准，在模型中加入一个板，使用桶把球扔向门口

Ray Dream 模型展示了令人印象深刻的对框架问题的免疫力。就像比例模型一样，一个 VRM 表征了组成某个系统的对象的结构、构造它们的材料的基本属性，而且它们的相对尺寸可以用来预测那个系统无数改变的后果。而且与比例模型的情况一样，没有必要包含对应于每个变更-后果对单独的数据结构。例如，这些模型并不依赖规则，规定直立桶内的球会移动到任何桶移动到的地方、位于被推动的门顶部的桶会落到地面上、T形杆可以用来拖动香蕉，等等。相反，像比例模型一样，改变一个 VRM 的副作用会自动反映所表征系统变化的副作用。VRMs 无疑含有所有的相关信息，所以不需要被明确下来。换句话说，虽然有些情况下媒介被用来实现涉及外在表征的 VRMs，但 VRMs 本身就组成了该组事物和维间约束的内在表征。

2）心理可信度

一个可行的预见模型，应该能够解释表征新情况的能力，以及随后对这些表征的保真操作。因此，将 Ray Dream 5.0.2 作为预见模型并非是不合理的，该模型比起依赖框架公理的模型有着巨大优势。Ray Dream 媒介不仅展现了表征的生产力，而且由这种媒介构建的模型展现了三维空间变化和广泛的因果互动的推理生产力（见 4.3.5 节）。然而，还有一些值得一提的复杂情况。

首先，人们会期望在重力环境中堆起来的两个物体最终会停下来。然而，在 Ray Dream 模型中，当物体被放置在另一个物体上时，它们永远不会完全稳定下来 [15]，而是始终存在一个小的摆动。当装有球的桶被放在门上时，这一点特别明显。这两个物体从来没有完全稳定下来，当它们掉往地板的途中进行相互作用时，其动作有时会显得有点不合理和虚假。但应该记住，在每一次尝试中，推开门的结果基本上是一样的：球和桶都掉在地上。

关于 Ray Dream 模型（部分解释了之前的担忧）的另一个担忧是，碰撞的结果不是由质量、动量、刚度/弹性等因素决定的。例如，第二个模型中球的简单弹跳行为不是由压缩所引起的能量的存储和释放这样的基本因素所限定的结果。相反，有一个原初的反弹设置决定了球的弹性。虽然这看起来可能像是一个缺点，但是（有点令人惊讶）有一种情况是，当不了解物理的个体预测碰撞的结果时会发生类似的情况。[16] 例如，在 Chi 等（1982）所开展的一项开创性的研究中，初学者和专家被要求对一组物理问题进行分类。他们发现初学者根据表面特征对问题进行分类，而专家根据问题所体现的基本物理原则对它们进行分类。更重要的是，迪赛萨（DiSessa，1983）研究了不了解物理的个体理解反弹行为本质的方式，结果是相似的。例如，迪赛萨发现，一个不了解物理的个体——M 缺乏对反弹行为基础的准确理解。对于 M 来说，这个属性似乎是他通过经验发现的一个原始物，并且随后他解释和预测了这个物体在世界上的行为。事实上，在某些情况下，甚至物理学家也依赖于那些有效地模拟了低级原则后果的高级原始物。这与 Ray Dream 建模媒介对物理交互作用的预测并不完全不一样。例如，虽然模型中的对象没有经过压缩，但是媒介的原始约束使得它们在很多方面表现得如同被压缩了一样。因此，这些模型（如那些不懂物理的个体所拥有的模型）合理地产生了所需的预测，以便在面对各种环境突发事件时做出适当的反应——如那些包括 T 形杆、香蕉、桶、门和球的事件。[17]

作为人类预见的模型，Ray Dream 5.02 的工作方式似乎与关于人类预测物理系统的行为方式的一些重要的实证结果是一致的。事实上，根据懵懂的物理研究者所绘制的预见图，无数个人创造了世界的认知模型，并"运行"这些模型，以便预测和解释各种物理系统的行为。（Chi et al.，1982；De Kleer and Brown，1983；DiSessa，1983；Larkin，1983；Norman，1983；Schwartz，1999）。此外，这些研究人员还广泛支持这样一种观点，即这些世界的内部模型是非语句的。

另外，虽然由 Ray Dream 模型媒介实现的 VRMs 确实具有一定的心理可信度，但事物总是不变地被表征成是刚性的，这意味着这些 VRMs 的预测能力由心理不可信度所限制。可以肯定的是，由于某些物体的可变形性质（例如，当球弹起时，会以特定的轨迹飞行，或者被楔入桶的底部）所导致的许多行为可以用 Ray Dream 来模拟，但是许多其他行为（例如，当用刀刺充了气的球时会发生什么）是不能模拟的。然而，还有其他计算建模媒介所拥有的合理表征——有限元模型（FEMs）。

6.4.4.2 机械工程和有限元模型

几十年来，有限元建模的方法都在工程学科中得到应用（综述见 Adams and Askenazi，1999）。像 VRMs 一样，FEMs 也是由多边形构成的——也就是说，对象是用多个多边形（称为*元素*）来表征的，顶点（称为*节点*）是根据它们的坐标来指定的。FEMs 和 Ray Dream 模型之间的一个主要区别是，构成一个对象的节点的相对位置在前者中不是固定的，而是以使人们能够模拟可变形物体的行为方式进行改变。

要给出有限元建模的一个简单例子，可以使用 PlastFEM 程序构建一张材料（它的底部由四个支座固定）的二维有限元模型（图 6.7）。与其他 FEMs 一样，为了研究在各种条件下该材料的行为，可以通过指定节点坐标的改变方式，模拟施加到特定节点的力，然后运行该模型以查看后果如何。例如，在与一个尖锐物体相互作用的情况下，该张材料的表现被通过对单个节点施加一个力进行模拟。同样地，在与一个同量级的钝物（在此案例中是从不同的方向）碰撞的情况下，该材料的表现由分布在一组节点上的合力来决定。

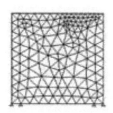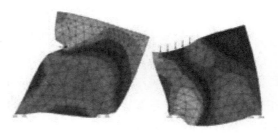

图 6.7　对一张材料的载荷的效果进行建模
阴影表示压力水平

虽然使用 PlastFEM 创建的模型展现出了关于施加到二维可变形物体（任何形状）上的负载效果的推断生产力，但是我们可以拓展使用相同的基本技术，以便模拟三维可变形体之间碰撞的效果，以及影响其行为的因素。例如，加速度和旋转可以通过在适当的方向上将力分配到构成模型的一些或全部节点上来建模；外界压力可以根据施加到物体整个表面的负载来建模；而热膨胀和收缩的影响也可以通过对节点施加力来模拟（Barton and Rajan，2000）。有限元建模方法的能力不止于此。正如巴顿和拉詹

（Barton and Rajan，2000）所说，这种方法"可以解决许多问题，包括固体力学、流体力学、热传导和声学问题等"。此外，对各种问题进行建模的技术已经集成到诸如 MSC.visualNastran 和 LS-DYNA 这样的通用建模系统中。毫不意外的是，这种系统被广泛用于气囊、断路器、烟火装置及无数其他新颖机制的原型测试中。[18] 它们也用于确定某些理论——关于脊髓、神经元和构造板块等——实际上是否解释了所观察到的现象（即它们作为知识延伸的功能，见第 1 章），并实现了第 3 章所介绍的关于解释的模范模型的原理，对此我将在第 8 章中进一步讨论。简而言之，我们可以使用 FEMs 来推理无数新颖系统的无数改变的后果。

与比例模型和 VRMs 一样，在 FEMs 中不需要将单独的数据结构合并在一起，这些数据结构表征了每个可能的改变对一组事物的影响。相反，如同比例模型，改变 FEM 的副作用将自动反映被表征系统改变的副作用。因为所有相关信息都隐含在我们构建的 FEMs 中，所以不需要明确说明。换句话说，FEMs 构成了由尺寸、形状、位置、方向、速度，以及其他众多物理量所构成的复杂的、维间约束的内在表征。简而言之，FEMs 对框架问题具有完全的免疫力。

FEMs 和人类预见的表征之间的一个重大区别是——部分原因是对应于一个强大的短期记忆能力的东西，部分原因在于建立实现基础的原则受到我们对宏观物体行为基本原理的良好科学表征的启发——通过使用 FEMs 产生的预测，一般比人类"脑海中"的预测要准确得多。从心理学建模的角度来看，Ray Dream 模型依赖于对日常物体的行为的物理原理的不准确的（尽管通常是有用的）描述方法，这可能是它们的一个优点。[19]另外，FEMs 的一个优点是，它们支持对可变形体的行为预测。因此，关于人类预见的事实可能最终会位于 Ray Dream 模型和有限元模型之间的某个地方。

6.5　内在认知模型假设

正如我在 6.2 节中所提到的那样，对逻辑隐喻的机械论重构是通过显示在高度抽象的情况下能够体现隐喻的中心特征从而继承其解释性优点和限制的计算系统。我们现在可以对图像和比例模型隐喻做出类似的一套声明。

6.5.1　框架问题的解决方案

我们已经看到，关于预测的 ML 建模方法不仅计算成本高昂，而且在计算上难以处理。在高度"区分性"的抽象层次上，那些认知模型由运行系统架构构建而成，而运行系统架构利用了句法结构化的表征和句法敏感的推理规则，其组成部分表征了诸如球、桶和门等日常对象，以及其无数的性质和关系。当然，这种方法确实与 ML 假设的原则相吻合，ML 假设在高度"区分性"的抽象层次上也假设了这种表征。不幸的是，这种对预测进行建模的方法需要规定每个对象——熟悉的和新颖的——在每个可能的改变之后将如何相互作用。因为需要这些单独的数据结构来预测每个可能变化的后果——换句话说，因为必须明确信息——所以这个方法被框架问题所困扰。

相比之下，虚拟现实建模和有限元建模的方法提供了一个计算上易于处理的对人类预见进行建模的手段。这是因为，它们不需要根据无数可能的变化说明无数个对象如何相互作用，而是将范畴简化为一组非常简单的构件类型和允许的构件行为。产生的表征媒介可以用来构建无数对象的表征，使得对这些表征的改变的后果自动反映所表征系统相应改变的后果。换句话说，就像比例模型一样，这些表征隐含了预测对其表征系统的无数次改变的后果所需要的所有信息。因此，信息不需要借助无数不同的数据结构而被明确表征，正因为如此，该方法满足了詹勒特（Janlert，1996）的可扩展性标准。就像比例模型一样，只需要对表征进行一个适度的增加，即有限的一组构件——就能使被表征系统适度增加。这种新的表征也隐含了预测新系统无数改变的后果所需的所有信息。

6.5.2　高度"区分性"的内在表征

计算模型和比例模型之间的另一个非常重要的相似之处是，在每一种情况中，模型本身和它们被构造的媒介之间可以进行区分，使得前者比后者处于更高的抽象层次上。可以肯定的是，用于实现给定计算模型的媒介，可能最好从句法敏感的推理规则在句法结构化表征中的应用来理解。这些规则和表征规定了多边形顶点的坐标，并约束了它们被允许改变的方式。因此，将这些媒介描述为依赖于外在的、语句的表征是合适的——尽管它确实强调所讨论的表征是数学形式系统，其变量具有连续的数值，因此与传统的框架公理只有表面上的相似性。尽管如此，只有在这样的媒介所实现的模型的高层次上——这个层次是通过在这个层面上的各种对象、属性和关系的表现来"区分"的——我们发现了复杂的维间约束的内在表征。这只是另外一个例子，展示了当一个系统在较低的抽象层次上被理解时，人们往往会在其中发现系统在较高的抽象层次被理解时不存在的属性，反之亦然。

6.5.3 系统性和对外在表征资源的需求

就像比例模型和世界本身一样，诸如 VRMs 和 FEMs 这样的计算表征也承认某些系统性的变化。例如，一个 FEM 不仅可以表征猫在垫子上，也可以表征垫子在猫上，等等。根据 ML 理论家的说法，系统性是由以下事实所描述的，即与系统相关的思想是由相同的部分组成的，而这些部分可以按照心理语言的句法约束进行重新排列。虽然 VRMs 和 FEMs 所表现出的系统性也可以用构件的重新排列来解释，但是它们重新排列的方式与比例模型的构件的重新排列一样是语句的。更重要的是，如果人类使用像 VRMs 和 FEMs 那样的表征，而非句子和框架公理那样的表征，我们就可以理解语言比思想更系统这一事实（回顾 4.4 节）。

我们还看到（5.2 节），在解释人类思考抽象领域、类型和细节的能力时，比例模型隐喻所表达的表征自身无法承受全部的负担。出于完全相同的原因，本章中我们所考虑的计算图像和模型也不能承担这一切。例如，尽管"三角形"这个术语表征了所有的三角形，但是三角形的 CRM 和三角形的图像一样，因为它太具体，所以不能表征所有的三角形，不管是直角的、钝角的还是锐角的。同样，虽然人类能够通过思考挑出特定物体的特定属性，但是比例模型、VRMs 或 FEMs 本身都无法做到这一点。例如，尽管我可以相信格伦的 SUV 是绿色的，但是一个比例模型或一个内在的计算模型如何传达同样的信息，这并不明显，因为相同的模型通常会传达大量的其他信息。[20]

ML 假设的支持者一直喜欢指出，语句表征（即相对于图像和比例模型）的显著特征是它们不具有这样的限制。然而有趣的是，也是这些人，经常声称计算系统只能存储语句表征（Fodor，1981；Fodor，2000；Pylyshyn，1984；Sterelny，1990）。对于这些人来说，我认为这是一个非常难受的困局：他们一方面不能认为这些不同的表征形式将非语句图像和模型与语句表征区分开来，另一方面又认为计算模型具有与前者完全相同的表征概况。他们将不得不放弃其中之一。由于前者背后的直觉难以抵消，而后者的直觉已经被破坏，恰当的行动方式似乎就是放弃计算机系统只能存在语句表征的主张。

然而，我们不能忘记第 5 章中得出的重要结论：在说明我们思考抽象领域、类型和细节的能力时，没有任何一个心理表征理论应该承担全部的解释负担，因为思考一个句子所表达的思想往往比对一个单一的简单表述表达一种态度，负担要多得多。关于这类思想的任何合理模型都需要考虑各种额外表征的认知能力可能发挥的作用。

6.5.4 ICM 假设

前面的考虑集中在人类拥有和操作复杂的维间广泛约束的特定内在认知模型的假设——或为了简洁起见，ICM 假设。这个假设已经与 ML 假设有了充分的区别，并且它也和——出于相同的原因，ML 假设也和——基本的大脑事实相兼容[即 6.3 节中的标准（i）和（ii）已经得到满足]。而且，它也足够强大，足以承受大脑是最严格意义上的计算系统这个可能性，不论这种可能性多么渺茫。为了与 ML 假设的支持者所提出的观点相比，现在我们可以说，虽然大脑具有复杂的回路特征，并且不能从外部证明它拥有或操纵复杂的维间广泛约束的非语句内在模型，但是在一个高度"区分性"的抽象层面上，它们确实拥有和操纵这种表征。图像和比例模型隐喻的这种机械论重构，对于本章一开始提到的行为研究显然具有有利的影响，这些研究假定或表明了人类拥有和操纵非语句的认知表征。

6.5.5 各种心理学上的考虑

不可否认的是，有些特性与塞尔弗里奇（Selfridge，1959）的混沌模型（4.2 节）中恶魔般的矮人类似，它们在从解释隐喻到解释机制的过渡中已经丢失了。一种这样的特性是物理同构（4.4 节）。这显然是一件好事，因为大脑中拥有门、桶和球的物理同构模型（PIMs），总比大脑中拥有恶魔好多了。

PIMs 与 CMRs、VRMs 和 FEMs 等计算模型之间的另一个区别与控制其原始建模元素行为的约束的性质有关。虽然约束物理构件行为的约束是由物理定律确定的，但是约束计算构件行为的约束却是原始的，而非法则的。在某些方面这个差异是不相关的。毕竟，如果表征是通过使用一个特定的、受到原始约束的建模媒介来实现的，那么对表征行为的特定约束（正如我在 6.4.3 节中解释的那样）就是不可侵犯的，而且大量的相关信息将是隐含的。另外，在 PIMs 中如果希望知道由不同的材料制成的物体的表现如何，则通常需要使用其他材料来构建全新的模型。然而，在计算模型中，可以简单地通过改变描述这些构件行为的方程中的变量值来修改构件的某些特性。实际上，人们可以改变一个对象的构成，而不必重新构造这个对象，尽管重新构造对象的选择是开放的。如果假定 ICM 假设是正确的，那么当人们发现他们的默认假设是不正确的时候，人类是否会重新创造对世界的表征，这仍然是一个悬而未决的问题。

关于非语句表征的一个令人担忧的问题与帕利希（Pylyshyn，1981；1984）的认知渗透性标准（cognitive penetrability criterion）有关。帕利希声称，如果我们对空间和因果属性的认知表征，以逻辑一致的方式受到我们信念的影响，那么这将提供足够的证据来断定所涉及的表征是语句的，因为逻辑上的一致性只能通过心理逻辑的假设来解释。例如，假设我们对图 6.4 所描述的系统行为的预测会——而且他们几乎可以肯定会——根据我们是否被告知球是排球（场景 1）还是保龄球（场景 2）而变得不同。如果采用认知渗透性标准，我们将不得不得出这样的结论，即这种差异只能由语句结构的认知表征来解释。然而，采用这个标准也使我们接受了一个荒谬的说法：比例模型是语句的。毕竟，如果根据我是否相信场景 1 或者场景 2 构建了一个不同的比例模型，那么这些模型所产生的预测显然会对我的信念在逻辑一致的方式上敏感。这个考虑——更不用说我们已经看到单调推理不需要假设一个心理逻辑就能被说明的事实——足以让我们排除可疑的认知渗透性标准。

在一个相关的说明中，虽然目前的假设明显地从它可以声称 ICM 含有大量隐含信息这一事实中获得很大的优势，但这些相同的表征也完全有能力明确地表征信息。例如，为了搞清楚 ICMs 如何发挥作用而对其做出改变的这个建议，提到了这些改变的明确表征。[21]换句话说，这些改变的明确表征并不是模型所要求的，而是强加给它们的。了解这一点有助于我们看到目前的描述还为其他两种形式的信息，即派生原则和诱导原则——的明确表征留下了余地。

丹尼尔·施瓦兹和约翰·布莱克（Schwartz and Black，1996）的研究为前者提供了一个很好的例子。他们的研究对象能够表征——基于我所说的前演推理和他们所谓的模拟（simulation）——这样一个事实，即当一个齿轮旋转时，与其连接的另一个齿轮总是以相反的方向旋转。然而，他们的研究对象也能够利用他们对这个原理的明确了解，而不是依赖于认知上所要求的、作为其起源的前演推理过程。换句话说，他们能够想象第二个齿轮在一系列旋转中与传动齿轮方向相反，而不用想象其原因。对派生原则的这种明确表征显然会带来一些相应的代价（即会降低 ICM 的整体推论生产率），但它也可能是非常有用的（例如，如果人们希望只要付出很少的时间和精力就能了解到，通过第一个齿轮的转动以及第二个齿轮的转动会导致更大的系统中发生什么）。ICMs（以及比例模型）允许明确表征诱导原则，其方式与对改变和派兰原则的明确表征相同。

6.5.6　认知模型和非计算实现

我已经在 6.4 节和 6.5 节中提供了一个与逻辑隐喻相似的对比例模型隐喻的机械论重构。计算系统不仅提供了一个存在的证明，即所讨论的处理类型是机械论可实现的，而且，计算机和大脑之间的表面相似性使其支持一个类比论证，其结论是大脑也可能参与这一类处理。把这些论据建立在我们对现存计算系统的了解之上，这样做的一个好处是，它使得 ICM 假设足够强大，足以接受大脑在某种程度上是一个严格意义上（即句法驱动）的计算系统这个最终发现。我不认为我们会发现这一点。幸运的是，ICM 假设足以承受这种可能性。本章所提供的是一个处方，用来通过较低层次的外在手段实现复杂的、维间的广泛约束的内在表征。我怀疑在人类的情形下遵循了这个方案，但与计算情形有以下不同：在前者的情况下，对表征介质的理解在神经网络的并行约束满足过程（parallel constraint satisfaction processes）方面是最好的，而不是在句法和推理规则方面。然而，这是另篇要讲的故事。

6.6 结　　论

毫不奇怪的是，对人类思维运作的一些洞察力应来自对虚拟现实模型和有限元模型的考虑。毕竟，创建比例模型（以及近来的计算模型）始终是为了产生关于某个目标系统的行为的预测，而预测性推理的类似能力可能是人类认知最显著的特征之一。事实上，如果 ICM 假设是正确的，那么在适当的高级抽象层次上，比例模型、计算模型和认知模型之间几乎没有差别。

7 解释模型

在本章中，我首先要捍卫认知科学可能对解释研究有所贡献的提议。然后，我会继续描述 D-N 模型的诸多缺点，而这是大多数心灵哲学家所赞同的解释模型。在结尾，我会简要地讨论 D-N 模型的两个主要替代方案的缺点。

7.1 引　　言

在第 2 章结束时，我有以下声明。

首先，虽然认知科学的解释不是简单的规则包容，但是，这是目前唯一可行的用以描述解释的解释模型。由于哲学家继续从规则的角度去思考认知科学，所以在某种程度上他们是可以被原谅的。其次，虽然整个认知科学既不需要也没有使用一般的计算理论或更具体的 LOT 假设，但是为什么还是有许多人（主要是哲学家）如此地投入其中，这是有充分理由的。实际上，我们将看到这两组问题是密切相关的，而我为心灵哲学所设想的研究计划的转向将需要①用更好的保真模型来取代 LOT 假设，②用这个模型来形成一个解释的非律则理论（anomological theory）。

由于已经完成了这项计划的第一部分，所以现在转向第二部分。到第 8 章结束时，我将提供一个对特殊科学（如认知科学）和日常的非科学语境中所形成的各种解释模型的有力辩护。

7.2　认知科学与科学哲学

启蒙运动的核心支柱及经院哲学的对立面是这样的理念，即我们人类自身就是发现世界新事实的手段。科学的出现（正如我们现在所知道的）是使得前者能够推翻后者的进展之一（见 1.1 节）。为了认识到这一点，启蒙思想家花费了很多时间试图理解科学的特殊能力从何而来，因此就有了科学哲学，直到 20 世纪我们才对事物有了正确的认识（见 2.6 节）。

在最近的一个进展中，一些心理学家和社会学家也开始研究科学。但我认为不利的是，最近在这方面的工作，尤其是科学心理学、科学社会学和科学学研究——几乎完全是关于诸如创造力、发现、概念改变和合作等方面的主题。相比之下，科学哲学家（至少那些没有被库恩过度动摇的人）传统上更有兴趣回答那些对于他们来说有更清晰的规范维度的问题。这些问题包括：科学家应该如何推理，什么使得某些解释优于其他解释，以及科学解释和伪科学解释之间的区别。

这些问题的规范性导致了一些人相信科学本身——也即是，除了提供案例研究之外——无法帮助我们回答这些问题。毕竟，科学只能告诉我们事情是怎样的，而不是它们应该如何（见 1.3 节）。尽管如此，关于科学的认知科学也可以把科学家的正当活动作为研究对象，就像研究非正当的活动一样。更具体地说，上面提出的每个规范性问题直接或间接地与科学推理的本质有关，而且推理是认知过程的缩影。因此，科学哲学家必须认真对待认知科学的帮助。对于哲学家而言，忽略认知科学对于他们的核心研究话题（即推理）的看法是十分鲁莽的。这并不是说认知科学可以或应该取代科学哲学。我们将会看到，从认知科学和扶手椅哲学两个角度对各种模型和约束的认识，有助于在解释方面取得前所未有的进展——这是一个所有科学哲学家所认为的最重要的话题。

也有人断然否认解释有任何心理的维度。例如，韦斯利·萨尔蒙（Salmon，1984）认为，解释涉及客观事实（即要解释的事实和解释事实的事实）之间的关系。有一种观点认为，解释是由对某种事件导致的"心理不安"的克服所构成的，韦斯利·萨尔蒙（Salmon，1984）把自己的观点与这种观点进行了对比。他对这种观点的担忧是："人们满足于科学上有缺陷的解释，这是一种危机；还有一种危机是他们对合理的科学解释感到不满。"（Salmon，1984：13）例如，如果我们接受解释是为了克服心理上的不安，那么我们也不得不接受某些人有着合理的解释，如果他们碰巧满足于某一个风暴是由之前下沉的气压读数引起的这个解释。同样地，如果我们接受了这个克服不安的解释，那么我们也必须允许一个智力受损的人用一切万物有灵论的解释来拒绝他们，这是完全合理的。这样的考虑导致萨尔蒙得出结论：唯一真正的解释不是主观的，而是涉及客观事实之间的关系。

我不愿意赞同萨尔蒙的这些论点的一个原因是，他认为以下观点是没有意义的，即对于一个给定的事件可以有好的和坏的解释，或者可以有多种相互竞争的解释。就萨尔蒙而言，总是只有一个解释，那就是"解释"。因此，他认为我们有时候参与了一个弄清在众多解释中哪一个是事件的最佳解释的过程，他的这种观点也是没有意义的。[1] 然而，这是一个明显位于科学事业核心的过程。毕竟，如果科学不是一个巨大的混乱，那它究竟是什么？（见 2.6 和 5.3 节）。事实上，萨尔蒙的观点不是为科学事业的这个基本事实留出空间，而是荒谬地认为"瑕疵解释"不是一种解释。

尽管有这些担忧，但我相信萨尔蒙的反心理主义立场确实反映了一种常见的说法。我们确实经常谈论某个事件或某个规则的解释，而当我们这样做的时候，萨尔蒙所明确表述的那种形而上学可能就开始涉入其中了。然而，显然还有另外一种说法——特别是我们经常谈论事件和规律的解释、解释本身、有缺陷的解释，以及对多种相互竞争的解释的评估。总之，这个术语最后的意义才是我最感兴趣的。特别是，我将要寻求的是对这个问题的回答：从认知的角度来说，当人们有一个解释的时候发生了什么。这个计划在很多方面类似于对这个问题的回答：从认知的角度来说，当人们有一个信念时，其中会涉及什么。如果你倾向于认为，从科学哲学的角度来看这是一个无聊的追求，或许一点伏笔会激起你的好奇心：这条调查路径的最终结果，不论是对于条件勾同问题还是对于剩余意义问题，都会是一个统一的解决方案，同时也解释了为什么科学家在面对其他反证据时能够坚持自己偏爱的理论。

萨尔蒙可能是被自己错置的假设推到他的反心理主义的观点中去的，他认为对解释的克服-不安描述是对解释的唯一心理学描述。[2] 然而，一个更为合理的建议是，将我们所谈论的智力满足——那个"啊哈"时刻——作为另一个心理过程的后果：解释一个事件（Gopnik，2000）。那么问题就变成了"什么样的过程使我们能够克服某些事件引起的心理不安"？一个简单而直观的答案是，当我们理解或者认为我们理解了事件发生的原因或方式时，我们的不安就被克服了。这当然会使我们回到认知领域，因为我们真正想知道的是这种理解可能会意味着什么。

萨尔蒙应该已经认识到，存在对解释的替代心理描述，因为他花费了这么多时间所批评的演绎-律则模型就是这种描述。可以肯定的是，在对 D-N 模型原则的最著名的描述中，卡尔·亨佩尔和保罗·奥本海姆（Hempel and Oppenheim，1948：136-137）试图抵制这种理解模型的方式，声称解释是位于某种关系中的一系列外部句子。然而，由于各种原因，他们的抵制不能合理地持续下去。

首先，亨佩尔和奥本海姆就像卡尔·波普尔（Popper，1959）一样，声称解释就是"演绎"（deduce）。波普尔（Popper，1959：59）描述了他们都赞成的如下模式："对一个事件给出因果解释，意味着演绎出一个描述了它的陈述，然后它会与某些单一陈述、初始条件一道被用作演绎前提或更普遍规则的前提。"（强调是增加的）。显然这些 D-N 理论家是在提出，解释是从被解释项中演绎出解释项，如果有演绎发生，那大概是因为有人在进行演绎。演绎和更普遍的推理（reasoning）是范式认知活动。

其次，正如斯克里文（Scriven，1962：64）所指出的那样，没有合理的方法来维持这种观点，即解释是外在的句子之间的关系，因为人们可以清楚地拥有一个解释，而不用告诉任何人。这个观点的一个很好的例证来自电影《荒岛余生》，电影中的主角和观众都认为，他整晚听到的令人不安的噪声是椰子掉下来造成的。我们所有人在那一刻都感受到了前面提到的那种美妙的"啊哈"的感觉。不再需要明确的措辞了；我们都明白了（事实上也不需要言外之意了，但那是第 8 章的一个论点）。

再次，我认为我们都可以同意，在形式逻辑存在之前很久就有解释。由于自然语言缺乏为了实现亨佩尔和奥本海姆所要求的形式推理过程所需要的那种结构，所以他们认为解释所必需的演绎必须涉及不需要外部语言的演绎能力。

最后，亨佩尔和奥本海姆（Hempel and Oppenheim，1948）也认为（出于下面解释的原因）许多解释只涉及对规则的默认推理。再一次，理解这种说法的唯一方法是使用隐藏的演绎过程。

7.3 演绎–律则模型

以这种方式构建的 D-N 模型，作为解释的心理基础的模型，已被证明比目前所提出的任何其他模型具有更多的优势。它也是心灵哲学所接受的观点，是科学哲学普遍衡量替代解释模型的可行性的标准（Salmon，1998：302-319；van Fraassen，1980；Kitcher，1989；Churchland，1989：197-230）。接下来我对自己的解释模型的辩护也将遵循这种模式，所以正如与密切相关的心理逻辑假设一样，重要的是要对 D-N 模型的成功和失败进行分类。正如我在 7.2 节中所说，这个过程分为两部分：一方面，我们需要考虑我们的哲学直觉所揭示的解释的本质；另一方面，当从认知科学的角度来看这个问题的时候，我们需要考虑这对解释理论会产生什么约束。

7.3.1 满足直觉

前面提到的大部分哲学直觉来源于我们对特定案例是否构成真正解释的判断。为了让一个模型获得成功，就不能让它太过自由——也就是说，它不能让我们把明显不是一个解释的东西归类为解释。它也不应该太保守——也就是说，它不应该让我们把明显是真正的解释的东西归类为不是解释。如果一个人的解释模型确实意味着某些案件乍看上去似乎是落入解释/非解释划分的错误一面，那么它必须在最终分析中说明为什么这些案例落在那一面是没有问题的。当然，这是分析哲学中最常见的推理模式之一，我想这也是罗尔斯（Rawls，1971）提出反射均衡理论的原因。隐喻地说，总的策略是建造一台机器，当我们输入各种情况并转动曲柄时，这些案例就会从底部掉出来并落入正确的篮子中——在这种情况下，篮子被标记为"解释"和"非解释"。[3] 当然，类似的机器几乎已经在分析哲学的每一个领域中被构建出来了。

然而，还有解释模型应该满足的其他一些元哲学（metaphilosophical）

直觉。也就是说，要一个解释模型对各种案例进行正确的分类是根本行不通的，但同时公然不顾我们关于解释是什么或解释在我们的生活中扮演什么角色的基本直觉也是有问题的。就 D-N 模型本身而言，与其主要竞争对手的不同之处在于，它至少试图不去直接反对这种基本直觉，我将在7.3.1.1 节中讨论其中一些。

7.3.1.1 演绎-律则模型的形而上学优点

就事而论，D-N 模型似乎在满足我们能够以大致相同的方式解释特定事件和规则的直觉方面做得非常出色。以下粗略地举例说明 D-N 模型的支持者所采用的推理模式是规则解释的基础。

> A 型液体的密度低于 B 型液体。L_1
> 混合后，两种液体中密度较低的那一种会浮到顶部。L_2
> ∴A 型液体在与 B 型液体混合后会浮到上面。L_3

在这种情况下，描述的两个规则（L_1 和 L_2）的陈述形成了对第三个规则（L_3）的解释。根据 D-N 模型，对规则的陈述也可以与描述具体条件的陈述结合起来，以便推断并由此解释特定事件。例如，在前面的例子中的 L_3 在这里与另一个陈述联合起来形成了下面的推论。

> A 型液体在与 B 型液体混合后会浮到上面。L_3
> 一些 A 型液体与一些 B 型液体混合。C_1
> ∴A 型液体漂浮在顶部。E_1

D-N 模型除了对我们解释规则和特定事件的能力提供了统一的解释，还提供了一种有用的方法来满足解释和（某种）预测是一体两面的这个直觉。根据这个观点，解释和预测的主要区别在于引入现象和理论的时间顺序。在前一种情况下，人们首先做出描述了待解释的事件或规律的陈述，并表明人们会预期到，通过展示描述了它的陈述,会牵涉到描述规则和（如果需要的话）特定条件的陈述。在后一种情况下，首先是描述了规则和（如果需要的话）特定条件的陈述，并通过显示这些陈述需要，进一步描述所述事件或规则的陈述，以显示人们会预测一个给定的事件或规律性。虽然时间顺序明显不同,但是 D-N 模型在以下事实上是正确的(参见 5.3.1 节):在这两个过程的核心都有一个共同的逻辑流程,从而也是预测和解释的推理性质。在 D-N 模型中,这两种过程都涉及从描述规则和(如果需要的话)特定条件的陈述中推论出描述感兴趣现象的陈述。

我们需要清楚的是,亨佩尔和奥本海姆关于预测和解释之间存在对称性的主张并不是斯克里文(Scriven,1962)所认为的,即在事实之前,任何解释都可以用于预测所考虑的事件或规律。亨佩尔和奥本海姆(Hempel and Oppenheim,1948:138)的说法应该是,任何"完全充分"的解释都可以以这种方式来使用。例如,一个解释在产生预测的时候可能不是很有用,如果它只是部分的或者不完整的,因为它只是澄清了一些条件而不是全部的条件,只有当这些条件放在一起时,才足以使待解释的事件发生。借用斯克里文(Scriven,1962)的例子,想象一下,人们要在丹(Dan)患有梅毒这一事实的基础上解释他患有轻瘫的事实,因为只有那些患有梅毒的人才患有轻瘫。然而,由于假定的未知原因,只有 25% 的梅毒病患者患有轻瘫。因此,在事实之前,这和解释将会构成一个预测丹会感染轻瘫的基础。虽然斯克里文可以说这表明预测和解释之间没有对称,但是亨佩尔和奥本海姆(H&O)会指出这个案例中的解释还不够充分,因为我们仍然不知道为什么只有 25% 的梅毒患者患有轻瘫,而其他的不会。如果我们知道这一点,我们就会知道梅毒发展为轻瘫的条件,我们的解释就会是完全充分的解释,而且这在事实之前会构成丹会患有轻瘫这个预测的良好基础。

与斯克里文(Scriven,1962:54)的观点相反,对称论背后的思想也不意味着任何预测的基础都可以作为解释的基础。H&O 的观点是,那些基于前述那种推论性推断的预测,可以在事实之后被用来提供合理的解释。另外,如果预测性推理是基于某种形式的非单调推理(例如,归纳或类比推理;参见 5.3.1 节),那么显然一切就免谈了。

如果人们能记住这些简单的警告,预测和解释之间的关系看起来就会比其所经常描绘的更紧密(关于这个话题,我必须要说得更多,但是我会在第 8 章的末尾讲到这一点)。显而易见,许多科学哲学家并不是为了反对斯克里文,只是放弃了这样的观点,即预测与解释之间有一个重要的关系。相比之下，D-N 模型的支持者已经认识到了这种关系，并对此提供了直接的解释。

虽然我谈的反对意见是不甚明确的话题，但是让我稍微离题一下，考虑一个被太多人认为太过严肃的反对意见，这也源于斯克里文（Scriven，1962）。正如他解释的，要担心的是有许多正当的案例可以提供解释（例如，当某人解释为什么一个墨水瓶倒在地上时，注意到有人撞到了它），而这些案例中却没有人引用任何规则。斯克里文似乎很有信心，认为这些人在压力下将不能够引用任何这样的规则。我怀疑这是否属实，但即使是 D-N 模型的睿智支持者也仍然可能会争辩说，相关规则隐含在我们日常的推论手段中。事实上，H&O（Hempel and Oppenheim，1948：139）在声明解释必须涉及"一般规则的默认推理"（强调是增加的)时已经明确地表明了这一点。

我对这个回答显而易见的信心可能源于我对心理逻辑假说的最新进展的熟悉。几乎没有任何一个 ML 假设的支持者认为思想和推理是用自然语言来进行的。[4] 正如我们所看到的，他们的提议是，我们依赖于一个形式推论系统的心理对应物，而其中充满了框架公理（如参见 1.2.3.2 节和 4.3.1.2 节）。在墨水瓶的例子中，个人依赖于相关公理所体现的关于世界如何因改变而变化的隐性知识。同样，当我们判断句子的语法性时，我们依赖于对句法原则的隐性知识。这两个提议中的任何一个都不意味着我们对斯克里文所要求的，我们所依赖的原则有明确的了解。

D-N 模型的另一个优点是，它承认了推理在解释过程中的中心作用。它将解释当作从解释手段到解释需求的推理过程。我强烈怀疑，正是这种解释项和被解释项之间的推理联系使人产生了智力上的满足感，这个"啊哈"伴随着（至少是很多）可行的解释。

那么，这就是我所喜欢的 D-N 模型的特征。

7.3.1.2 D-N 模型的众所周知的问题

正如我所指出的，人们的解释模型必须正确分类那些解释和非解释的案例。从哲学家的扶手椅上看，D-N 模型的问题是，它对一些案例的分类不当。

1）充分条件

对 D-N 模型的担忧是由下面的案例引起的，即真正的解释必须被分类为非解释，因为假定的解释没有具体说明哪些条件足以导致事件发生。没有描述这些充分条件的陈述，就没有办法从解释项中推断出被解释项。

在这方面，斯克里文的梅毒-轻瘫病例可能（参见 7.3.1 节、8.3.4 节和 8.3.5 节）引起对 D-N 模型的担忧。在这个案例中，没有办法从解释项中推断出被解释项，但是有关个体有梅毒的知识可能被认为是斯克里文（Scriven，1959：480）所称的关于他为什么患有轻瘫的"有用和有启发性的部分解释"。正如我们所看到的，D-N 理论家会正确地指出，在这种情况下的解释还不够充分。然而，就其作为某种解释而言，D-N 模型没有提供为什么如此的答案。除非我们对发生轻瘫的充分条件有所了解或有一个假设，否则我们将无法从解释项中推断出被解释项。因此，正如反对意见所指出的那样，像这样的一个部分解释被 D-N 模型错误地分类为非解释的东西。

另一个担心——与刚刚描述的担忧有关，但归根结底，更为严重——涉及所谓的"限制性条款"（Hempel，1988）、"'其他条件均同'条件"（Schiffer，1991）和"保护手段"（Fodor，1987；1991b）等术语所描述的特定规则。担心的根源在于许多假定的规则会承认例外。例如，当充满矿物质的水通过洞穴或其他岩石环境的顶部泄漏时会形成钟乳石，人们可能希望把这看成是一种地质学规则，然而，这个规则有无数的例外。例如，如果洞穴容易遭受周期性洪水导致顶部被侵蚀，如果洞穴内部太冷或太热，如果洞穴直接位于未来高速公路的路径上，如果人们知道这个洞穴里有金矿，如果这个洞穴里有一个即将爆炸的核武器，如果物理学规律突然改变，等等，那么钟乳石大概不会形成。出于日常的目的，特定的科学家可能希望规律在理想条件下才成立。然而，这样的分析就是在向真空的深渊走去，因为这些条件最终会被纳入规则之中（Fodor，1987：5）。

这些问题引起的关于 D-N 模型的担忧再一次来自于这样的事实：为了从被解释项中推断出解释项，后者必须包含一个规定了事件发生的充分条件的规则。但是，不要只是简单地忽略所有不能获得的条件。例如，说钟乳石形成的解释涉及这样一个规则是行不通的。

　　　如果水通过洞穴或其他岩石外壳的顶部泄漏，则会形成钟乳石。

对这个问题的这种解决方法会使 D-N 理论家声称，许多（可以说是绝大多数的）真正的解释是从一个被认为是错误的前提中推论出来的，即这个解释涉及明显不合理的推论。

也不能简单地为各种不能获得的条件设置一个占位符。例如，不能说钟乳石形成的解释是基于如下的陈述：

> 如果水通过洞穴或其他岩石外壳的顶部泄漏，而且条件是理想的，则会形成钟乳石。

正如我们所看到的，对正常或理想条件的声称，会使得这些陈述变得空洞。这里需要的是撤开"规律成立的条件"而对"理想条件"进行解读。换句话说，所需要的是对这些理想条件是什么的表征。对于 D-N 模型来说，这需要明确规定必须获得的及无法获得的无数条件。但是条件如此之多，所以没有切合实际的办法。

对这个问题的一个比较流行的回应是，声称在特殊科学中没有真正的规则，因此在特殊科学中没有真正的解释。这种观点认为，只有"硬"科学才能得出真正无例外的规律，从而得出真正的解释。我在 7.3.2.1 节中关于明克（Mink，1996）模型的讨论会使你相信这是荒唐的。为了当前的目的，可以这么说，这种处理问题的方式也意味着没有真正的非科学解释（例如，为什么汽车不会启动，为什么从洛杉矶国际机场到西米谷花了这么长时间，或者为什么我的发条青蛙能够跳过我的桌子，对这些问题都不会有真正的解释）。这是一个非常明显的错误分类案例。至少我想我们可以同意，一种允许特殊科学和非科学解释的可能性的解释模型，在其他条件均同的情况下，显然要优于不允许这种可能性的解释模型。

这种回应的另一个缺陷是，有充分的理由认为，即使是所谓的硬科学的实践者也严重依赖于他们关于无数限制性条款的隐性知识。最简单的方法就是考虑这样一个事实，即在科学的各个层面上，理论家们都能够在看似抵触的证据面前找到维系其偏爱理论的方法。如果不是因为在推论中存在各种各样的附带条件，这是不可能做到的。[5] 但是要提醒你一下，这并不暗示着物理规则内含限制性条款。我倾向于认为，物理规则至少*应该*是无例外的。当任何形式的例外被揭露时，物理学家往往会变得有点失望。相反，理论家坚持自己偏爱理论的能力可能仅仅意味着，限制性条款存在于从规则到广泛含义再到可观察含义的推论长链中。整个这个链条在实验环境中被调用以进行预测，并且在收集数据之后同样调用这个链条来解释它们。该链的第一部分在 2.6.1 节中进行了如下图示：

$$[H \& (A_1 \& A_2 \& \cdots \& A_n)] \rightarrow I$$

这里的 A 是无数的可以拒绝的"辅助假设"，以避免拒绝所涉及的假设。你叫它们什么都可以，限制性条款的其他名称仍然是限制性条款。如果不是因为我们对这些限制性条款的了解，证伪将会是司空见惯的，而且科学看起来会非常不同（其中一个原因是它容易钻牛角尖）。换句话说，我们关于限制性条款的隐性*知识在各个科学研究层面都起着至关重要的作用*。D-N 模型的问题在于它要求不可能做到的事情，即这种知识应该明确而详尽地被阐述。

2）旗杆问题和因果关系问题

对于 D-N 模型如何导致我们错误分类（作为解释）的例子，其中最明显的一个就是西拉维·布龙贝热（Bromberger，1966）的旗杆例子。这个例子的一个有用的变体如下：似乎很明显，旗杆阴影的长度可以通过太阳的位置、旗杆的高度和方向来解释。D-N 理论家可能会认为这是一个合理的解释，因为阴影的长度可以从这些因素中推断出来。然而，从阴影的长度、旗杆的高度和方向可以很容易地推出太阳的位置。然而，这些事情显然并不能解释太阳的位置。[6]

从表面上看，D-N 理论家通过增加一个简单的约束——即真正的解释是因果性的——来支撑模型，这似乎是完全合理的。从这个角度来看，我们能够根据太阳的位置和旗杆的高度和方向来解释阴影的长度，是因为这些因素是造成阴影这些特征的原因。另外，关于旗杆和阴影的事实并没有使太阳处于那个位置。不幸的是，这个合理的修改让位于一个更严重的难题，那就是指定因果关系是什么。出于这个原因，D-N 模型的支持者一直不愿意将这种约束添加到他们的模型中。

同样值得注意的是，虽然很少有人能够进行相关推理，但我们都了解影子长度的解释，我们甚至把它看成一个特别好的解释。因此，D-N 模型的支持者唯一的手段似乎是借助隐性推理过程和隐性规则知识。

7.3.1.3 解释性导入问题

除了上面所描述的众所周知的缺陷，还有同样重要的其他缺陷没有得到重视。其中之一就像旗杆问题一样与以下事实有关，即 D-N 模型提供的真正解释的标准会导致我们将其归类为解释性明确的案例，而这些案例在我看来并没有做出任何解释。为了使这个缺陷变得明显，我通过使用一个虚构的例子来帮助控制背景知识的影响。

> 所有的 glubice 都会发热。L_4
> 这个物体是由 glubice 制成的。C_2
> ∴这个物体会发热。E_2

如果 D-N 模型是正确的，那么这是对特定物体发热这一事实的合理解释。尽管如此，这个所谓的解释告诉我们的唯一事情是这个物体会发热，因为它是发热物质的一个成员。就我而言，我发现我的好奇心并没有得到满足。告诉我物体是发热物质类别的一员，并不能使我理解它为什么会发热。关于解释一定有比 D-N 模型所允许的更多的东西。

这就是萨尔蒙（Salmon，1998：128）所要求的。他指出，由于有些规律性要求解释，所以把事件纳入概括并不是全部的解释。他还声称（与旗杆例子一样），缺少的成分之一是因果关系。然而，因果关系不会是唯一缺失的因素，因为即使是因果规律也要求解释。事实上，L_4 似乎只是这种规律性的一个普通的例子。又如，考虑下面推论中的 L_5：

> 对着 glubice 喊叫会使它发光。L_5
> 对着 glubice 喊叫。C_3
> ∴glubice 发光。E_3

这看起来像一个标准的 D-N 风格的推论，但它像前一个一样缺乏解释性导入。就我个人而言，在这个基础上我感觉自己并不理解为什么 glubice 会发光。然而，我不得不承认，一个事件引起另一个事件的说法比声称这两类事件经常同时发生，会更加限制可能答案的空间。尽管如此，除非我对于喊叫和发光之间的联系有了更进一步的信念，否则我会认为 glubice 的发光是一种非常神秘的现象。[7]尽管这些例子揭示了 D-N 模型中的缺陷（即不仅仅是因为任何 D-N 式的推论都是一种解释），但它们让我相信，之前对这个基于梅毒—轻瘫案例的模型的反对并不是很有说服力。斯克里文希望能够说，知道丹患有梅毒且 25%的未经治疗的梅毒患者会患轻瘫，形成了丹患有轻瘫这一事实的"有用和有启发性的部分说明"的基础。这可能是有用的，但它似乎没有启发性。事实上，这样的描述虽然也许没有那么有启发性，但非常类似于对 glubice 发光原因的描述，这个描述基于对喊叫和发光会可靠地共同发生的了解。在梅毒-轻瘫病例中，我们被告知，丹患轻瘫的原因是偶尔有未经治疗的梅毒会伴随轻瘫的发病。我们仍然不知道这两种事件之间的联系是什么。正如萨尔蒙可能会说的（Salmon，1998：312），我们在这些案例中得到的只是一个迹象，表明我们可以寻找一个真正的、启发性的解释。[8] 现在让我们回到本节的主要主张。关于第一个 glubice 的情形，有多少启示源于对一个涉及基本化学过程的特定岩石发热的描述，有多少启示源于 L_4 和 C_2 的陈述所传达的推测性描述，我想所有人都至少会同意（所有其他情况均同），这两者之间的区别是很明显的。同样地，关于第二种 glubice 的情形，有多少启示源于对涉及 glubice 的化学成分在有着足够高幅度的声波冲击的情况下的表现方式——发光的描述，有多少启示源于关于 L_5 和 C_3 陈述所传达的描述，我想所有人都会同意（所有其他情况均同），这两者之间的区别是很明显的。因此，即使 D-N 模型完成了表征每一对中的第一个任务，但是根据所提供的理解的程度，我们没有办法区分每一对中的第一个和第二个。在相同条件下，任何可以做得更好的解释模型都是首选。

7.3.2 心理可信度

常常被忽视的一个事实是，D-N 模型在很多方面都是心理上不可信的。正如我们在 7.2 节看到的那样，也许这个疏忽的原因是 D-N 模型的支持者认为解释涉及外部句子之间的关系。但是，由于 7.2 节和 7.3.1.2 节第 2）部分中所述的原因，这种情形无法继续维持下去了。

保罗·丘奇兰德是已经明确承认必须对 D-N 模型进行心理学评估的少数人之一："虽然这种模型的逻辑优点和瑕疵受到了很多关注，但从心理学方面对其缺点的关注相对较少。"（Churchland，1989：199）不幸的是，丘奇兰德对 D-N 模型的心理合理性的反对论点并不是很有说服力。特别是他指出：（a）D-N 模型没有考虑到人们经常不能说出规则和边界条件这个事实；（b）作为一个连续的过程，演绎过于缓慢，心理上不现实；（c）动物能达到解释性理解，但是可能缺乏任何外部或内部语言能力。

反对意见（a）仅仅是对斯克里文（Scriven，1962）早先提出观点的重新陈述。正如我们所看到的，D-N 理论家提出的解释至少有时会涉及默认的规则。异议（b）是以错误的想法为前提的，即符号操作只能以连续的方式进行。正如福多和帕利希（Fodor and Pylyshyn，1988）所解释的那样，形式符号操作可以且经常是平行进行的。最后，关于反对意见（c），动物能够解释事物的观点是存疑的。但即使它们像 ML 假设的支持者所主张的那样能够解释事物，也可能是因为动物思想是在心理逻辑的基础上进行的（Fodor，1978）。如果这听起来令人难以置信，那可能是因为动物似乎不具备我们人类所拥有的高级认知能力（见 4.3.1 节）。但这几乎等于承认这种对 D-N 模型的特殊反对意见是不合理的。

虽然丘奇兰德在批评 D-N 模型的心理可信度时忽视了这一点，但他指出，不仅仅要评估 D-N 模型对解释和非解释进行正确分类的能力（即关于它的"合乎逻辑的"优点和瑕疵）。[9] 因为这是一个不可避免的心理学命题，心理可信度的考虑也必须发挥作用。

在这方面，D-N 模型最终必然与 ML 假设共享令人不愉快的相同命运。这是因为每个提议的核心都在于声称我们可以推断出世界将如何改变。然而，正如第 4～6 章所展示的，作为关于改变世界后果的推论（即单调的推论）模型，所有的演绎主义方法都被预测和资格问题所困扰。这是因为无论以何种形式进行的推论，都是一个形式过程（参见 5.3.2 节）。它仅涉及基于逻辑词项含义的推论，是从具体内容中抽象出来。因此，为了推论——无论是基于心理逻辑，即所谓的心理模型——关于世界如何随着它的变化而改变的事实，内容都必须建立在明确规定的条件下，在这些条件下，改变也许会，也许不会有特定的后果。

7.3.2.1 过分简化问题

鉴于 D-N 模型和 ML 假设之间的密切关系，限制性条款问题只是独立被发现的资格问题的一种显示。在每一种情况下，研究人员都在寻找一种模型，能够对我们在推断世界将如何改变时所带来的知识做出正确的判断。ML 假设和 D-N 模型的问题是，为了使特定的规则陈述、框架公理或其他陈述或推理规则能够体现该知识，在那个陈述或规则之前，必须有一个关于我们所知道的足以导致一个事件发生的条件的明确规范。[10] 然而，这些建议所要求的是不可能做到的事，因为我们对无数条件的隐性知识会阻止特定的变化产生特定的后果。

现在，鉴于资格问题在独立发现的限制性条款问题中有明确的对应关系，人们可能会认为，预测问题的对应方也包含 D-N 模型。事实上，这样的问题确实存在。它被称为说明多余意义问题（the problem of accounting for surplus meaning）（MacCorquodale and Meehl，1948；Greenwood，1999）。而我会把它称为过度简单化问题。

要理解这个问题的本质，首先要注意的是，思考的推理生产力（4.3.5节）在评估我们在日常的、非科学的情境中产生的解释能力方面扮演着重要的角色。例如，假设一个机械师认为，对我的汽车的动力损失的解释是它的密封环坏了。如果 D-N 模型是正确的，那么机械师的推理过程就会像这样：

> 如果发动机的密封环坏了，则一个或多个气缸内的压力就会较低。L_6
> 如果一个或多个气缸中的压力较低，则发动机会失去动力。L_7
> 发动机的密封环坏了。C_4
> ∴ 发动机失去动力。E_4

然而，这个理论的内容比 L_6-C_4 所表达的要多得多。换句话说，这些陈述大大地简化了可以用来产生无数预言的理论。也就是说，除了蕴含 E_4，这个理论还蕴含以下内容：

当发动机运转时，油泄漏到燃烧室中。

尾管的末端会或将会变得油腻。

尾气是黑烟。

火花塞的末端是黑色而不是灰色。

换掉密封环将纠正这个问题，但换电线不会。

当示踪剂被添加到油中时，示踪剂检测装置将在尾气中记录示踪剂的存在。

压缩测试将显示低压。

等等。

现在，D-N 模型被用来描述解释项和被解释项之间的关系。在这个案例中，至少它在描述解释项的能力方面远没有达到这个标准，除了要解释的事件，还有无数的蕴含后承——其中一些刚刚被描述——其中没有一个可以从 L_6-C_4 中推导出来。在这个案例中的解释——而且我敢打赌，在其他大多数情况下——是非常有推理生产力的，而且 D-N 模型不能比 ML 假设更能说明这个事实。这不是小问题：如果不是上述那种情况，即解释除要解释的事件外还有许多其他的含义，我们就不能用这种方式对它们进行测试。例如，如果机械师对我的车失去动力的解释已经被 L6-C4 所包含的信息穷尽，他就无法通过检查排气管末端、检测尾气等方式来评估他的解释力。

所有这一切直接进入了科学领域。例如，考虑帕金森病与亨廷顿病之间关系的以下解释。根据明克（Mink，1996）的观点，这些疾病是由同一组基本机制中产生的两种不同类型的功能失调引起的（图 7.1）。这些机制的功能是选择和执行特定的行为模式。简单地说，动作的决定是由大脑皮层做出的。当做出决定时，皮质发送信号到丘脑底核（STN）。丘脑底核引起 GPi 和 SNpr 的广泛激发，并且这些系统将抑制性输出投射到许多运动模式发生器上，同时大脑皮层向纹状体（尾状核/豆状核）发送更多特异性信号。该区域的某些神经元——相对于其所拥有的能力——具有选择特定运动模式以通过 GPi 和 SNpr 的局部抑制区域来执行的功能。当这些区域被关闭时，被它们禁止的运动模式开启（即解除抑制）。最终的结果就是执行许多运动模式中的一种。这通常发生在健康的人身上。

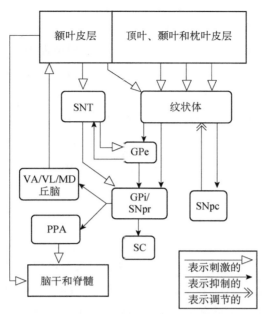

图 7.1 决定运动模式选择和执行的大脑皮层功能组件

经爱思唯尔（Elsevier）许可从明克（Mink, 2001）中转载

已知帕金森病或其至少一种变本涉及 SNpr 中多巴胺能（因此是抑制性）神经元的退化。正如我刚刚解释的，这些神经元的一个非常重要的功能是通过抑制所有的竞争性运动模式来防止其同时发生活动。因此，当这种全局抑制崩溃时，多个不一致的模式同时被激活，身体开始被锁定。另外，已知亨廷顿病涉及纹状体中神经元的损失，这些神经元中的一些具有选择性抑制 GPi 和 SNpr 区域的功能。因此，如果后面这些区域所采用的全局"制动"没有被有选择性地关闭，运动将变得非常困难。我们不会看到帕金森病的特征性肌肉同时收缩，而是——在疾病的后期过程，这里所讨论的特定神经元开始退化——运动失调或变慢，这是亨廷顿病的特点。

这是对模型的一种肤浅的描绘，但我们已经可以看到它有无数的含义。它涉及特定区域的局灶性刺激的影响，多巴胺前体（被代谢成多巴胺，并导致更大的量被释放到突触间隙中）分泌量增加的影响，选择性损伤对（或冻结）非人类灵长类中的这些不同区域的影响，以及在对未受损和（两种类型的）受损个体进行功能性神经造影时应当预期的不同的活化模式。我们一旦真正了解了模型的真实细节，就会发现这些含义只是冰山一角。

一个明显的事实是，用 ML 假设和 D-N 模型提出的陈述和规则，是无法表征我们关于对简单机械系统的改变后果的扩展知识的，更不用说克（Mink）所想的那么复杂的一个系统。无论这些机制是在我们眼前或仅仅是假设的，我们对这些机制的表征都是非常有益的。在科学中，这种推论生产力起着至关重要的作用：它使科学家能够确定理论的含义，并最终确定这些可观察含义；它能够对理论进行测试。[11]

7.3.3 小结

我从这一部分开始，指出我所认为的 D-N 模型的优势。优势之一是它通过提供对关于特定事件和规律的解释的统一说明，通过考虑预测和解释之间的对称性，并通过对解释的合理直觉的公正判断，满足了重要的哲学直觉。然后，我描述了遵守 D-N 模型原则的案例会导致我们将真正的解释归类为非解释，反之亦然——也就是说，我解释了限制性条款问题、旗杆问题和解释性输入问题。最后，我解释了 D-N 模型没有心理可信度与 ML 假设没有心理可信度的原因相同，这导致了对过度简化问题的讨论。这些就是我所认为的 D-N 模型的主要优点和局限性。

在第 8 章中，我将展示存在另一种解释模型，它有相同的优点，但没有类似的缺点。但是，首先让我简要地讨论 D-N 模型的三个最有名的替代方案。

7.4 D-N 模型的建议替代方案

对其他解释模型的认真批判，至少要像对上述 D-N 模型的批判一样彻底，至少要讨论他们如何处理 D-N 模型的各种反例。但由于我的主要目标是提供我自己的替代方案，所以我将放弃这样一个详细的分析。但是，我会提出是什么让我发现我对他们不满意。

7.4.1 覆盖律模型

亨佩尔（Hempel，1965）试图用一个密切相关的归纳统计（I-S）模型来补充原始的 D-N 模型，以解释基于统计规律的对特定事件的解释。[12] 在两个模型中，解释都是根据对描述规则的陈述和（如果需要的话）具体条件的推理得到说明的，无论这种推理是演绎的还是概率的。这个更具包容性的覆盖律模型可以（人们希望）让人理解涉及概率性规则的解释。比如说，为了解释为什么乔治很快从链球菌感染中恢复过来，要涉及乔治服用了青霉素这一事实（C_5），并且进行了青霉素治疗的大多数链球菌感染患者都会迅速恢复（L_8）。在 I-S 模型中，这种解释的强度是所引用的规则强度的函数，且截断概率大于 0.5。

许多人坚决驳斥这种观点，他们举了梅毒-轻瘫的例子，其中有一个事实，即丹患有梅毒的事实解释了他的轻瘫，即使未经治疗的梅毒患者会发展为轻瘫的可能性接近 0.25。我已经注意到，对于我们所谓的"真正的解释"，甚至是"有用和有启发性的部分解释"，我们应该保守一些。再一次，由规则包容提供的所谓解释告诉我们的唯一事实是，丹患了轻瘫是因为他属于可能患有轻瘫的人群。"为什么丹患有轻瘫（而非没有患有轻瘫）？"对于这个问题几乎没有给出令人满意的答复。正如我所承诺的，关于这个话题我会在第 8 章中谈得更多。

统计解释的 I-S 模型也被困扰着 D-N 模型的许多相同问题所困扰。例如，上面已经建立了许多描述假定的确定性规则的陈述，如果没有完整的限制性条款，显然就是错误的。亨佩尔（Hempel，1988：153）解释称，统计规律在这方面的遭遇并不好，因为为了确定正确的概率，我们必须确定外部因素干扰所讨论规律性的频率。而且，亨佩尔指出，即使我们可以暂时地描述这些概率，这样的描述本身也很快就会在无数的限制性条款前显现出来。[13]I-S 模型在解释性输入问题或过度简化问题方面也没有更好的表现。

7.4.2 统一性策略

根据菲利普·基切尔（Kitcher，1989）的说法，解释就是统一。更具体地说，当我们认为（a）把我们的一个信念作为其结论，而且（b）实例化了一个论证模式，该模式来自允许用最少的模式数量来推导最大数量的信念，这时我们就有了一个解释。

  基切尔对照 D-N 模型存在问题的标准案例测试了他的模型，发现它能够正确地将案例分类。尽管如此，它还是受到了一些严重的限制。首先，与萨尔蒙的观点（第 7.2 节）一样，从基切尔的观点中，很难看出对于一个特定的事件如何可能有多个相互竞争的解释。例如，有很多方法可以解释为什么一个"喵"的声音恰好是从我的衣柜里发出的。在没有任何进一步的背景知识的情况下，最明显的解释是，我的猫不知怎的被困在衣柜里，因为想逃离而喵喵叫。不过明显还有很多其他的解释。例如，可能是有人用磁带录音机跟我恶搞，也可能是我的妻子已经学会了口技，或者可能是我的大脑出了问题。在这个案例中，以及在其他任何可以想出的案例中，很明显解释事件的方式有很多种。虽然基切尔的框架在帮助我们确定为什么这些解释比其他解释好这方面是有用的，但是他的方法并没有告诉我们是什么使它成为真正的解释。实际上，在基切尔看来，其中只有一个是真正的解释——即满足他的标准（a）和（b）的那个。因此，不管它（基切尔的框架）如何处理案例的标准界限，都会显得过于保守，因为它把绝大多数真正的解释（只要通常有多种对给定事件进行解释的方式）归类为非解释。基切尔的模型也包含了一个"解释就是演绎"的变体。虽然他认为这只是故事的一部分，但仍然受到限制性条款和过度简化问题的困扰。

7.4.3 萨尔蒙

  萨尔蒙关于解释的早期立场是，对特定事件的解释是统计上相关事实的集合——粗略地说，所考虑的事件发生的可能性（所有其他条件相同）的存在或不存在的事实是不同的。例如，某人在患有梅毒的前提下患有轻瘫的可能性，与他在未患有梅毒的前提下患有轻瘫的可能性之间还是有区别的。因此，未经治疗的梅毒患者在统计上与有轻瘫有关。萨尔蒙辨别统计相关事实的方法只是米尔（Mill）推断因果关系的方法的延伸，它受同样的限制——例如，该方法不是指向事件的起因，而是有时指向该事件结果或两个事件的共同原因的结果。出于这个原因，萨尔蒙认为，解释的真正工作（尽管可能犯错）是由这些不同概率的因果因素所完成的。因此，萨尔蒙（Salmon，1998）后来声称："不同类型事件之间的统计相关性的因果关系或理论解释展示了这些规律适合世界因果结构的方式——它们之间引起统计相关关系的因果关系的展示。"因此，从这个观点来看，尽管对轻瘫的解释的寻找可能从认识到未经治疗的梅毒患者与轻瘫有统计学相关性开始，但是直到未经治疗的梅毒患者与轻瘫之间的因果关系（用萨尔蒙的话说）被展示出来之前，我们不会有对轻瘫的解释。当然，这给出了以非循环的方式说明因果关系，以及萨尔蒙后来的大部分职业生涯都致力于寻找解决这一问题的方法（见 7.3.1.2 节第 2）部分）。

萨尔蒙对类似梅毒-轻瘫案例的分析当然与我的观点一致，即 7.3.1.1 节所述的观点——也就是说，仅仅知道丹属于可能患有轻瘫的人群，不足以解释为什么丹患有轻瘫而不是相反。萨尔蒙的观点是（或者鉴于上述陈述，至少应该是），缺少的成分是引起统计相关关系的梅毒和轻瘫之间因果关系的"展示"。虽然我赞同这个观点，但是由于我在 7.2 节中所描述的原因，我对萨尔蒙认为解释不是心理的这个观点不以为然。我也不赞同萨尔蒙完全拒绝解释是推论的观点（这只是解释不是心理的观点的必然结果）。正如我在 7.2 节中提到的那样，很显然，我们经常意识到并因此被迫衡量一个给定事件的多个竞争性解释的优点。每一个这样的解释都为我们提供了理解某一事件发生的一个可能途径。当解释完全充分时，它们会以这样一种方式蕴含事件的发生：如果事件的顺序被颠倒过来，它们（至少在原则上）同样可以作为事件预测的基础。为了检验相互竞争的解释，我们经常需要确定它们（除了我们感兴趣的事件）有什么蕴含后承，而且为了在看似抵消的证据面前坚持下去，我们要依靠我们对这些蕴含后承的无数种合格方式的了解。所有这些都表明，解释是丰富的推理，在我们的认知生活中起着非常积极的作用。任何可行的解释模式都应该公平地对待这个事实。特别是，人们应该明白，解释给我们提供的理解的具体类型是什么，以及如何能够执行他们所做的各种推理功能。

尽管萨尔蒙反对，但事实上他与 D-N 模型的支持者一样，不再否认解释的本质是心理的。尽管萨尔蒙（Salmon，1998）对心理学的解释模型表示了反感，但他也提出了这样的主张："我认为，对结构的产生和传播机制的*认识*产生了科学的理解，而这正是*我们所寻求*的解释问题的答案。"（强调是本文作者增加的）。还有这个主张："对一个事件的解释涉及展示这个事件，因为它是嵌入在其因果网络的，且（或）*展示了其内部因果结构*。"（Salmon，1998：139；本文作者）。在这些方面，我完全同意。我们所寻求的是，通过其产生机制的信念而对事件的理解。但是，人们想知道，如果对这些机制有了认识或信念，但没有对它们进行表征，那意味着什么呢？而且，如果不根据这些表征做出推断，那么我们是否知道这些机制如何产生相关事件或规律呢？同样地，假设解释不需要说明，如果不表征自己的因果关系的话，那么"因果联系的展示"或"展示其内部因果结构"意味着什么呢？

在我从萨尔蒙的著作中得到的结论来看，他认为解释不是推理性的主张，似乎与他对 D-N 模型所宣称的那种推理不符合"展示"事件机制的任务的认识是有关的。因此，他关于解释的反推理主义，可能是他无法想象其他形式的推理也能完成任务的结果。因此，他被迫拒绝这种推理的观点，转向了难以抗拒的且是不一致的观点，即认为解释涉及*机制如何产生事件和规律的知识*。

还有些人不通过诉诸推理来反对这个指定问题，即提供理解和启发的机制的知识或信念到底是什么。例如，马克莫（Machamer）等将解释和机制描述等同起来，并提出："机械论解释提供的理解可能是正确的或不正确的。无论怎样，解释都呈现了一个可以理解的现象。机制描述显示了事情多么有可能、多么可信，或事情是如何工作的。可理解性不是来自于解释的正确性，而是来自解释项（设置条件、中间实体与活动）与被解释项（终止条件或待解释现象）之间的阐释关系……"（Machamer et al.，2000：21）。我当然同意这个建议，即解释涉及机制而且可能是不正确的。[14]但是，像萨尔蒙的"因果关系展示"一样，这个"阐释关系"是相当神秘的，除非我们使它涉及机制是如何导致事件和规律的心理表征（对此人们可以容忍马克莫等提及的任何态度）。

在这一点上，你们至少应该了解我的意思了。它可以简洁地表述如下：我们可以在不拒绝解释的推理观点的情况下拒绝 D-N 模型。展示或展示机制的意义首先是为了维护这些机制的内在认知模型。在第 8 章中，为了证明这个建议的合理性，我将评估它在上述案例和问题方面的表现。

8 模范模型

在本章中，我提出了一个解释模型，其核心的特别论点是，对事件和物理规律的解释是由产生它们的机制的内在认知模型构成的。从本质上讲，我所提出的提议类似于亨佩尔和奥本海姆已给出的描述，用自然语言表征的语义对应物取代自然语言表征，并用前演推理来取代演绎推理（推论）。通过捍卫这种模式，我表明它可以解决第 7 章中给 D-N 模型带来麻烦的所有问题。

8.1 引　　言

有一个关于 D-N 模型如何得到广泛接受的故事，我觉得特别引人注目和有启发性。它大致如下：我们所了解的科学，起源于伽利略、开普勒等在天文学和天体物理学方面的工作，并与牛顿一起造就了一个巨大的飞跃。由于这些科学似乎是解释性成功和预测精度的典范，许多人立即受到鼓舞，并试图在其他领域重复这些成就。然而，每个人都相信，物理学是柏拉图式的纯粹的科学，因此，通过对这个最完美例子的分析，最容易准确地获得对科学的正确理解。科学哲学家最终发现，物理学涉及对逻辑结构可以用普遍量化的条件来表征的规则网络的建议和测试。这些条件的前提指定了对象的属性，其结果包含数学方程式，用于指定具有这些属性的系统的行为（Giere，1988）。牛顿的万有引力定律可以用下面的逻辑和数学形式来表征 [1]：

$$(x)(y)((Mxs \& Myt) \rightarrow (F_{xy}=Gst/d^2))$$

当代物理学家可以说对数学规律有着更独特的兴趣。然而，当人们爬上抽象层次的梯子时，就会发现自己面对着这种理想形式的越来越少的反映。因此，科学哲学家认为唯一真正配得上"科学"这个称号的领域就是那些发现了真正规则网络的领域（3.1.2.1 节讨论的对限制性条款问题的通常反应只是这一趋势的一个例证）。此观点认为，科学只包括几个领域。毫不意外，这有时会使得所谓的特殊科学的实践者产生自卑和羡慕的感觉。

有些人希望使我们相信，从物理学的例子中可以找到其他的教训。例如，如果物理学家是工具主义者，那么我们都应该是工具主义者；如果物理学家否认科学使我们更接近真理，我们也应该如此；如果物理学只是预言（而不解释），其余的科学也应如此，等等。本章的目的之一就是开始消除这个根深蒂固的神话，即其他科学的哲学应追随物理哲学的发展。在第 9 章末尾，我将证明，就其给出真正启蒙的能力而言，即为我们的问题提供答案——特殊科学和日常生活提出的解释构成了当代物理学无法实现的真正理想。为了开始这个逆袭的过程，我将首先提出并捍卫关于这种启蒙源头的特殊模型，我称之为*模范模型*。本章的主要目标是证明模范模型能够满足我们关于日常生活和特殊科学所提出的解释的哲学和元哲学直觉。

8.2　模范模型的基本原则

该模型的核心论点是，相对于兴趣的背景，当且仅当人们拥有可能产生事件或规律的机制的内在认知模型时，人们对事件或（物理）规律性就会有一个解释。[2]正如我在第 3 章中提到的那样，什么是对特定事件或规律的解释，取决于个人的兴趣。例如，从进化的角度来看，如果有人想知道为什么一棵特定的树拥有它自己的那种特殊树叶，那么将树的 DNA 与树叶的形状联系起来的机制模型本身并不足以回答这个问题（如果 8.3.4 节和 8.3.5 节中提出的要求是正确的，那么这样的模型甚至是不必要的）。只有一个具体的、长期的演化过程模型才可以。因此，虽然 DNA 描述是以自己的方式提供了启发性，但它不提供我们正在寻找的那种启示。在这里，我不会提供任何关于如何表征兴趣的理论。[3]我宁愿把重点放在从解释项到被解释项的核心过程上。

如果模范模型是正确的，那么这种推理就采用了 ICM 的形式来表征具体机制如何产生事件或规律性。正如单纯的物理学研究人员所说的，典型的策略就是让个人创造世界的认知模型，并"运行"这些模型来解释各种物理系统的行为（Chi et al.，1982；De Kleer and Brown，1983；Disessa，1983；Larkin，1983；Norman，1983；Schwartz，1999；Hegarty，2004）。

有一些外围的案例会带来一些小困难。例如，我把它称为典型的策略，因为可能存在一些案例（例如，静态属性的某些分体论解释[4]），即人们可以通过创建一个 ICM 来解释事物各部分的静态属性如何产生更高级别的静态属性（即人们不需要"运行"模型）。同样值得注意的是，在这个语境及其他语境中的"产生"并不意味着因果关系。因此，在下文中我会让"产生"（produce）这个动词的范围比"引起"（cause）这个动词的范围更广。[5]如果你认为自己对这种因果关系感到焦虑，在本章我将讨论"因果生产关系的表征是什么"这个重要问题，这也许会使你平静下来。

正是考虑到这些警告，我认为对事件和（物理）规律的解释是由特定机制产生它们的方式的内在认知模型构成的。我认为，这是理解萨尔蒙（Salmon，1998：325）所说的"对一个事件的解释涉及*展示*该事件，因为它是嵌入在因果网络且（或）*显示*其内部因果结构的"唯一的方法（强调是本书作者增加的），以及马克莫等（Machamer et al.，2000：21）所说的解释涉及"解释项（设置条件、中间实体和活动）与被解释项（终止条件或待解释现象）之间的*阐释关系*……"（强调是本书作者增加的）。要理解为什么或如何，而没有一个关于机制如何产生事件或规律性的内在认知模型的话，我们就完全是盲目的。

8.2.1　模范模型的形而上学优点

模范模型具有与 D-N 模型相同的元哲学价值（7.3.1.1 节）。首先，它提供了对规则和特定事件的解释的统一说明。要了解模范模型是如何描述我们解释特定事件的能力的，请考虑如何解释这样一个事实，即转动一个特定的口香糖机的旋钮会导致一个口香糖的出现。[6]一个合理的但明显难以描述的建议是这样的：有一个轴把旋钮与一个有口香糖大小的凹槽的圆盘连接起来；由于装置顶部容器中的口香糖被输送到末端圆盘的开口中，当曲柄转动时，槽口与开口对准，并且单个口香糖被送入槽口；随着手柄的继续转动，口香糖从圆盘的顶部通过一个半圆弧被运到底部，直到它到达一个滑槽的开口处，然后落入滑槽并滚动直至到达出口。D-N 模型的支持者会声称，我们通过从一组描述各种规则和特定条件的陈述中来推断描述了该事件的陈述，以此来解释口香糖的出现。相反，我的观点是，我们通过构建机器内部假设的内在认知模型，并通过改变模型（即在心理上旋转旋钮）直到我们拥有想解释的事件的表征，以此来解释口香糖的出现。

模范模型提供了一个关于我们如何解释规则的简单方法。例如，假设需要解释的是这一事实：每当曲柄只转一半时，口香糖就出现了。在这种情况下，我们可以修改我们的初始模型，使得圆盘的两侧有两个槽口。这个新模型意味着每转半圈就会出现一个口香糖[7]，而这正是我们试图解释的规律。[8]同样，如果容器中装满了绿色、红色和蓝色均匀混合的口香糖，人们会预计在曲柄旋转多圈之后，出来的口香糖中大约三分之一会是蓝色的。[9]

模范模型也满足了这样的直觉，即有一种预测形式是解释的反面，而两者之间的区别只是引入现象和事实/理论的时间顺序。在上述关于口香糖出现的解释中，我们可以根据我们的内在认知模型来理解为什么这个事件是可以预料的。因此，如果遇到了用同一个模型预先装好的口香糖机，我们可以很容易地预测到转动曲柄会导致口香糖的出现。与 D-N 模型一样，模范模型根据两个过程共有的不变流程来解释预测和解释之间的关系。当然，只要我们牢记第 7 章中描述的合理的注意事项，对称性就可以得到满足：只有在解释足够充分的情况下（即对事件发生的解释必须代表满足的条件），它才足以作为预测事件或规律的基础，而且对称性只有在预测源于单调（即 exductive；参见 5.3.2 节）推理的情况下才能实现，这种单调推理是关于条件如何产生事件或规律性的。

最后，模范模型承认推理在解释过程中的中心作用。只有当我们能够推断出所讨论的事件或规律性是可预期的时候，我们才能得到这种"啊哈"的感觉，一种真正的理解和被启发的感觉，因为我们所了解或相信的系统的其他方面，与 D-N 模型一样，为多种竞争性解释留下了空间。

8.3　解决困难问题

事实证明，模范模型还有许多其他优点。首先，它可以轻松处理第 7 章讨论的所有困扰 D-N 模型的实际问题。更具体地说，我们调整引入这些问题的顺序，这不但在心理上是可信的，并且提供了一种对给 D-N 模型带来了很多麻烦的案例进行分类的合理方法。

8.3.1　心理可信度

解释是由关于机制系统行为的推论构成的。如果一个人的解释模型是基于这种推理的认知基础的可信模型的话，那它至少是可取的。我们已经看到推论模型在这方面的表现相当糟糕，它们明确地规定了控制对象的空间和动态属性的原则，从而成为臭名昭著的框架问题的牺牲品。我们现在也知道，通过对比例模型的认知对立物的包含和操作来实现机制推论的提议，不仅仅是一个解释性的隐喻，因为该提议被赋予了一个非隐喻性的解读，将它与 ML 假设区分开来，同时保持了与大脑基本事实的兼容性（例如，头脑中不存在真的比例模型）（第 6 章）。事实上，由此产生的 ICM 假设是唯一对框架问题表现出免疫力的机械推理。因为解释是由机制推理构成的，所以唯一在心理上可信的对解释的描述就是，对事件和（物理）规律的解释是由负责产生它们的机制的内在认知模型构成的。换句话说，唯一合理的解释模型就是模范模型。由于内在认知模型对预测和资格问题的免疫性为被大量讨论了的限制性条款问题和较少讨论的过度简化问题提供了一个统一的解决方案，所以模范模型得到了更多的支持。

8.3.1.1　限制性条款问题

限制性条款问题源于我们所拥有的一种知识，即能够防止获得特定类型的变化后果的无数条件的隐性知识——而且我们在做出预测和解释时依赖于它，但其基于演绎的单调推理方案无法表征。当面对 7.3.1.2 节第 1）

部分中关于钟乳石形成的假定规律的例子时，许多人最初的和最终的反应是，规律性在"正常"或"理想"的条件下成立。然而，正如我们所看到的，这种反应对 D-N 模型没有帮助，因为没有描述这些条件是什么的好办法。对这种理想条件的明确描述，必须包括对为了特定的规律性而必须获得或排除的无数条件的描述。

如果解释是由基于 ICM 的前演推理（exduction）构成的，那么我们可以很容易地理解这样一个事实：我们拥有这样一种开放式的知识（即对会产生特定效果的变化条件的了解）。例如，考虑一下我们之前关于转动曲柄之后口香糖会出现的解释。模范模型认为，我们知道基于 ICM 的前演推理，该事件是可预期的。具体来说，基于我们对机器内部工作的 ICM 操作，我们知道如果旋钮旋转，某些限制性条款被满足，滑槽后面就会出现一个口香糖。增加限制性条款，是因为如果无数条件之一被满足，那么所有的预测就都不算数了。我们可以这样描述这些限制性条款：

> 这不是机器内部的温度过高以至于口香糖变得非常黏稠的情况。
> 这不是连接旋钮和圆盘的轴不能承受负载（如因为生锈、由甘草制成等）的情况。
> 这不是圆盘有一个锯齿状的边缘致使槽口被卡住的情况。
> 依此无限类推。

然而限制性条款不需要被明确表征。如果我们的推理是建立在对内在认知模型操作的基础之上的，那么就像对外部比例模型的操作的推理一样，这些推理都隐含地以无数这些方式被限定（参见 6.4.4.1 节第 1)部分）。也就是说，与外部比例模型一样，如果我们以上面列出的任何方面改变口香糖机运作方式的 ICM 模型，我们将得不到规律（有着更进一步的限制性条款）。

因此，模范模型能够解释我们对无数限制性条款的隐性知识。[10] 由于 ICM 的推理生产力及其随之而来的体现无数限制性条款的隐性知识而无须明确地表征它们的能力，我们可以用 ICM 表征理想条件而不必详尽地描述为了特定的规律性而必须获得的所有条件。[11] 这样一个理想化的维持规律性机制的 ICM，使得人们拥有了关于规则的无数破坏者的隐性知识。

我们所了解的有关钟乳石形成的规律也可以这样解释。我们对这种规律性能否获得的条件的知识太广泛，不能被明确描述，然而我们依然拥有这种知识。[12] 如果模范模型是正确的，那么我们对规律性的获得条件就由钟乳石形成过程的内部 ICM 决定——例如，有些挥发性的、含矿物质的液体通过岩层顶部泄漏、蒸发，留下少量的矿物，等等。只要简单地通过改变 ICM（例如，通过在 7.3.1.2 节第 1）部分中描述的任何一个方面改变 ICM），就可以根据需要从这个模型中获得会破坏规则的条件的知识。

这是一个非常重要的结果，正如我们所看到的，限制性条款并不是科学事业的旁观者。科学家们对无数限制性条款有着隐性的知识，这些限制性条款描述了其推论的特征，这就是为什么他们在面对其他不确定的证据时，还能够坚持自己的理论。隐喻地说，科学事业依赖于这个过程，以便通过解释空间来使其保持在正确的轨道上，从而避免钻牛角尖（见 2.6 节）。事实上，在我们的日常生活中限制性条款也同样活跃，即所谓的"通过解释来消除（explaining away）疑问"，否则伪造证据就成为常见现象。因此，我们不应该拒绝一个可行的解释性推理模式，而是要容纳限制性条款的重要性。就我所知，模范模型是唯一这样做的解释模型。

这些发现也有助于消除这种质疑，即科学必须产生无例外的归纳，因此特殊科学只是名义上的科学。而且，如果在这种情况下对于框架问题只有一个可能的解决方案，那么模范模型可以说是我们默认的，但是必不可少的关于无数限制性条款的知识的唯一可能的解释。鉴于任何解释模型都必须说明这一知识，我们发现自己处在一个合理的先验论证的风口浪尖上，其结论是模范模型是唯一可能的对解释的说明。至少，在认知科学中的某个人找到了解决资格问题的另一种方式之前，模范模型肯定是当前唯一值得重视的解释模型。

8.3.1.2　过度简化问题

我们在 7.3.2 节看到，由 D-N 模型提供的装置不能表征我们关于机制系统的变更后果的知识的程度，即使这些机制系统非常简单，更不用说那些科学家们感兴趣的复杂系统。例如，我们看到，正如无数的预测所证明的那样，我的机械师关于车辆失去动力的理论比 $L_6\text{-}C_4$ 所表达的还要多得多，而这些预测无法从这些语句中得到有效推断。类似地，上述关于口香糖出现机制的理论具有多重含义（例如，考虑用砾石代替口香糖或口香糖大于槽口，或将一个细金属棒的末端推入容器的底部转动曲柄等行为的效果）。出于同样的原因，ML 假设被预测问题困扰，D-N 模型被过度简化问题困扰。解释往往有无数的蕴含后承（当然，每一个都受到无数的限制）。D-N 模式要求不可能完成的事情，它要求明确阐明这些蕴含后承。相比之下，模范模型为过度简化问题提供了一个非常简单的解决方案。由于解释是由 ICMs 构成的，所以它们具有生产力（见 4.3 节和 6.5 节）。因此，无数这些暗示中的任何一个都可以根据需求而得到，而且是"免费的"，只需操作模型即可。

就像我们对无数限制性条款的隐性知识一样，我们对解释的无数蕴含后承的隐性知识在科学事业中起着明显而积极的作用。这是可检验预测的源泉。因此，一个适当的解释模型不仅要解释解释项和被解释项之间的推理联系，它还必须捕捉解释项与可检验的无数蕴含后承之间的推理联系。再一次，模范模型是唯一能够做到这一点的解释模型，因此（至少在认知科学中的某个人对预测问题提出不同的解决方案之前）这是唯一值得重视的模型。

8.3.2　解释性导入问题

如果 D-N 模型是正确的，那么仅仅是包含事件的规则就足以解释事件。然而，我们可以从描述规则和具体条件的陈述中推断出对一个事件的描述，同时仍然不知道事件发生的原因。举例来说，如果我们知道的只是 glubice 是一种散发热量的物质，而一个物体是由 glubice 构成的，那我们就不会明白为什么该物体会发热。

萨尔蒙声称，就像在旗杆案例中一样，在这一个案例中最重要的东西是因果关系（Salmon，1998：129）。然而，我们已经看到，因果关系不能成为唯一缺失的因素，因为因果规律同样可以没有解释性导入（7.3.1.3 节）。这也不是日常生活中所提出的解释的特点。首先，这对特殊科学中的解释也是明显成立的。例如，对钟乳石存在的解释不仅仅涉及假定的事实，即水通过岩石渗入洞穴空间导致钟乳石形成，因为它还没有告诉我们为什么钟乳石会形成。物理学中所提供的解释也需要更多同样的东西。事实上，亨佩尔和奥本海姆从一开始就这样怀疑。例如，关于温度上升和恒定压力下气体的膨胀，他们首先注意到这个事件可以通过气体定律或热力学理论来解释（Hempel and Oppenheim，1948：147）。不久之后，他们指出：“人们常常认为，只有发现微观理论才能真正科学地理解任何类型的现象，因为只有这样才能让我们*洞察现象的内在机制*”（Hempel and Oppenheim，1948：147；强调为作者所加）。福多也得出了这个结论（见2.3 节）。要得出解释，就是要有对可能产生事件或规律的机制的“洞察力……”。模范模型的一大优点就是它使我们能够避免这种难以预测的情况（8.2 节所引用的那种），因为它提供了一个清晰的方式来理解这种洞察力究竟是什么；它使我们以解释性洞见审视解释性见解。

8.3.3 旗杆问题和因果关系

从旗杆的高度和方向，以及影子的长度可以推导出太阳的位置，所以D-N 模型引导我们将这些推论归类为对太阳位置的解释。相比之下，模范模型提供了一个直观的方式来满足这样一个直觉，即事实上这不是一个合理的解释。首先请注意，几乎任何人，包括那些从未学过数学的人，都可以从旗杆的高度和方向，以及太阳的位置来解释阴影的长度。如果模范模型是正确的，那是因为我们能够构建一个 ICM，来说明太阳的位置和旗杆的方向如何产生我们所观察到的阴影的长度和方向。[13] 因为我们不能构造一个 ICM 使得阴影和旗杆产生太阳的位置，所以我们无法用前者来解释后者。

这是对旗杆问题的简短回答。然而，还有一个问题要澄清，即关于我们模拟机制如何产生事件和（物理）规律的意义。在我看来，要理解它的意义，即理解一个机制如何产生一些事件或规律的内在认知模型，只需要考虑一个机制如何产生事件或规律的（外部）内在计算模型的意义就够了。正如我们所看到的那样，内在的计算模型——如有限元模型——是由非常简单的建模元素组成的媒介所构成的，这些元素被限制在有限数量的、数学可指定的方式中运行 [14]（见 6.4 节）。通过这样的媒介可以构建像比例模型那样的物理系统模型，而表征变更的副作用将自动反映表征系统变更的副作用。再一次，正是因为这个原因，无数变化的后果不需要被明确规定。然而，与当前目的最相关的是控制原始建模元素动态约束的性质。被建模的系统表征在控制构件的基本约束的规范（也许在此之前）处将触底反弹，因为通常不存在（如果除计算易处理性外没有其他原因）关于这些原理为什么是这个样子的更进一步的表征（即对生成它们的基本机制的表征）。[15]

关于有限元模型的这一事实的一个例证是由我母校——伊利诺伊大学香槟分校——的大气研究人员与美国国家超级计算应用中心合作开发的超级龙卷风（即 F4 和 F5 型龙卷风）进化模型。这些研究人员面临的问题与医学研究人员面临的问题非常相似，如为什么有 25%的未接受治疗的梅毒患者会患轻瘫，而其余的则不会："科学家们知道最强的龙卷风是由一种被称为超级胞（supercell）的特定类型的旋转雷暴所产生的。超级胞的旋风会产生龙卷风。但并不是所有的超级胞都会导致龙卷风，而且并不是所有的龙卷风都会成为超级龙卷风。事实上，只有 20%~25%的超级胞会产生龙卷风。为什么有些风暴会产生龙卷风，而另一些则不会产生龙卷风——为什么一些龙卷风会变为异常强大的超级龙卷风——这个问题尚无答案。"[16] 与所有其他的产生某种事件或规律的过程的计算模型（例外情况可能是传统的 AI，但请参阅 1.2.3.2 节）类似，这是一个关于特定事件状态的有限元模型，它由大量简单的建模元素构成，这些元素被限制在有限数量的、数学可指定的方式中："该模拟从描述龙卷风产生之前的天气条件——风速、大气压力、湿度等——数据开始，测量点间距为 20米至 3 公里。从这些初始变量开始，求解描述大气流量变化的偏微分方程。这些方程的数值解在超级胞形成并产生龙卷风的情况下，以小的时间间隔运行两到三个风暴小时（storm hours）。虚拟风暴诞生了。"[17]

如果模范模型是正确的，那么计算机建模的基本原理——尽管克服了许多限制方式——只相当于人类对事件和（物理）规律的解释的概括。[18]像有限元模型一样，关于机制如何产生事件和规律性的内在认知模型是建立在未解释的规律的基础之上的——也就是说，它们是根据未解释的规律来实现的。

在进一步讨论之前，我应该指出，这并不意味着模范模型只是变相的 D-N 模型。第 6 章的主要教训是，即使一个建模媒介完全是用外在的、句法的表征之间的推论关系来实现的，但是这样的媒介仍可能被用来实现内在的、非句法的表征和前演推理过程。这对于科学哲学来说是一个非常重要的结果，因为像我这样的人会认为，至少在特殊科学中，解释是根植于机制而不是规则的（Salmon，1984；Bechtel and Richardson，1993；Glennan，1996；Machamer et al.，2000）。然而，仍然存在一个挥之不去的合理（在缺乏有说服力的答复的情况下）担忧，即这种观点可能只是伪装的 D-N 模型，[19] 因为在开始描述机制是什么以及它们是如何工作的之后不久，人们就会根据规则来谈论问题。[20] 就目前的机械论解释而言，我们终于能够理解其独特性，同时也满足了直觉，即机制的解释依赖于规则的基础。

如果模范模型是正确的，为了说明并介绍一个有关多种多样的规则表征方式的重要事实，让我们再次考虑明克的模型（7.3.2.1 节），即为什么某些对基于运动模式的选择和执行机制的改变会引起与帕金森病和亨廷顿病有关的行为。例如，已经证实，SNpr 中的亚胺能神经元的退化伴随着帕金森病的症状——并且由于上述原因，一些人认为这是诱发该病症的原因。明克的模型标志着我们理解这种规律成立原因的能力的一大提升。但是，为了理解明克的模型，人们必须能够从心理上表征各种原则。要理解这个模型，就需要具体表征基本的几何和动力学原理，以及其他一些原理（例如，丘脑底核中的活动引起 GPi 和 SNpr 的广泛激活）的能力，这些原理源于实验室经验或使其成立的机制的知识（如连通性、神经递质等知识）。

如果模范模型是正确的，那么正如我在 6.5.5 节中所解释的那样，第一类知识被纳入一个内在的认知模型中，这个模型是关于凭借控制了虚拟材料的原始约束的机制是如何产生规律性的，而且后一种知识被明确地表征出来（就像对 ICMs 的改变一样）。例如，明克可能会从下丘脑核中的活动会导致 GPi 和 SNpr 广泛激活这一事实中获取知识。[21] 然而，为了从他的模型的基本原理推理到 SNpr 中多巴胺能神经元退化行为的后果，他（和我们一起）可以（并且我们都会被建议）采取一个心理捷径，明确地表征这个规律性（而不是考虑低级机制如何维持它）。重要的是，这些说法并不意味着模范模型只是伪装的 D-N 模型。同样，我们相信能够根据外部比例模型所表征的系统来改变它们，并不意味着比例模型本质上是句法的（6.5.5 节）。对内在认知模型的运用使我们能够理解模范模型的独特之处，而不需否认所有的解释都依赖于规则或规律性基础这种合理的直觉。[22]

现在让我们重新讨论一个重要的问题：我们拥有机制如何产生事件和（物理）规律的内在认知模型，并且让我们专注于具体案例（如旗杆案例），在其中"生产"一词似乎有一个因果内涵，这种观点意味着什么（另请参阅 8.2 节）？让我们暂时将如何表征引出原则和派生原则这个问题加上括号。如果模范模型是正确的，那么关于一个事件如何引起另一个事件的表征是由内在认知模型构成的，这些内在认知模型以这样的方式工作，即表征（作为 ICMs 的变更或起始条件）首先出现的事件（如转动口香糖机的曲柄），对于第二个事件（如滑道中口香糖的出现）的发生是必要和充分的。[23] 引用你们现在已经熟悉了的俗话，ICM 把第二个事件的表征作为第一个事件的表征的"自动"结果，只需通过构建模型，并以所考虑的方式改变模型使后果呈现出来，就可以"免费"获得。

为了使引出原则或派生原则的外在表征（甚至是特定事件的外在表征）起作用，我们可以说，一个事件如何引起另一事件的表征是由内在认知模型构成的，结合 ICMs 的某些引出原则或派生原则的外在表征，表征（即作为 ICMs 的变更或起始条件）首先发生的事件（如 SNpr 中的多巴胺能神经元的退化）是表征第二个事件（如帕金森病症状的发展）的充分必要条件[24]。当然，粗略地说，人们的解释越是依赖于把不能从人们对生产机制的认识中导出的原理和事件的外部表征与 ICM 结合起来，解释就越肤浅。在后文中我会对此有更多的讨论，但是首先让我完成目前的调查线索。

这个构想至少非常接近于满足我们的直觉，这个直觉是：为什么转动曲柄会导致口香糖出现在门后，或者 SNpr 中多巴胺能神经元的退化如何引起帕金森病的症状，对这一类问题的表征意味着什么。[25] 为了当前的目的，最重要的是我们要能够通过对单纯的规律性的表征，搞清楚拥有因果关系的 ICM 意味着什么。这一点很重要，因为我们在这里试图解决的问题与萨尔蒙的问题非常类似。他试图对因果关系的形而上学进行非循环分析，而我们在这里要求的是对因果心理的非循环分析。由于内在认知模型被假设为与有限元模型的功能非常相似，因此尽管事实上我们需要考虑到我们经常依赖于那些远离基础物理的原理，但这最终将会是一个非常简单的任务。

我们已经看到，在心理上表征一个事件如何引起另一个事件意味着什么，但是人们可以相信一个事件引起另一个事件，而不需要能够表征事件的发生。我认为，相信一件事引起另一件事就是相信存在一个前者产生后者的机制[26]，相应地，当一件事引起另一件事的感觉消散的时候，我们就不再相信这种机制存在。[27] 例如，如果每次我大声喊叫时 glubice 都会发光，我可能会相信有一种机制使得我的喊叫引起了发光。然而，如果一个朋友告诉我，有电线连接到 glubice 的底部，并向我解释，这种相关性只是他父亲在几层楼下打开和关闭实验室电路的偶然结果，我关于有一个机制使我的吼叫导致了发光的信念必将开始消散。而且，随着我对这样一个机制的信念的消失，我关于我的喊叫导致发光的信念也会消失。

8.3.3.1 休谟的心理还原

这些结果与休谟的论点表面上类似，但本质上却非常不同。休谟认为，我们关于因果关系的思想还原为了——根据我们的经验——期望某些现象会遵循其他现象的习惯（Hume，1748/1993：54，55）。休谟理论的缺陷是对我们的前演推理能力不够重视。要看到这一点，我们要注意到其观点的一个必然结果，即没有任何新的预测可以产生，因为所有的预测是基于该事件过去的经历。休谟这样说："对于相似的原因，我们期待相似的效果。这是我们所有经验结论的总和。"（Hume，1748/1993：23）实际上，莱布尼茨（Leibniz，1705/1997）在批评洛克的联想主义时已经明确了这种观点的弱点（参见 1.1 节）。正如他解释的那样，人类正是通过探究事情原委，才得以确定什么时候例外情况将会发生、什么时候将不会发生。莱布尼茨和休谟在这方面的一个很大的区别在于，他们认为发现"隐藏的源泉和原则"的可能性的大小。休谟（Hume，1748/1993：21）非常悲观："必须肯定的是，自然界使我们远离了所有的秘密，只为我们提供了一些表面的客体知识；而它却隐瞒了这些客体所完全依赖的力量和原则。我们的感官告诉我们面包的颜色、重量和一致性，但无论是理性还是理智都不能告诉我们那些适合营养和支持人体的物质的特点。"然而，休谟未能适当地重视这样一个事实：即使在他那个时代，也有许多日常的事例，在其中规律性被发现是潜在的源泉和原则的结果。[28] 例如，在归纳的基础上，我可以相信某个塔上面的钟每天中午会响十二次。事实上，如果归纳是我的信念的唯一基础，那么休谟肯定会说我的预测能力非常有限，而规律甚至可能仅仅是一种偶然事件。另外，如果我们通过进入塔中观察中午敲钟的机制来"探究所发生的事情的原因"，那么我们的预测能力将会全方面地增强，我们将有充分的理由相信这两个事件之间的联系不仅仅是一种偶然。[29]

这是一种常见的解释，但我们已经看到，科学也采用了同样的策略。例如，刚才提到的差异与下面两方面的差异非常类似：一方面，观察多巴胺能神经元退化与帕金森病症状之间的规律联系；另一方面，关于为什么能够获得规律性的解释。当然，休谟会恰当地指出，在所有这些案例中，我们对把这两种事件联系起来的机制的知识，在未解释的规律方面降到最低点。然而，我们现在知道，对规则的表征可以用来实现机制的表征，而后一种表征具有前者所缺乏的重要属性（如推论的生产力）。

8.3.4 由浅至深的解释性连续体

想象一下，你面对一块摸起来很温暖的岩石状物质，并向它的主人询问为什么它是温暖的（让我们称之为 C_1）。虽然你从来没有听说过 glubice，但是其主人却回答说："它是由能够发热的 glubice 构成的。"（A_1）在这种情况下，你从这个答案中最多可能得到一个微不足道的（尽管几乎不构成解释）的启发；在最坏的情况下（很有可能），你根本就得不到任何启发。另外，这个答案可能会为你的实用目的提供很好的帮助，例如，也许你需要了解的是在放置在旁边的蜡烛融化之前该物体是否会冷却下来。如果其主人声称它是由 glubice 制成的，而且 glubice 的半衰期很短（A_2），那么这个答复对你的启发（和惊吓）的程度肯定与你对放射性衰变（理论）过程的认识的深入程度成正比。不过，只要你可以从这个答案中推断出，它摸起来是温暖的是因为它由散发热量的东西所构成（而不是刚刚从烤箱中取出），那么你就可以认为你的实用目的已经达到。

也许范·弗拉森（Bas van Fraassen，1980）会希望说，在正确的语境中 A_1 可以和 A_2 一样有启发性（即加上关于放射性的知识）——例如，也许摸起来温暖的物品只是五个中的一个，否则难以区分这些物品（C_2）。在这种语境下，"为什么这个物体是温暖的？"这个问题（也许是因为"这个"被强调）有一个隐含的意思，即"其余的物体都不温暖"。在这样的语境中，"因为它是由会发热的 glubice 制成的"这个答案，可能是启发的源头。但是，在这个语境中，答案也必须有一个隐含的意思："尽管看起来是一样的，但其余的物体都是由不发热的东西构成的"，或者是类似的一个含义；否则，答案会变得不明朗，甚至会令人困惑。然而，这构成了一个完全不同的答案（A_3），因此没有证据表明从"为什么"问题中得出的启发程度可能仅仅随着语境的差异而变化。

不过，也许我现在不得不说，是否——如果是这样，为什么——A_3 是一个比 A_1 更深程度的启发源头（如果你认为这里的直觉是如此脆弱以至于无法进一步分析，那么请把你的神经递质省下来并跳到下一段）。那么，请注意，如果这块石头的主人没有声称这个温暖的物体是由 glubice 构成的（半衰期短），而是说其他物体是由半衰期很长的物质构成的（A_4），那么这个答复启发程度将再次与人们对放射性衰变（放射性理论）的认识深度成正比。如果一个人的知识是广泛的，那么他就可以在 A_4 的基础上提出一个相当深入的解释，而且肯定比缺乏这种知识的情况更深入。事实上，如果一个人缺乏这样的知识，那么如果他至少可以推断出这个答案意味着 glubice 会发热的话，那么——就获得的启发程度而言——他与 A_3 处于同一位置。[30] 因此，与从结合了放射性衰变（放射性理论）的广泛知识的 A_4 中所得到的启示程度相比，从 A_3 得到的启示水平——与从没有结合放射性衰变（放射性理论）的广泛知识的 A_4 中所得到的启示程度相同——是非常低的。所以，我们这里所需要的是，对在 C_1 语境中的 A_1 所提供的解释性启发的缺失——或者极小的启发——与基于 C_2 语境中的

A_3 所提供的极低的解释性启发之间的区别的描述（你还想继续吗）。如果模范模型是正确的，那么人们可以（如果人们倾向于）认为，第一个案例中的推断几乎完全基于规则的外在表征（即人们仅仅出于被告知的那个原因来表征这个温暖的物体）。在第二个案例中，人们为该情况表征的内在属性设置了一个更大的用途，即一种很好地符合了当前目的的对比。也就是说，在第二个案例中，人们必须表征这样一个事实，即有五个不同的物体——因为它们占据了不同的空间区域，然后人们将其合并到对一对规则的 ICM 的外在表征中。

但让我们回到本节的原点。如果我们接受 D-N 模型，那么我们也必须承认 A_1 是对这个事件的一个很好的解释。这是因为 D-N 模型没有包含任何限制性条款用以区分以下两方面：一方面是非常肤浅的解释（可以说是非解释性的），如上面 A_1 所表达的解释；另一方面是深度解释，比如这种可以在 A_2 的基础上由具有广泛的放射性衰变（放射性理论）知识的人来构建的解释。[31] 另外，这种差异自然地被模范模型包容。

让我借助一个熟悉而现实的例子来说明这一点。想象一下，你想知道为什么弗雷德出现了帕金森病的症状。如果弗雷德的医生只是告诉你，弗雷德属于一个高风险的类别，你一定不会觉得很受启发（这与你可以从 A_1 得到的启示水平类似）。另一方面，如果弗雷德的医生告诉你，弗雷德的症状是由他大脑某一部分的抑制性神经元的退化引起的，那么你会从这个描述中得到一些微不足道的启发，这可能是因为你被诱导地认为有一些机制可以使后者产生前者（这与 E_3 的启发水平类似——参见 7.3.1.3 节——可能来源于 L_5 和 C_3）。现在，如果医生向你传达了一些明克模型的细节（例如，在某种程度上我确实这样做了），你一定会觉得你已经对产生症状的机制有了深刻的认识[这与你可能从 A_2 得到的启示程度类似，如果你对放射性（放射性理论）有一些不太深入的了解的话 [32]]。弗莱德的医生的目的往往可以通过肤浅地思考相应的机制来得出（见 8.3.3 节）。如果医生是称职的，那么他应该至少能够从他的信念中得出他所描述的关于产生这些机制的许多原则。如果需要的话，他也可以用这些知识预测高层次原则的例外情况，产生不能仅靠对模型肤浅的理解而产生的预测等（这与你可能从 A_2 得到的启示程度类似，如果你碰巧对放射性理论有深入的了解的话）。在大多数情况下，这只是前文所讨论的对模范模型信条的重新陈述，但是现在的观点是，模范模型很容易解释这样一个事实：解释可以由浅到深。

8.3.5 概率解释

在提到了放射性的话题之后，我们不妨也讨论一下萨尔蒙的说法，即量子不确定性会影响宏观层面，这意味着特殊科学和应用科学不能"免除非演绎的统计解释"（Salmon，1988：118）。如果萨尔蒙是正确的，那么像模范模型这样基于单调推理的解释模型在特殊科学中的适用范围将是有限的。因此，值得详细考察他的一个例子。

当军团病（Legionnaires' disease）在 1976 年首次被确诊时，人们发现每个受害者都曾在费城参加美国军团大会，而且他们都住在同一家酒店。对于参加该大会的人，住在该酒店是必要的，但绝不是患有该疾病的充分条件。[3]后来，在分离和鉴定了导致该疾病的杆菌之后，人们发现大型建筑物中用于空调系统的冷却塔有时既为其生长提供了有利的环境，又提供了将其分布在建筑物内部的机制。在这个案例及随后在其他地方的病情爆发中，只有一小部分建筑物中的居住者染上了这种疾病。量子涨落可能导致未来空气中分子轨迹和悬浮在大气中的小粒子的不确定性，[1]因此我认为关于哪些细菌进入哪个房间，即使在原则上也不可能有严格的确定性的解释，而且关于哪个人所住的房间存在导致这种疾病的细菌，也不会有严格的确定性的解释。[2]不过，以便日后分配责任和采取预防性措施，我们对该疾病的这一非常有限的样本——1976 年夏天的这些美国人——有充分的解释。这是一个非演绎的统计解释，诚然，这一解释可能是不完整的。然而，没有什么理由可以假设，即使在原则上，也可以通过增加进一步的相关信息，将其转化为对我们所关切的现象的 D-N 解释……（Salmon，1988：119；本文作者增加了数字索引以便于下面的分析）

让我们更精确地重新阐述萨尔蒙的观点，为什么某些个体——如弗雷德感染疾病的任何解释——由于量子波动，在特征上将是统计性质的，所以是非单调性的、非演绎性的。正是这种认为一些充分的解释是不是单调的观点，是我将主要讨论的问题。当然，就我而言，所有的演绎都可以放弃。

首先，正如萨尔蒙在[2]中所做的那样，我们应该搞清楚，这些研究人员所提出的解释是"充分的"意味着什么。这不仅仅意味着研究人员的实用目的已经达到，因为（根据 8.3.4 节）服务于实用目的的程度并不匹配人们拥有真正解释的程度。正如萨尔蒙本人的著名观点，人们可以了解统计上相关的事实——这显然具有实用价值——但仍然远离启发的门槛。同样的道理，人们可以将统计上相关的事实作为因果关系的标志，同时还有很长的路要走（7.4.3 节、8.3.3 节、8.3.4 节）。也就是说，相信一个事件引起另一个事件就是相信前者产生后者的机制。除非我们了解"生产机制"（或者至少是关于"*生产机制*"的假设），否则我们不能认为自己有"科学的理解"，即"我们所寻求的关于解释的答案"（Salmon，1998：139；强调为作者所加）。因此萨尔蒙的意思是，研究人员有一个解释，因为他们已经了解（或假设）了这些机制。这跟他关于[3]的主张一致。然而他也相信，这样的了解（或这样一个假设）并不是事件发生的充分条件。如果是的话，那么这个例子就不会对这个解释是基于单调推论的说法构成威胁。[33]

相关地，我们也应该弄清楚，当亨佩尔和奥本海姆（Hempel and Oppenheim，1948）使用"完全充分的"这个词时，声称一个解释是完全充分的并不是说这个解释涉及每一个细节（Scriven，1962：70）。它只是意味着解释注重一个事件或规律的充分条件。即使人们不知道这些词汇与某些低级词汇的关系如何，这些条件也可以完全用高级词汇来描述。那么，让我们为所有要解释的已知或假设事件的充分条件保留"完全充分"这个词，即使解释没有触底。让我们也呼吁那些确实触底了的"详尽的"解释。那么，我所不同意的是，萨尔蒙声称有一些在上述意义上不够充分的真正解释。

在进一步阐述这一点之前，我们必须认识到，完全充分的解释往往有几个部分——也就是说，多重的部分解释往往才是完全充分的解释。[34]部分解释使人们能够理解足以展现整个故事的一些必要部分的条件。例如，关于弗雷德为什么会感染军团病的完全充分的解释（考虑到医学研究者的兴趣）会涉及一些信念，关于细菌从何而来、它们是如何从起源点传播到弗雷德的、弗雷德接触细菌导致他感染的特定方式，以及感染是如何导致疾病症状发展的。只要充分解释的一部分告诉我们故事的这一部分展开的充分条件，这本身就是一个完全充分的（部分）解释。当然，一个完全充分的部分解释也可能涉及多个完全充分的部分解释。另外，它可能会以未解释的或"粗暴"的事件和规律迅速触底。鉴于这些事实，很显然，一个解释可以是完全充分的，同时在某些方面是深刻的而在其他方面是浅薄的。隐喻地形容这种区分：一个完全充分的解释的某一部分是深刻的还是肤浅的，这是纵向的；一个充分适当的解释必须至少指定足以使事件发生的条件，这是横向的。

如果我们牢记这些区别，就可以看到萨尔蒙所明确否认的是，对于细菌从原初点（即冷却塔，其中恰好有一个温暖的蓄水池，这是*嗜肺军团菌*的良好生长媒介[35]）出发进入特定个体（如弗雷德）的肺部这一过程，可以有一个完全充分的解释。这在我看来是一个错误。可以肯定的是，没有办法使对这一部分故事的解释既详尽又完全充分，但这是一个更高的要求，并且（幸运的是）为了人们有一个真正的解释并不需要满足这样的要求。我们已经看到，一个完全充分的解释在事件或规律上触底，而且这些事件或规律本身就是无法解释的，其中大部分将通过一个或多个步骤从基础物理学中移除。为了看看这些经验教训如何适用于这个案例，请允许我参考一些流行文化，对此我是一个毫无歉意的鉴赏家。

诸如《犯罪现场调查》和《豪斯医生》等电视节目显然对这个争议没有任何利害关系，他们经常使用虚拟现实模型和其他特效来表征犯罪现场调查人员和医生所感兴趣的问题的各种不同的解释——其中很多都是非常不准确的。这些思维过程的表征通常包括对微观事件的描述，但是它们在远高于量子物理的水平上都无能为力。例如，一颗子弹可能被表征为撕裂肉体直到它撕裂一个动脉，此时发生大量出血——这仅仅是为什么这个人会死亡的充分解释的一部分。在这种情况下，我们真的会认为，犯罪现场调查人员并没有想到为什么一颗快速移动的子弹会穿过肉体（即犯罪现场调查人员并不表征自己的潜在的机制）。同样的道理，某些时候我们可能会看到一个调查人员所接受的解释表征，其中一个细菌从某个源头排出，随意飘浮在空中，被不知情的宿主吸入，进入受害者的肺部，被困在一个潮湿的肺泡中，开始吃掉受害者的肺并且繁殖（这仍然只是对于为什么这个人发展出军团病症状的一部分——虽然是很大的一部分——完全充分的解释）。

　　这种描绘是特效艺术家与实际犯罪现场调查人员和医生进行协商的结果，以显示这些进行虚构的科学家的思维过程。不过，我相信他们这样做正中要害。对某一特定事件的完全充分的解释通常有上面所描述的组成部分，而这些部分解释有时会相当深入，有时则会比较肤浅。在对军团病病例的分析中，萨尔蒙没有认识到这些显而易见的区别，但是一旦他们认识到这个区别，就会在这个案例中发现调查人员可能已经形成了关于为什么如弗雷德这些人感染了这种疾病的充分解释（在上述意义上）。

　　他们可能已经阐明了为什么特定的个体如弗雷德感染了这种疾病的部分解释，可以粗略地描述如下：①细菌从蓄水池被大量地吸入；②它们通过管道进入弗雷德居住的一个特定房间；③弗雷德吸入了细菌；④至少有一个细菌在弗雷德体内找到了可以生活和繁衍的地方；⑤这导致弗雷德出现类肺炎的症状。调查人员对这些解释中的一部分（但也许不是全部）有一定的了解。尽管如此，即使他们的解释从头到尾都是相当浅薄的，但它仍然构成了对弗雷德会出现这种疾病症状的完全充分的解释。毕竟，调查人员事先知道事件会按照他们预想的方式展开，他们*可以*预测到弗雷德会感染这种疾病。当然，他们不可能知道这一点，但这完全无关紧要。事件的可预测性原则仅仅表明，他们能够向自己表征了*足够弗雷德感染该疾病的条件*。在你们开始讨论之前，让我们把注意力集中在为什么萨尔蒙认为在这个案例中不可能有关于充分条件的知识。

　　萨尔蒙声称，调查人员不可能对故事的那一部分，即细菌从原初点到弗雷德的肺部——有充分的解释。相比之下，我所声称的是，调查人员对这部分故事确实有充分的解释。它在一个远远高于量子物理学的水平上触底，但它也比对一个纯粹事件的假想要深刻得多——也就是说，它并没有只表征细菌从 A 点到 B 点的事实，而不表征这一事实是如何发生的。[36]

具体而言，在这个案例中，完全充分的部分解释是由将冷却塔连接到弗雷德的地点，以及将空气从前者引导到后者的信念构成的。有一位研究人员对弗雷德如何感染这种疾病的解释甚至已经如此深刻，以至于能够说明一大群细菌中的某个细菌如何从蓄水池中被吸出，进而被气流携带并通过管道系统进入弗雷德的肺部（即《犯罪现场调查》和《豪斯医生》的风格）。但研究人员的解释肯定是在对所涉及的气流的纯粹表征方面触底的。尽管如此，这一部分的解释虽然并非详尽无遗，但在下面这个意义上也是完全充分的，即它是由细菌从原初点到弗莱德的充分条件的表征所组成的。

调查人员拥有量子波动如何影响特定原子的想法是很有疑问的。因此，对它们所拥有的解释所进行的适当分析不应该涉及量子不确定性。尽管如此，还是让我们想象一下，研究者确实考虑到这样一个事实，即固有的不确定性量子涨落可能影响了特定空气分子的轨迹，并且最终使得该细菌抵达费雷德的肺部并使他感染这种疾病。即使在这个案例中，这个解释也会在一个纯粹的事件中黯然失色。可以肯定的是，调查人员事先并不知道量子事件会发生什么样的变化。尽管如此，如果调查人员事先知道事件将按照他所设想的方式展开（即如果他知道量子事件将按照预想的方式发生），他将能够预测到费雷德会感染该疾病。这个案例与调查人员的解释没那么深入的那个案例之间唯一质的区别是，在这个案件中的调查人员假设了一个纯粹的事件，为此我们可以假设他认为不存在更深入的解释。

D-N 模型的许多假定的反例与解释可以是完全充分的这一事实相关，而其部分解释则具有不同的深度。科学哲学家似乎没有意识到，一个充分的、真正有启发性的解释，可以由相当肤浅的部分解释，甚至由其本身没有任何解释力的部分构成（例如，它可以表征细菌从 A 传播到 B，而不表征如何传播）。然而，从总体启发能力的角度来看，下面两者之间有着巨大的区别：一个是对在一个纯粹的规律（如上面的 A1）下解释事件的包容；另一个是在某些部分特别深入而在其他部分只假设了一个纯粹的事件或在一个纯粹的规律下包含一个特定事件的解释。

进化解释通常有如下特征——例如，"随机"（又名"未解释的"）突变就是进化解释的一个典型纯粹的假设。[37] 然而，假设一个纯粹的事件并不能给出一个部分不充分或无启发性的解释。[38] 例如，一个典型的关于一个特定特征如何在一个特定的人群中变得普遍存在的进化解释就是事先知道这个故事将以人们所想象的方式展开，原则上人们已经预言这个特质将会普遍存在。

特定个人的行为的历史解释是类似的，虽然他们经常涉及多个纯粹事件的表征并且具有较大的意向性成分。然而，对意向性解释的理解本身就是一个问题，而且是我们目前所要讨论的一个问题。

8.3.6　意向性解释

正如我在 2.2 节中所解释的那样，人类预测和理解我们同胞行为的能力的一个流行模型是，我们对一套规则具有隐性的知识——特别是在 7.3 节所讨论的那种隐性知识——规定了特定信念、特定愿望和特定行为之间的关系。这个被称为理论论的建议本身就是 D-N 解释模型的一个分支。因此 ML 假设的支持者也会（可能总是）接受理论论也就不足为奇了。毕竟，这与他们的提议是相合的，即推理是通过将句法敏感推理规则应用于句法结构的心理表征来实现的——也就是说，他们所提出的数据结构理想地适用于基于规则表征而进行的演绎推理的任务。然而，我们已经看到，我们严重依赖于我们对简单机械行为进行无穷无尽的合理推论的能力，而推论机制无法解释这一事实。因此，当涉及解释我们推断人类行为的能力时，如果期望推论模型会更好一些，那会是极不现实的。这里的论点并不依赖于我们在人类的行为方面实际上享有很多预测性和解释性的成功的假设——鉴于我们在这方面可能不是很成功，因此这样做是明智的（2.4 节）。我们设计和交流每天所遇到的那种事后归因故事的能力，足以证明潜在推理机制的巨大生产力。如果你认为这一点不明显，也许举一个例子会有所帮助。

那么，假设我听到我的朋友克里斯——他恰好是一个离了婚的男人——跟他的女儿编了个借口说为什么不能和她一起去溜冰。由于对克里斯有一点了解，我对他的行为进行了如下解释：克里斯不想和女儿一起去溜冰场，是因为他从来没有学过溜冰，而且由于在他与其前妻的监护权诉讼中他的女儿偏向于其前妻，所以他对她的看法仍然非常敏感。这个解释可以用来产生大量的预测。例如，在此基础上我可以预测，尽管冒着忽视克里斯拒绝其女儿的其他理由的风险，如果他的女儿知道他拒绝溜冰的真实原因，并且如果她随后向他解释她选择母亲的唯一理由是，她的母亲似乎更加脆弱，需要支持，那么他会改变主意，同意和她一起溜冰。也就是说，如果超出了刚刚提到的其他原因，某些限制性条款得到满足。当然，如果我的预测失败了，符合此预测的无数限制性条款中的任何一个都有可能牵涉其中。同样，我也可以预测，如果在溜冰事件过后，克里斯认为他的女儿只是测试他是否原谅她选择了她的母亲，那么，基于我相信克里斯对女儿没有任何不良的意愿，克里斯会想方设法向女儿表达自己不认为自己需要任何宽恕，等等。无穷无尽。而这只是一个例子。

可以肯定的是，这些解释和预测可能完全落空。例如，也许克里斯拒绝去是因为他要到医生那里检查梅毒（实际上，就我而言，假设我完全错过了这个标记，也总是有很好的归纳依据）。不管怎样，我们显然能够产生和理解像这样一个无限的解释储备，这些解释是复杂的，有着情感上的细微差别（Gordon，1996），而且除了要解释的事件，还有无数的进一步的蕴含后承（每一个都有无穷的可能性）。这足以说服我，D-N 模型在意向性解释方面不会比在机制解释方面更好。再一次，我们所要求的是转向那些表现出巨大的推理生产力的机制。

很自然地，第一个倾向可能认为 ICM 假设将会好得多。不幸的是，很明显前面关于克里斯的行为的推论并不是基于其行为的认知基础的高度复杂的机制模型。我们作为大众人士，认可了一套相互关联的关于人类行为机制的模型（2.4.3 节），但是这些模型太简单了，不能用于这类详细预测和解释。

鉴于这些事实，一个非常明智的建议是，我们的意向性推理与在生物学和医学界中所使用的基于对生物模型进行改变的推论很相似。当研究人员对某些生理现象的潜在机制缺乏详细的了解，却希望知道某些改变的后果时（如服用某种药物的效果、感觉剥夺对轴突连接性的影响、过量的 K_+ 的效果等），他们经常对生物模型进行相同的改变。通过这种方式，可以产生预测（虽然高度易出错），甚至可以形成解释，尽管这样产生的解释通常很肤浅。

例如，假设我们想知道为什么布兰登出现了咳嗽和皮疹，我们怀疑这与他（而且只有他）吸入的物质有关。在这种情况下，我们可以将生物模型暴露于相似的条件下，看看会发生什么。如果生物出现类似的症状，我们会更加确信，吸入这种物质会引起布兰登生理机能的某种变化，从而导致这些症状。这个结果当然会有一些真正的实际用途（例如，我们现在知道要指示布兰登避免进一步接触这种物质），但是如果我们的生理学知识非常有限，那么它只能提供一个非常肤浅的解释。

同样地，即使这样提供的洞察力非常有限，也可以在对某个系统的比例模型进行操纵的基础上进行具有很强的预测性和实用性的推理。例如，如果有一个像火星漫游车这样的复杂机器的全尺寸模型，人们可能会发现，将其置于与火星类似的条件下会导致（或者至少看起来）相同的反应——也就是说，进入安全模式——由实际的漫游车展示出来。然而，不论这个信息可能多么有用——如果这是人们知道漫游车为什么进入安全模式的情况——但是人们对于这种反应最多只有一个很肤浅的解释。人们仍然希望知道为什么这些条件会产生这种反应，而理解这一点需要了解关于干预机制的知识。[39]

另一方面，更深入的了解可能会被那些了解漫游车的总体功能分解的人所掌握。例如，这样的人可以设想通过各个子系统传播所涉及的条件产生影响的方式，直至找到负责执行进入安全模式指令的那种方式。我认为，这种假想的技术人员所处的地位与我们大众相对于彼此的行为所处的地位非常相似。像这些技术人员一样，我们对于共同导致人类行为的机制有一些了解（或者至少是有关的假设）。尽管如此，我们对这些机制的理解还不够深入，无法对我们每天产生和传达的特定行为进行预测和解释。[40]由于目前我们只想对人类行为进行有限程度的预测和解释，那么我们唯一的手段就是把自己当成生物模型。我们似乎别无选择，只能在想象中把自己置于反事实的条件之下。[41]换句话说，我们别无选择，只能站在我们的同胞角度进行思考或模拟（Gordon，1996；对于一些重要的改进，参见Perner，1996）。可以肯定的是，我们以这种方式产生的预测将是高度可疑的，我们所产生的解释会有些浅薄。但是，后者至少会被我们理解彼此行为的纲要性模型集合所纳入。

这种观察问题的方式非常符合我们大众最终对某些信念和愿望共同导致特定行为的实际机制缺乏了解这一事实。例如，我可以假设克里斯不希望女儿知道他不想去溜冰的真正原因，这就是导致他找借口的原因。从某种意义上说，这与解释的可能性一样深刻，因为我不了解第一个事件导致第二个事件的机制。[42]

8.4 D-N 模型：临别赠言

在本章中我已经表明，模范模型是用以解释的心理学基础的机制模型，因此也是我们关于解释性质的哲学和元哲学直觉的机制模型。[43] 正如我们在第 7 章中所看到的，D-N 模型本身只能被理解为解释的心理基础的机制模型。事实上，如果不是这样的话，D-N 模型可能会成为什么样的模型将是一个谜。然而，作为一种解释的心理模型，它是完全可理解的。我们可以理解这样的建议，即人类通过引入诸如 ML 假设之类的演绎过程的机制模型来演绎地操作规则和具体条件。

但是人们想知道，这个 ML 假设本身是否是由一组规则所组成的。如果是，那这些规则是什么？也许在艰苦的努力下，D-N 模型和 ML 假设的坚定支持者可以提供一些答案。但是，我们仍然看到（在第 2 章中）认知科学的目标是制订人类行为隐含机制的准确模型。我们也在第 6 章看到，ML 假设历史上的一个伟大的里程碑，是其从一个解释性的隐喻成长为一个解释性的机制，这主要基于我们对下面问题的理解，即有着相似结构的其他机制如何将句法敏感的推理规则应用到句法结构化的表征中。[44]D-N 模型只能勉强应付这类事实，但它们可以很容易地被模范模型解释。模范模型使得我们更容易理解为什么模范模型和 D-N 模型都是模型！

9 心灵和世界

在本章中，我试图通过表明在 D-N 模型的基本物理学大本营中发生的关于规则的推论不能算作解释，从而将 D-N 模型从其大本营中推出来。我还表明，我的 ICM 假设解释了康德的几何知识理论背后的直觉，并在很大程度上证明了这一点。在末尾，我对一些关于高维认知可能性的猜测进行了讨论。

9.1 引　　言

为本书设定的最重要的目标已经完成。一个主要而且相当普遍的目标是展示哲学和认知科学如何相互启发，而非相互主宰。当然，我也有很多更具体的目标。这里是一些背景。

我从几年前就开始觉得哲学家真的不知道认知科学是什么。心灵哲学中的无数讨论已经假定与 D-N 模型非常接近的东西提供了对科学解释的正确描述。反过来，这又似乎帮助传播了这样一种观点，即心灵的计算理论是主流认知科学研究的基础。毕竟，D-N 模型要求认知规则的形式化陈述。同时，认知科学必须在刺激与行为之间设置复杂的中介才能进行下去。因此，如果 D-N 模型是正确的，那么认知科学必须提供的是一套关于对内部状态的刺激、内部状态相互刺激和行为的规则。换句话说，认知科学必须指定由神经系统运行的程序，而这正是理论计算主义的内容（Putnam，1990；另见 1.2.3 节）。

此外，这些观点还构成了关于大众心理学的科学性的争论。为了被认知科学证明或反驳，大众心理学本身就必须是一个理论，在上述假设下，这意味着它必须由一套规则所组成。因此，这个问题似乎变成了认知科学是否会提供一个非常类似于大众心理学的构成的规则体系。

除此之外，所有这些歪理邪说都使哲学家们变得盲目，无法认识到构成大众心理学的图解模型的集合已经被认知科学充分证明。正是这些模型，而非心灵的计算理论，才是主流认知科学研究的基础。

也许为了使这个提案得到普遍接受，所需要做的一件事就是提出 D-N 模型的一个引人注目的替代者，而它可能会对认知科学的解释活动做出公正的解释。为了制订一个 D-N 模型的引人注目的替代方案，需要的是关于心理表征的保真操作的心理逻辑（ML）模型（也就是思想语言假说）的一个有力替代者，因为如果保真的 ML 模型（即位于解释和预测核心的单调变体，见 5.3 节和 7.3 节）是正确的，那么 D-N 模型也是正确的。另外，对于那些处于 D-N 幻觉的心灵哲学家来说很重要的是，D-N 模型本身需要在心理语言中进行形式操作（也就是说，它需要 ML 假设或者约翰逊-莱尔德和伯恩的心理表；参见 5.3 节）以说明解释意味着什么——即描述隐含规则的含义（7.3 节），以及解释有助于理解事件和规律的原因和意义这个事实（7.2 节和 7.4 节）。

因此我着手表明，存在一个以 ICM 假设为形式（第 4 章和第 6 章）的单调推理对 ML 模型的替代方案。然后，我展示了这反而能够支撑 D-N 模型的替代者（事实上，这两种替代模型的命运是联系在一起的，就像 D-N 模型和 ML 模型的命运一样）。这本书的大部分内容都致力于捍卫 D-N 模型和 ML 模型的替代方案，以便最终为认知科学的解释活动正名。因此，即使我一路上可能会犯一些小错误，但我相信我的总体使命已经完成。而且我相信，这只是对心灵哲学进行重大调整的第一步。

尽管如此，我还是发现自己对被 ICM 假设充实的关于解释的模范模型的表现印象深刻，并且被哲学家和科学家们轻易地接受基础物理学所设定的例子困扰（见 8.1 节），因此我希望更进一步。我想清楚地表明，模范模型并不局限于对物理事件和规律的一些解释（如日常生活和特殊科学中的解释）。我想表明，这是对各种物理事件和规律的正确解释模型。

出于这个原因，我将转而关注 D-N 模型的基础——基础物理。我将证明，尽管基础物理学涉及 D-N 理论家们所想的那种推论类型（再次参见 8.1 节），但它没有系统地表现出科学的基本标志（参见 1.2 节）——特别是它习惯性地、不可避免地不能提供对其调查现象的真实解释。我还会指出，这些推论不是解释，其原因在于它们没有与可理解的潜在机制模型联系在一起。

以这种方式解决问题的原因如下。一方面，如果从基础物理学中发现的规律中演绎出事件和规律性就算是真正的解释，那么 D-N 模型也可以被认为是（至少部分）物理学的正确解释模型，同时物理学将能够保持其崇高的地位。另一方面，倘若连这些推论都不是解释，那么（i）我们就有理由认为，从规则陈述中推论出描述现象的陈述不等于解释，（ii）D-N 模型将被赶出其大本营，而且（iii）物理学——即便是使用了爱因斯坦所称的分析方法（而不是综合方法）的物理学分支——将不再显得如此高大。

我们将会看到，我关于基础物理学不提供解释的说法绝不是新颖的，这是量子论和相对论物理学家容易赞同的观点。然而，我确实认为我们可以对其原因有相当深刻的理解——也就是说，我们可以理解为什么基础物理学没有提供解释——如果我们重新讨论 17 和 18 世纪哲学的话（1.1 节）。这也将回答一些古老的哲学问题，从而进一步支持我先前的论点（1.3 节），即我们拥有的任何类型的知识都有一个自然主义的解释。

在继续阅读之前，您应该注意以下免责声明。

（1）我在这里提出的建议不像前几章所述的那样严格。我正在钻研那些直接关系到上述考虑的问题，但这确实超出了我的专业领域。因此，我不得不频繁地引用权威。

（2）在讨论诸如此类的问题时，要避免陷入最深层的形而上学问题是极其困难的。因此，我简单地假定了一个广义的实在论的形而上学。但是，我相信这对心灵哲学家和认知科学家来说是一个恰当的、非常明智的假设。事实上，在我们的研究中已经假定了一个基本上是实在论的形而上学。

（3）本章中的许多论点都以这样的主张为前提，即负责我们关于世界的直接经验的系统也是我们用来思考这些经验的系统。我将不会为这种说法提供一个持续的论点；其他人已经这样做了（Brooks，1968；Segal and Fusella，1970；Kosslyn，1994；Barsalou and Prinz，1997；Prinz，2002. 关于一个新颖的建议，参见 Cruse，2003）。然而，这种说法与 ICM 假设和我们关于世界的经验的特性不符合。我们的世界是由持久的客体组成的，它具有局部性的和关系的几何和动力学特性（例如，在我可触及的范围内，我的笔记本电脑上的盖子是可以折叠的，计算机是由平面支撑的，而且我可以感觉到我的手指按在它的按键上，并听到由此产生的咔嗒声）。我们所经历的是似乎受到许多相互作用的维间约束的客体。[1] 这显然是多个感觉模式的高级处理阶段的组合效果（见 1.1 节和 6.3 节），这也正是 ICMs 要解释的事情。顺便说一下，所有这些也与 2.4 节中所讨论的关于声明性知识的联合相一致。

那么，就把本章当作你在这一点上的努力所获得的思考甜点吧。

9.2 康德和综合的先验几何知识

在第 1 章开始时，我解释说，17 和 18 世纪的哲学家目睹了机械世界观的优越性，这些哲学家想知道这个世界观能不能容纳有关心灵的重要事实。我们的心理生活的一个特征被证明是特别难以适应的，即我们似乎有能力获得必然和永恒的几何真理知识。因此，这一时期的每个主要人物都致力于解决这种知识如何得以成为可能的谜题。更具体地说，他们通过诉诸其心理基础来着手解释或辩护这种知识，不论是物理的还是非物理的。

在第 1 章的末尾，我解释说，很多人后来认为这个计划或类似的关于逻辑的计划被误导了。这种担忧之一是试图理解获得这种知识所涉及的心理过程，只能产生关于我们如何思考的偶然事实的描述，而不能产生关于我们应该如何思考的必然事实的描述。因此这个担忧变成，似乎最有意义和最重要的这类知识将会被淘汰。虽然我同意这些担忧有一些基础，但我也相信我们是进化的生物。因此，我觉得有必要调查一下，像我们这样的物理生物是如何得到这种知识的，或者为何会认为我们拥有这种知识。事实证明，自然主义者可以保留许多关于我们的几何知识的有趣和重要的东西，而那些不能被保留的东西为人类和非人类的认知提供了新的大胆的可能性。

那么，让我们转向对 17 世纪早期开始的几何知识的性质的研究，这种知识在 18 世纪后期以康德（Kant，1787）的《纯粹理性批判》中名为"先验美学"（TA）的一章为代表，达到了顶峰。在这一章节中，康德提出了几何知识的心理基础模型，以一种相当优雅的方式克服了他所认为的每一个主要立场的缺点。可以肯定的是，康德的模型已经引起了人们的关注，我们将在适当的时候讨论这些问题。但是在我们考虑这些问题之前，让我们先来看看康德为何认为他的模型是引人注目的。本着实践的精神，让我们站在康德的角度想象一下，试着看看康德所看到的 TA 的发展。接下来，我将尽我所能地理解康德是如何理解这些发展的，我会尽可能地避免他的深奥言辞，并在合适的时机引用那个时代的错误理论。作为参照点，我将请你了解 5.2 节中勾股定理的空间证明，因为它是通过运用"综合"方法（参见 5.3 节）而生成的知识，而这似乎是康德最想要解释的。

9.2.1　康德对几何知识理论的迫切要求：历史重演

使得几何知识成为可能的理论必须满足几个要求。虽然近来各种理论已经满足了一些，但还没有一种理论能够满足所有的要求。事实上，只有一种理论可以满足所有的要求，这就足以保证它是正确的。

几何知识理论必须说明几何的第一原理（公理）的下列特征和附加事实（定理），这些特征和事实可以从它们当中绝对地派生出来：

ⅰ 它们是必然的——在原则上，它们是没有例外情况的。

（例如：毕达哥拉斯定理没有表达一个碰巧包含一个或多个直角三角形的事实；它表达了一个必须包含所有直角三角形的事实。）

ⅱ 它们是综合的——它们不能简单地通过分析词项的含义或其相关的概念而得知。

（例如：第 5 章中对毕达哥拉斯定理的证明不是基于对"直角三角形"一词的简单分析，而是要求对图形的精确心理"切割"和"旋转"。）

康德似乎把 ⅱ 当作是显然的，但是为了更好地理解康德为什么会这样认为，让我暂时跳出角色。如果你愿意的话，考虑以下两者之间的明显区别：一方面是第 5 章中毕达哥拉斯定理的空间证明，另一方面是推理出所有（非病态的）狮子都有骨头（例如，因为狮子是哺乳动物，所以它们有脊椎，即骨头）。毕达哥拉斯定理的空间证明不是明显不同的吗？至少，后者的推理链显然要简单得多，而其结论比"毕达哥拉斯定理"的"发现"要简单得多。回到角色中……

iii 它们是关于客体的——它们表达关于我们对客体属性的经验的真理。

（例如：毕达哥拉斯定理对于我们可能遇到的任何直角三角形来说都是正确的。）

iv 定理需要努力发现——不言自明。

（例如：第5章毕达哥拉斯定理的空间证明。）

v 它们是普遍的——它们可以被任何愿意投入时间和精力的（未受损伤的）人所掌握。

（例如：任何愿意投入必要的时间和精力的人都可以理解第5章中勾股定理的证明。）

vi 它们被认为是先验的——它们以我们能够确定的方式证明了没有任何经验与它们相矛盾（即它们是必然的）。

［例如：我们知道，对于任何一对正方形（因此也对于任何直角三角形）的证明将以完全相同的方式展开，因为边长对证明没有影响，因此我们不可能遇到反例。］

vii 它们在数量上是无限的——不言自明。

1）霍布斯

霍布斯认为，几何推理就是在表示我们想法的名称上进行加减。虽然他声称这些公理在几何学中是经过精心挑选的，但他从来没有清楚地说明为什么要选择这样一套公理。他的观点：

满足 i，但只对于定理而言，而非公理。对于霍布斯而言，给定公理，就可以绝对地推断出具体的结论，但公理本身是任意的。

未能满足 ii。霍布斯认为，几何推理是分析性的。

未能满足 iii。对于霍布斯而言，几何推理只不过是关于名称的一种算术（一种算法）。

没有完全满足 iv。分析推理确实需要付出一些努力，但要比在几何中使用综合方法简单得多。

未能满足 v。当然，如果给定公理，任何人都应该能够推断出后果。但是，霍布斯并没有说明公理为什么不可能因文化而异，或者因人而异。

满足 vi。霍布斯的观点的一个逻辑后承是，经验客体与几何推理的过程是非常不相干的，所以没有经验可以驳倒有关的推论。

未能满足 vii。分析关系树（即超坐标和次坐标）是有限的。

2）洛克

洛克的工作与霍布斯的工作相比是一个重大的进步。洛克认为，尽管世界可能是以某种特定的方式来配置的（例如，可能有许多真正的本质），但我们这种认识贫乏的生物显然永远无法确定这种方式是什么。然而，它在标记我们自己计划的界限方面被证明有时是非常有用的（参见 5.2.4.2 节）。洛克（Locke，1690/1964）说："观念本身就被认为是原型，没有别的东西像其自身一样符合它们。所以，我们不能不肯定我们所获得的关于这些观念的一切知识都是真实的，并且符合事物本身，因为在我们所有的这种思想、推理和话语中，我们对事物的意图都不及它们对我们观念的符合程度。"因此，例如，如果我们规定"水"是指任何在室温下透明、无色、无味、可饮用的液体，那么在声称水是无味的时候，我们永远不会错。在数学推理的情况下，洛克认为这是正确的。在这里，我们也把自己的分类方案强加给了自然，并从这个方案中推断出结果，这里我们的结论不仅是思想，也是现实。洛克（Locke，1690/1964：356-367）解释说："数学家只在自己的思想中考虑属于矩形或圆形的真理和属性。因为有可能他从来没有发现它们中的任何一个是数学地存在的，即在他的生活中真实存在。但是，他对属于一个圆形或任何其他数学图形的任何真理或属性的知识仍然是真实的和确定的，甚至包括真实存在事物的知识也是如此，因为真实的事物与确实符合他脑海中的那些原型事物相比，不再被更多地关注，也不会被任何这样的命题指称。三角形的观念中三角形的三个角等于两个直角，这是真的吗？无论三角形存在于哪里，这都是正确的。"

虽然洛克关于分析先验知识的说法是完全正确的，而且他对几何知识的描述满足了一个重要的附加要求，但它最终还是没有达到标准。特别是，洛克的提议对于霍布斯的提议来说是一个进步，因为它满足 iii。基于这个原因，它满足 vi 的方式与霍布斯的提议略有不同，而且要好得多。洛克认为，如果我们规定一个直角三角形就是要有一定的性质，并且可以推导出这些规定的某些后果，那么我们可以肯定，我们永远不会遇到一个反例。在所有其他方面，洛克的观点与霍布斯一样。因此，我们仍然需要一个能满足 i，ii，iv，v 和 vii 的理论。

3）莱布尼茨

莱布尼茨认识到，洛克的主要不足之处在于它没有满足条件 v。他提出的补救方法与早期那些声称数学知识是天生的、神赋的思想家是一致的。这个策略也能够满足 i 和 vi。然而与此同时，莱布尼茨认识到，当涉及条件 iv 时，这种观点比分析方法更糟糕。作为一种补救方法，他提供了一个天赋知识与大理石纹理之间的美丽类比，这些大理石纹理需要努力才能发现，但这自然地引发了对一种特定的雕塑的创造（如大力神）。尽管如此，这种方法由于其丰富的形而上学特征，且明显不能满足条件 ii 和 vii，因此被排除了。

4）浅显易懂的先验美学

我自己的模型以最优雅、最直观的方式满足了上述所有标准。请允许我解释一下。

我们在对客体感知的基础上形成的关于这个客体的表象的经验和客体自身之间显然是有区别的。无论是哪一种表象只是对世界的表征，而表征需要表征媒介。表征媒介的特性还将对该媒介中构建的表征的属性施加不可侵犯的约束（见 6.4.3 节和 6.5.1 节）。举一个例子，在黑板上使用粉笔标记来构造表征，这对于如此构造的表征的属性施加了不可侵犯的约束。例如，如果给定的闭合平面图形 x，完全绘制在另一个闭合平面图形 y 的内部，而 y 完全绘制在第三个闭合平面图形 z 的内部，则图形 x 必定位于 z 的内部。

显然，心灵的表征媒介比黑板要富有成效（见 4.3.1.1 节和 4.1.1 节），但也强加了这样一个在这个媒介中构造的表征不能违反的约束。几何推理只是推理对施加在各种可能出现的事物上的约束的，而这些事物是通过媒介呈现的；它推理事物如何呈现，如果它们会呈现的话。

为了简单起见，我的建议满足关于几何公理和定理的如下七个要求。

i 它们是必然的——在原则上，它们是没有例外情况的。

它们是它们所创造的媒介对表征结构所施加的约束所必然化的。

ii 它们是综合的——它们不能简单地通过分析术语的含义或其相关的概念而得知。

它们是通过建构人物及其操作的心理图像而得知的——如通过心理"切割"和"旋转"。

iii 它们是关于客体的——它们表达关于我们对客体属性的经验的真理。

我们遇到的客体、经验的客体，仅仅是表征。

iv 定理需要努力发现——不言自明。

对图形的心理图像操作是必须的。

v 它们是普遍的——它们可以被任何愿意投入时间和精力的（未受损伤的）人掌握。

目前的建议是理性主义先天论的一个变种。我们并不是有着共同的观念等待发现；相反，我们共有一个表征媒介。

vi 它们被认为是先验的——它们以我们能够确定的方式证明了没有任何经验与它们相矛盾（即它们是必然的）。

没有什么可以以我们的表征媒介不允许的方式出现；不可能有反例。

vii 它们在数量上是无限的——不言自明。

表征媒介能够表征无数的客体和变化。

这里要谨慎一点。因为由几何学提供的综合的先验知识仅仅涉及客体必须呈现给我们的方式，所以认为这些知识延伸到了事物本身，这将是一个严重的错误。我们绝不允许从我们的表征媒介的性质跳跃到事物本身的性质。这有点像从狮子的粉笔描绘中推断出狮子是可擦除的。几何知识的确定性仅仅延伸到经验客体。

谢谢，伊曼纽尔。我会从这里接手。

9.2.2 康德与 ICM 假设

康德哪里出了错？

人们普遍认为，通过非欧几何学的出现，以及它们在基础物理学中最终和不可撤销的使用，康德被证明是错误的，这些基础物理学从爱因斯坦对引力的"描述"开始，从而导致了认为宇宙论包含大约十个空间维度的流行理论。这里有一些事实，但也有一些虚构。我马上会提到这两者，但首先让我们考虑一下康德关于几何知识本质的观点与第 6 章提出的 ICM 假设之间的关系。

简而言之，就康德关于几何推理本质的直觉而言，ICM 假设解释了为什么。你可能知道，康德否认他所说的表征媒介可以用机械的术语真正理解；他声称这是超验的。这可能是因为他正在寻找一种方式来对所讨论的知识进行心理化处理，同时还要坚持其明显的必然性和普遍性。不幸的是，他没有办法做到这一点；确实没有。然而，有一种方法可以描述我们的直觉，即几何公理和定理是必然的。事实上，洛克（Locke，1960/1964：367）已经做得相当接近了：

> ……知识是我们脑海中的观念产生一般命题的结果。其中有许多被称为永恒的真理（aeternae veritates），而它们确实都是。直至他获得抽象的观念之后，才在所有人的头脑中写下全部或任何一个真理，或是任何人的想法中的任何一个命题，通过肯定或否定，加入或分离出来。但是，像人类这样的生物都被赋予了这样的才能，并且通过我们所拥有的这种思想的手段，我们必须得出结论：当他将思想应用于思考其观念时，某些命题会由于他对自己的想法所感受到的赞同或反对而产生。因此这些命题被称为永恒的真理……因为有关抽象思想的说法是真实的，所以只要任何头脑能够在任何时候重复一次，它们就总是真实的。

这是一个适当的批评，但该建议的核心是简单的和准确的。在毕达哥拉斯定理的空间证明的语境中，它相当于这样的东西：任何和我一样拥有正常的头脑，并且投入时间和精力的人，都可以肯定这个定理对于任何直角三角形都是正确的（即只要他们的头脑中的事实保持不变）。

如果我们用康德的通过表征媒介对表象施加约束的呼吁来取代洛克的对假定的观念进行分析的呼吁，我们就可以更进一步。对于任何拥有表征世界的媒介的生物来说，事物的表象如何？我们可以通过考虑并表达这个问题的真相，从而推导出欧几里得几何的公理和定理。这是 6.4.3 节所暗示的一点。重申一下，重点转移了。

> 我们不是在实现基础的原始操作的层面上，而是在已实现的表征层面上发现了内在表征。证明这一说法是有道理的一部分事实是，某些限制在表征层面是不可侵犯的……因为这些表征是通过某种媒介来实施的。

为了说明这一点如何适用于几何推理，并再次引用自己（这一次来自 5.2.4 节，增加了强调），让我们重新审视一下在毕达哥拉斯定理的证明中所进行的空间旋转：

> ……让我们想象一下，最左边的三角形的顶点是一个固定的点，让我们绕着这个点转动三角形，这样长度为 a 的边与长度为 a 的正方形的顶边对齐。由于两者长度都是 a，所以不会有重叠。另外，当两个直角以这种方式彼此相邻放置时，它们将形成直线。这个图形的总面积再次保持不变。

对于我来说，这完全是不可思议的；对于你而言，这样的改变，无论是想象力还是外在的经验，都不会有这里所描述的结果。关于为什么是这样的，康德给了我们一个合理的、尽管最终只是隐喻的解释。ICM 假设提供的是一个更自然的解释，即关于为什么我们会有感觉，而且这样做（即只要我们的思维继续以现在的方式运作）是正确的，并且经验以任何其他方式展开在原则上都是不可能的。

康德哪里出了错？

9.2.3 物理学如何证实康德的 TA 模型和模范模型

对于初学者来说，我们不能确信每个生物都像我们一样工作，甚至也不能确信我们将继续以我们目前的方式工作——也就是说，当涉及标准 v 时，我们不得不放弃任何对确定性的要求。康德没有提出任何相反的有力论据，也没有从自然主义者的角度提出任何论据。我们稍后会看到，这可能最终会成为一件好事。

那么数学和物理学的发展呢？它们难道不是直截了当地证伪了康德关于几何知识本质的主张吗？正如我将要解释的那样，事实上它们只是证实了这些说法，但它们确实弱化了康德在物理学这个主题上的立场。

9.2.3.1 关于物自体的知识

康德与他那个时代的许多人一样，都在关注探索我们先验知识的能力的程度和极限，并通过声称自然界的基本原理是先验的，而不是像经验主义者所想的那样是归纳的，最终为科学提供一个坚实的基础。他采用了在几何知识方面表现良好的基本解释策略。他特别提出，不仅存在施加在客体上的空间，也存在施加在客体上的运动学和动力学的约束，而被施加的客体是通过我们经验的表征媒介被体验到的。[2] 而且，他把自然——科学研究的对象——限制在经验领域。因此他认为，基础物理学等同于对他所认为的经验对象的基本空间、运动学和动力学性质的研究，其余的经验科学则涉及许多我们在经验中遇到的许多不同类型事物的性质（6.4.4 节）。当然，这些性质最终取决于主宰它们所经验的表征媒介的基本约束，他声称，这种媒介可以被先验地了解。因此康德认为，认识论停留在它应该停的地方——也就是说，对自然的基本原理有先验知识。

当涉及细节时——这里我不会讨论（参见第 1 章的注释 3）——康德关于具体的运动学和动力学原理的必然性的证明是不太引人注目的。然而，这里重要的是，康德认为他可以以对经验客体的行为的基本决定因素的先验知识的形式为科学提供基础，并且他认为科学的主题是客体。考虑到这个问题的解决方案和他对确定性的要求，对于他来说，任何可能超越表象领域的基本属性的知识都是不可能的。然而，当谈到他对这个领域的某些主张时，康德确实超越了他的界限，通过考虑他如何这样做，提供了一个很好的方式来强调他在基本物理主题及事实真相方面的立场之间的紧张关系。

那么，要了解康德如何超越其界限，请再次考虑黑板类比。[3] 在黑板案例中，用黑板这个媒介（如可擦除性）构建的表征明显存在一些约束，这个媒介与被表征世界中实施的约束不相符，但也有一些符合的约束。例如，如果人们将一个生物的耳朵表征在颈部之上，并且颈部在脚之上，那么这就必然将耳朵表征在脚之上。与可擦除性不同，世界上存在（就像前面讨论的包含关系一样）"之上"传递关系的可操作的对应物。

现在，康德（Kant，1787/1998）把几何学的真理看作与可擦除性是类似的，因为它仅仅是我们用来表征媒介的人造物。为此，他提出了如下的观点："空间本身并不表征任何事物的属性，也不表征它们之间的相互关系。也就是说，空间并不表征任何依附于客体本身的确定性，这种确定性在对所有直观主观条件进行抽象时保留了下来……如果我们偏离了只有外在直观的主观条件……空间的表征将毫无意义。"（A26/B42-3）康德的辩护者在寻找更仁慈的解读时会扭曲自己。但是，他在这里明确地声称，空间本身并不是物的属性，而他本来应该声称的是，我们根本不知道几何真理本身是否存在于事物的范畴之内。换句话说，我们并不确定它们更类似于可擦除性，还是"之上"或包含关系。

事实证明，真相可能位于两者之间，在此处康德的物理学观点与事实的张力变得清晰。尤其是，表象的几何学与自然界的几何学之间存在重要的同构。我们被告知，这是由于这样一个事实，即十个空间维度中的许多维度被"卷曲"，所以它们对于我们这样的生物来说，在很大程度上是不活泼的。站在康德的物理学主题的立场上来看，这样的观点当然是可憎的。康德断言我们能够获得的关于事物表象的确定性永远不会被带到事物本身的领域，可以肯定的是他在这方面是正确的。但是，在他令人敬佩的对确定性的追求中，他未能认识到的是，我们能够制订和检验关于这个领域的假设，这正是物理学和其他科学所关心的。爱因斯坦后来这样说："对独立于感知主体的外部世界的信仰是所有自然科学的基础。然而，由于感觉只是间接地给出了这个外部世界的信息或"物理现实"的信息，所以我们只能通过推理手段来把握后者。由此可见，我们对物质现实的概念永远不可能是最终的。我们必须随时准备改变这些概念——也就是说，物理学的公理结构——以便以最符合逻辑的完美方式来正确认识事实。"
（Margenau，1949）。换言之，关于事物本身，我们可以追求推论出最好的
解释，如果做不到，那就追求最好的数学拟合。事实证明，当涉及自然基
本原则时，后者是唯一的途径。

通过阐述，让我重新讨论在 5.3.3 节中关于几何学中的形式方法与综
合方法之间的比较。我在对解析几何学历史的简短调查中指出，即使是一
些最有能力的数学家，他们也很早就反对新的分析方法，理由是他们要求
使用不可理解的表达方式，即表达的意义无法形象化。然而最终，分析方
法的经济性和实用性胜过了综合方法。当然，这为非欧几里得几何学的发
展铺平了道路，因为控制语法结构的形成和操作的约束条件可以随心所欲
地改变，而不像控制心理表征的约束条件那样。

对相对论理论和量子力学（更是如此）的不满及后来被接受的历史，
再现了关系密切的与解析几何的历史。在这两种情况下，都有人认为以空
间结构的可想象性和（在物理学上）以机制为形式的数学表达式的可理解
性是必不可少的。因此，例如，我们发现埃尔温·薛定谔关于维尔纳·海
森伯的量子力学的声称如下："我……感到气馁，海森伯的超验代数方法
对我来说非常困难，而且缺乏直观性。"（Miller，1984）。我们发现阿尔伯
特·爱因斯坦（Albert Einstein）和亨德里克·洛伦兹（Hendrik Lorenz）
也出于类似的理由而支持薛定谔（Miller，1984）。然而与此同时，还有一
些像约翰·沃利斯（见 5.3.3 节）这样的人，认为必须放弃图像和模型。
例如，沃尔夫冈·泡利（Wolfgang Pauli）曾经警告说："即使这些儿童
对直观性的要求在一定程度上是合法的和健康的，但这种要求在物理上仍
然不能作为保留概念体系的论据。"（Miller，1984）同样，海森伯声称，
量子力学只能被直觉模型和图像阻挡，而"新理论应该首先完全放弃直观
性"（Miller，1984）。虽然物理学家们并没有轻易地摒弃想象，但在研究
宇宙的基本结构时，他们最终意识到这必须被摒弃。

为了强调这一点，这里有更多的引用。首先，我们从爱因斯坦那里得
到一段话（注意那些吓人的引用）："……法拉第和麦克斯韦的电动力
学……以及赫兹的实验证实，电磁现象本质上与*每一个可测量的事物都是
分离的*——是由电磁"场"构成的空间中的波（Einstein，1949：25；本

文作者增加了强调）。最近，理查德·费曼（Richard Feynman）问道："我怎么想象电场和磁场？我究竟看到了什么？……我没有关于这个电磁场的任何精确图像。我很早就了解电磁场了……当我开始描述在空间中传播的磁场时，我会谈到 E-场和 B-场，并且挥动我的手臂，你可以想象我能看到它们……"（引自 Bloor，未发表的手稿）[4] 而里克·格洛劳（Rick Groleau）在为公共广播系统撰写的稿件中，给出了"弦"理论的概要如下。

对于我们大多数人，或者我们所有人来说，不可能想象一个由三个以上空间维度组成的世界。当我们直觉这样的世界不可能存在时，我们是否正确？还是说我们的大脑根本无法想象更多的维度——可能会变得与我们无法察觉的其他事物一样真实的维度。

弦理论家认为，确实存在额外的维度。实际上，描述超弦理论的方程需要一个不小于十维的宇宙。但即使是物理学家整日思考额外的空间维度，他们也很难描述它们可能的样子，或者我们这些无知的人类该如何理解他们。情况总是如此，也许永远都会是这样。[5]

这并不意味着所有的物理学都必须放弃图像和模型。正如爱因斯坦所言，综合方法对于建立复杂的中等尺寸物体的模型仍然是有用的。只有在基本原则的领域，形式主义赋予的自由才是必要的。

我们可以区分物理学中的各种理论。它们大多是建构的。他们试图从一个相对简单的形式方案的材料中建立一个更复杂现象的图像……当我们说我们已经成功地理解了一组自然过程的时候，我们总是认为已经找到了涵盖所讨论过程的建构理论。

除了最重要的这一类理论，还有一类我称之为"原理理论"的理论。这些理论应用分析而非综合的方法（Cushing，1991：341，342）。

物理学采用了这个过程的事实与康德关于其主题的主张相矛盾。然而，与此同时，围绕新生的非古典物理学的智力争论，与形成所讨论过程的心理图像和模型的不可能性有关，这证实了康德（和我自己）的基本主张，即通过我们表征世界的媒介的属性对这种媒介所能表征的东西的属性施加了不可侵犯的约束。

那么，这就是康德出错的地方：他主张标准 v，这显然是错误的。他认为基本物理的主题仅仅是经验的客体，这也是错误的。尽管如此，他的几何知识模型已接近完美，而且至少除空间原理外，他还认为有一些基本的运动学和动力学原理来控制我们关于世界的经验。

9.2.3.2　模范模型和基础物理学

在本章开始的时候，这个话题是如何产生的呢？这里给出答案，而且这部分是不是很投机。

首先，非欧几里得几何学和相关形式系统的出现，以及它们在物理学上的成功应用，弱化了 D-N 模型等形式解释模型（如果我被迫选择一个物理学的继承者，那将会是类似一生物学的一门学科）。毕竟，如果数学规则的含义是可以解释的——我的意思是理解一个事件或规律可能出现的原因或意义——那么毫无疑问，基础物理学是一个解释的仓库。然而，事实并非如此。事实上，正好相反的观点似乎在物理学中盛行。在这方面具有代表性的库欣（Cushing，1991：341）认为，"对物理过程的理解必然涉及可图像化的物理机制和过程"，他声称这是基础物理学所不能提供的。同样，正如格伦南（Glennan，1996：66）所说："人们经常说量子理论作为一种预测手段虽然非常成功，却没有解释它所预测的现象。"布鲁尔——一位心理学家，而非物理学家，但是他已经积累了一系列令人印象深刻的整个物理学史中的主要人物的相关语录——总结道："物理学家之间存在着强烈的一致意见，即以模型为基础的方法体现了解释一个物理现象意味着什么。也有温和的一致意见认为，现代物理学某些领域的许多形式化的方法和理论也没有提供解释。"（未出版的手稿：13）在这里，正如我在本章开始时所许诺的，我们看到一个明显的解释性直觉的分离，以及从形式规则包容角度的理解。[6]当然，所有这些都与被 ICM 充实了的关于解释的模范模型所预测的一样，并且否定了 D-N 模型（或任何其他形式模型）在基础物理学中的任何运用。

这些考虑也应该能使我们在将基础物理学作为科学典范之前犹豫不决。与其他科学的普遍优势不同，基础物理学系统地、必然地不能提供对其所研究现象的理解。因此，我们应该谨慎行事，而不是轻率地追随物理学。

9.3 返回到模型?

那么我们已经看到，由于表征是通过使用特定的、受到原始约束的建模媒介来实现的，所以施加在表征属性上的约束是不可侵犯的。综合几何学可能只是对表象的不可侵犯的空间属性的一种调查，这种调查利用了心理表征媒介的表征生产力和在媒介中构建的表征的推理生产力。

解析几何提供了一个涉及操作数学形式的综合方法（即将句法敏感的推理规则应用于句法结构化表征）替代方案。起初，这种替代方法被认为是可疑的，因为这涉及使用数学表述，而这些数学表述难以被人类理解，但最终却无法否认其效用。当然，科学已经严重依赖这些解析方法及其继承者。

我们也看到，操作数学形式的一个好处是——像图灵和冯·诺依曼（1.2 节）所展示的——这种过程可以在可编程计算机的帮助下实现自动化。事实证明这是非常有用的，因为人们有时会希望预测一些物理系统在较低层次的、明确的（无论是引发的还是派生的，参见 6.5 节和 8.3 节）材料属性的知识基础上——系统在其中被构建——的行为。只要这些属性的外在数学规范能够达到，就可以使用这些规范来创建用于构建所讨论系统的内在计算模型的媒介。这基本上就是关于思维的 ICMs 所进行的活动，但是在思维上可以追踪的复杂性的量有严格的限制。因此，刚刚描述的内在计算模型被用作"智力的延伸"（Pylyshyn，1984：75）。换句话说，数学形式主义的发展作为非形式的、内在的思想表征的一种替代，导致了非形式的、内在的表征的产生。也就是说，我们已经完成了一个完整的循环，其中有一种真正的美丽。

但事情还会变得更好。

首先，这些内在的计算模型只是为了展示推理生产力，而且由于表征生产力是所有机器都需要的，以便在其环境中处理新事物的时候能够与人类智慧相匹敌，我们可以期待在不远的将来能够利用这种表征方式来构建智能机器（Waskan，2000）。这就是为什么框架问题的解决方案对人工智能如此重要。

我们也看到形式系统可以把我们从基本的欧几里得-牛顿（E-N）的局限性中解放出来，这是非常重要的，因为事实证明，超越表象的世界几乎不会像我们的思维过程一样受到限制。这对于当今的研究人员意味着，他们可以利用非 E-N 形式系统，为构建媒介的行为创建对特定高维客体的非形式的、内在的表征（如十个空间维度外加一个时间维度中的客体）。当然，与对内在计算模型的使用一样，这已经是一种常见的做法，是物理学延伸的一部分，正如它是特殊科学的一部分。因此，科学家们运用他们的形式系统来创造对我们来说不可思议的实体和过程的非句法表征（即它们是具体的和内在的表征）。这当然是非常有用的，因为它提供了一个与内在模型同样方式的预测（8.3 节）。通过鼓励有用的比喻和类比，它甚至可以给我们一些关于这些系统的洞察力，尽管这些系统最终仍将不在我们的掌控之中。

但是我们不能不期待，也许在 100 年后，将会有人工设备真正自由地生活在那个时代的物理学所描述的领域中。它们可能生活在一个虚拟世界中，甚至是一个——通过完全不同于人类感官的传感器的所感受到的——真实的世界中。也许这样的生物将能够真正地理解物体在高维度中的行为，就像我们理解（或者至少我们觉得自己能够理解）当旧咖啡倒入水槽时会发生什么情况的方式一样。想想这会给它们什么样的超能力！总之，它们的日常活动就是超自然的。

根据人们对人类所展示的道德水平与人类设计机器人展现的道德水平（显然是一个复杂的问题）的等级分类来判断，这可能不是最好的方法。但是还有另外一种选择，它可能更早实现。

要了解这种选择，我们必须迅速把本书中提出的一些想法集中在一起。首先，我们在前文看到，解释几何知识问题的自然主义方法需要放弃上述标准 v。也就是说，我们不能保证所有人的经验和思维过程都会受到与当今我们的思维过程所受限制相同的束缚。其次，我们也看到，人们在表征层次上发现的不可侵犯的约束只是一个原始产物，而非在表征媒介层面上发现的规范约束。最后，虽然我们很清楚在使用计算机的情况下如何描述表征媒介，但在人类的情况下，表征媒介如何最好地被描述出来仍然是一个悬而未决的问题。然而我承认，我确信从神经网络展示的满足联结约束的活动种类来看，表征媒介将得到最好的理解（6.5.6节）。

让我也花一点时间指出，虽然我已经谈论了许多经验的几何与自然的几何（当然是在非康德意义上的"自然"）之间的比较，但是同样的基本考虑在某些运动学和动力学原理的情况下也可能适用。我们似乎早就学会了各种这类原则。人们可以很容易想象，正是出于这个原因，我们发现无缘无故的事情是不可想象的（8.3.3节）。也可能是因为这个原因，我们觉得事物从无到有或者事物间的超距作用都是难以理解的。再思考一下，根据一个高度受重视的数学框架来理解亚原子领域，两个亚原子"粒子"有着不同的行为方式，这是相当正常的，即使它们经历了完全相同的条件并且本质上完全不可区分。显然，由于我无法理解的原因，认为在这个案例中存在着潜在的隐含变量的观点已经被排除了。这似乎完全是不可理解的。但是，如果前述是正确的，那么错误可能应该归咎于我们，而非形式系统。在一个肤浅却可用的程度上，我们也了解了各种材料的性质（6.4.4节）。事实上，除了在三个维度上看世界——你可能会认为，它本身就类似于将材料的性质学习到一个浅而有用的程度——这可能是我们学到的最重要的东西。

在任何情况下——无论我们早期如何处理空间、运动学和动力学的原理——它们可能都是通过垂直和水平相互连接的大脑皮层神经网络的一个自组织神经网络的变体来学习的。[7] 这些它们所谓的"地图"，甚至可能在某种程度上已经被预先配置好，以使它们准备好学习需要学习的东西。当然，首先要学习的原则，就是那些对早期发展感兴趣的认知心理学家所普遍研究的东西。关于哪些原则最不容易被忽视的问题（或者甚至被暂时忽略）可能与这一事实有关，即所有其他知识都与由早期学习过程而发展的表征媒介相关。然而，它几乎肯定与神经可塑性的发展衰退有关，而这似乎是从上述等级结构的最底层到最高层发展而来的。

假设所有这一切都是正确的，人们不禁要问，自上而下的过程是否考虑到基本物理的非欧几里得形式系统，最终可能会通过一种形态转换使人们思考与这些形式系统相对应的思想——也就是真正理解它们。重要的是，计算机或者神经网络本身并没有什么能够限制它们对三维物体的属性进行建模。那么唯一的问题就是，成人的大脑是否可以被塑造得足以进行适当的修改，以及是否可以通过形式系统用正确的方式调整它。

你可能知道，已经有一些人声称经历了这样的转变。例如，兰迪·拉克尔（Randy Rucker）声称，通过练习他已经能够想象出四维空间。[8] 虽然与真正的高维物理学家最终不得不做的事情相比，这是小巫见大巫，重要的是（如果不是骗局）这表明形式系统可以在我们期待的关于世界的构思方式上表现出自上而下的效果（也可参见 Schyns，1991）。或许，我们只需要找到正确的蛋白质开关，并将那些已经度过了后-可塑（post-plastic）年代的人的大脑塑造到基本物理学的形式系统中。对于我来说，这似乎是一种快速（但也是危险）的途径，可以创造出真正的神经系统，可以通过形成关于世界的非句法的内在表征来理解真正的高维荣耀。

无论如何，这些都是我提出的关于人类认知核心方面的模型的一些既有趣又可怕的逻辑后承。如果我是对的，对内在空间的探索最终将为探索外部空间铺平道路。如果我是对的，有朝一日，某一个伟大的物理心灵将能够自信地宣布"啊哈！我终于明白了！"

注　释

第 1 章

1. 从 13 世纪开始，直到这个发展阶段（及一段时间之后），欧洲的大学都为一群被称为经院哲学家的天主教哲学家所主导。大多数经院哲学家相信，自然几乎已经没有什么可以被发现的了，因为只要阅读最近重新发现的经典文本（如亚里士多德、盖伦和托勒密的经典文本），或者圣托马斯·阿奎那的著作——他把亚里士多德的自然哲学与天主教的信条相结合——就可以学到任何你想知道的东西。虽然在细节方面存在着重大的分歧，但经院哲学家普遍的自然观是，所有的自然物体都有特定的目的，这些特定的目的是上帝为了人类救赎这个终极目的而给予它们的。值得称赞的是，1200 年后的经院哲学家都对自然哲学有着浓厚的兴趣。而前一个千年的欧洲学者根本不重视自然哲学。

2. 更具体地说，当时的观点认为宇宙是由称为"小体（corpuscles）"的微小的物质微粒群体组成的。

3. 从这个意义上来说，康德当然是对的，但是令人怀疑的是，他在判断表中发现了把思想融合到一致经验中的唯一手段。见第 5 章注释 11。

4. 所有的心理状态都有这个特点，这是有争议的，但是似乎我们的许多心理状态都有这个特征。

5. 布伦塔诺通常被解读为主张这种心理状态的显著特征构成了它们是非物质的证据。 然而，这是一个很大的问题，因为布伦塔诺试图区分物理现象和心理现象。实际上，他认为物理现象是心理现象的组成部分。无论如何，布伦塔诺之后的哲学家们无疑有理由怀疑，我们日常的心理状态归因于彼此的心理状态的"关涉性"，是否可以从物理机制的角度被兑现。这是一个不同的担忧，但仍是合理的。

6. 他们因其神经解剖学研究共同获得了 1906 年的诺贝尔奖。

7. 像冯特一样，他曾经在 1879 年建立了第一个心理学实验室。然而，他的实验室是展示性的而非研究性的。

8. 一个明显的区别是，经验主义者通常认为我们感兴趣的联结发生在思想之间，而不是刺激与反应之间。

9. 这只是格林伍德（Greenwood，1999）关于心理科学新主题提案的一个小修改。正如格林伍德指出的那样，许多温和的行为主义者也假设了中介，但他们往往被操作主义束缚，从而过度简单化。

10. 当然，有了计算机，如果你碰巧知道正在运行的程序、当前内部状态和当前输入，你就可以非常准确地预测其后续行为。由此一个程序的功能就像一个复杂的规则。正因为如此，许多哲学家认为新认知心理学的目标应该是确定人脑运行的程序（Putnam，1990）。然而，正如我们将看到的，无论计算机和人类之间是什么样的类比关系，制订规则的计划从来都不是认知心理学或任何其他认知科学学科的主要目标。

11. 这些可以在低层次的电子逻辑电路中实现，但是由于这里所描述的原因，逻辑运算的高层次实现对认知科学家来说才是最有意义的。

12. 这个描述基于 Soar 7.0.4 和康登与莱尔德（Gongdon and Laird，1997）的使用手册。

13. 这里使用的模态语言反映了这样的假设，即模型在现实世界中尝试之前，正在“头脑”中尝试各种各样的行动。

14. 这个启发法与卡内曼和特韦尔斯基（Kahneman and Tversky，1973）的概率推理启发法截然不同。两者都可以被视为易出错的经验法则。然而，前者对于从前提推断结论是有用的，而后者则可用于估计事件发生的可能性或者个体是某一范畴成员的可能性。

15. 刚刚描述的过程与推论证明具有相同的基本结构。在运行系统的案例中，它是从一组描述世界现状（房屋）的陈述和一系列规则来推断这种状态如何随各种变化而变化（类似于自然推论的规则）的，从而可以导出描述期望状态（类似于结论）的陈述。这两种派生之间有一些细微的差别。特别是，在一个自然的推论证明中，所使用的规则对推理的具体内容是不敏感的。然而，运行系统通常以推理规则（即操作符）的形式编码，否则信息可能以条件语句的形式编码。这样做的结果就是把关于具体事态的事实从关于世界如何运作的更普遍的知识中分离出来，但是这个过程仍然有一种形式推理的外在形式。有些运行系统模型[如拉普斯（Rips，1983）的 ANDS 模型]使用操作符来表征具体领域的推理规则和通用领域的演绎推理规则。

16. 如果你已经做了许多形式证明，你就知道将问题分解成熟悉的块（即子问题）以及使用反向推理都是有用的。

17. 参见克勒维耶（Crevier，1993），这是一个非常好的、更深入的关于 AI 的历史的参考书。

18. 例如，参见尚克（Schank，1980）；瑟尔（Searle，1980）；约翰逊-莱尔德（Johnson-Laird，1983）；帕利希（Pylyshyn，1984）。

19. 当然，除非人类理论家理解为什么这个理论有其意义，否则他们将被剥夺那个美妙的"啊哈"时刻。参见第 7 章和第 9 章。

20. 这个观点有很多层级，取决于抽象的层次，在该层次，人们认为大脑是一个计算系统。参见克拉克（Clark，1990：35）。

21. 格林伍德（Greenwood，1999）提供了我认为是许多行为主义者所提出关于中介的缺陷的明确分析。

22. 显然没有一个测试是真正决定性的，但总是可以提出对数据的替代解释。出于这个原因，典型的认知心理学研究论文描述了一个初步的实验和几个后续的实验，其中后者的目标是表明对初始数据集的替代解释具有未被证实的含义。这比我们需要的复杂一点，但是这个问题在本书的诸多观点中都会再次出现。关于反应时间方法如何使我们能够深入反思的另一个美好的例子，请参见弗拉纳根（Flanagan，1991：185-188）。

23. 如果你没有被说服，请记住，在本书的其余部分（如第 2 章和第 7～9 章），我将就这个话题做更多的说明。

24. 这重申了达登和莫尔（Darden and Maull，1977）提出的观点，我至少在这个程度同意他们的观点。

25. 赖兴巴赫（Reichenbach，1938；1947）和金（Kim，1988）做出了相关的声明。

26. 然而，理性主义者通常采用某种版本的心理学来解释这种知识（如他们声称知识是天生的）。

27. 基切尔（Kitcher，1992：58）同样明确指出，任何把人看作进化的生物实体的人都应该把人类认知的科学研究视为与人类知识的研究相关。

28. 华盛顿大学哲学系的一位受欢迎的知识分子丹尼斯·克纳普（Dennis Knepp）对我所参与的哲学-神经科学-心理学项目颇为反感，他认为我们都在提倡让哲学家成为科学家——也许我们就是在这样做！自此哲学和认知科学如何融合在一起的问题，就一直困扰着我。这本书代表了我第一次认真解决这个问题的重要方面。谢谢，丹尼斯！也要感谢我在 UIUC 的同事。

29. 让我们面对这个问题吧，当涉及说明常识心理学已经把事情弄错了的论据的时候，哲学家就像飞蛾扑火一般被吸引。我希望下面的章节能够让哲学家（也就是那些仍然可以联系到的新兴学者）转向可信度更高但同样具有挑战性的跨学科任务。

30. 这里有一个有趣的话题是，把上述策略和启示法合并到运行系统背后的动机是一组内省自我报告，该报告是由执行形式符号操作问题的主体做出的。

31. 我这里的所谓"外部"，意思是提醒人们注意这样一个事实：在头脑之外（如以口语或书面形式）发现这样的句子是正常的（如用英语或数学符号表达）。当然，它们有时也可以在大脑中找到（如在短时记忆中）。

32. 也许在纯粹的数学领域有类似于解释的东西——实际上，大部分理论物理学差不多都是这样的。我认为至少有重要的"啊哈"时刻。我会把它留给那些更熟悉纯数学的人，以确定这些"啊哈"时刻的原因与我们寻求物理事件和规律的解释时可能发生的事情有多相似。

第 2 章

1. 当马克西走出房间时，糖果棒从原来的隐藏位置移动到一个新的位置（Wimmer and Perner，1983）。

2. 斯蒂奇和拉文斯克罗夫特认为，也许大众心理学可以被解释为一系列命题，这些命题可以量化一定的理论假设，并且让民众觉得是老生常谈。这个理论可能是错误的，尽管至少有一位作者声称，对外部版本的涉及并不是斯蒂奇和拉文斯克罗夫特所认为的可能是对取消主义者的恩惠（Pust，1999）。

3. LOT 假说的支持者通常否认心理状态的类型应与大脑状态的类型一致。他们认为，心理状态可以像计算机程序一样，通过各种不同的物理系统来实现。因此，当个例心理状态与物理成分的某些特定构型或其他（比如一个特定脑状态）同一时，它成为一个个例的类型是不同一的。

4. 这一严峻挑战中的一个值得注意的缺席者是金（Kim，1998）反对心理因果的论点。请记住，如果金是正确的，那么认知科学本身是不合逻辑的，因此不能证明大众心理学。在这里，我只是假设了特殊科学的预测性和解释性实践的正统性。如果我错了，我会欣然接受我的失败。

5. 福多当然不会有像我这样的对整个认知科学的热情，他反而把所有的蛋都放在心理学的篮子里（Fodor，1974）。

6. 福多的自主（也称为"不统一"）论点的基本建议是，高级科学（如心理学）在一个重要的意义上是独立于低级科学（如神经科学）的。福多的论点取决于上述的类型/特型区分，其内容大致如下：高级科学所引用的属性与低级科学所引用的属性之间存在一个一对多的映射关系。例如，要成为对心理学很重要的一种状态（如认为冰箱里有泡菜），并不需要由任何特定的物质组成——尽管可能需要有某些组成成分。因此，即使我们理解一个个例心理状态是如何实现的细节，我们仍然不了解这种状态；我们不知道它——例如，相信冰箱里有泡菜——意味着什么。反过来说，如果我们知道一个象征性的心理状态是属于哪种类型的，那么为什么我们对于这个状态是如何实现的细节还是一无所知。

7. 布伦塔诺对"意向性"这个词的意思（至少粗略地），参见 1.1 节。

8. 就人们把生产、运算符等作为对规则的陈述而言，传统的人工智能可能被认为提供了它们，但是（i）对理论计算主义的承诺完全是非强制的（参见 1.2.3.2 节），而且（ii）我们都知道这个计划的结果如何（Fodor，2000）。

9. 换句话说，这个模型在普特南（Putnam，1990）所描述的更强的图灵机的意义上显然是不起作用的。"功能"在他的意义上，意味着数学功能，而且只是理论计算主义的论题。第 3 章将进一步讨论"功能"的另一种意义。

10. 另见纽维尔和西蒙（Newell and Simon，1972）；福多（Fodor，1987）；高普尼克（Gopnik，2000）。为了证明我们的近亲比我们更容易失败，请参阅波维尼里（Povinelli，2000）。

11. 另见 1.2.3.2 节中对乔姆斯基（Chomsky，1959）的引用。

12. 达尔文本人也是这样看待这件事的。在《物种起源》的书末，他写道："很难假定一个错误的理论能够以自然选择理论的方式来解释上述几个大类的事实。"

13. 甚至包括古尔德和伦廷（Gould and Lewontin，1979）在内的对自然选择理论的普遍适用性的批评者，也不愿放弃构成自然选择理论的状态和过程的基本本体论，尽管他们淡化了它们的重要性。

14. 但是，我们不应该忽视这样一个事实，即以这种方式没有创造过新的物种。

15. 还有更多的声明（例如，我们能够识别物体，以及"自动地"做事情，无论有没有集中注意力），被那些与我们目前的讨论没有直接联系的民众认可，但是这与正在进行的认知科学研究活动同样重要。

16. 霍根和伍德沃德（Horgan and Woodward，1995）声称，他们的理论克服了工具主义的不足之处，因为它包含真正的因果解释，但似乎只有把系统看成是由一定的因果关系控制的，才能获得预测能力。例如，如果重心距机尾太远，可能会导致飞机失速。

17. 有关认知心理学和神经心理学技术在哪里出现分歧的更深入的讨论，请参见瓦斯肯和贝克特尔（Waskan and Bechtel 1998）。

18. 我想知道福多对这个具体实施研究的藐视，因为它是他和丹尼特之间唯一的障碍。

19. 福多（Fodor，1987）也同样表明，心理学的进步构成了大众心理学的进步，尽管他忽略了如何阐述这种进步。

20. 在实验心理学的一些领域中（即数学心理学），对其他类型规则的寻求正在进行。在后面的章节中，我将证明仅仅源于规则的演绎不足以进行解释。现在只要注意到在数学心理学中，所讨论的规则只是为了量化由给定的认知功能模型指定的组合系统的相互作用状态，而不给出解释。

21. 我将在第 7 章中指出，以任何充分的方式使这种现象的特定案例中的推理形式化的可能性很小。

22. 这里有一些夸张，但它与库恩对当前目的的实际思维非常接近。也许我的陈述中最大的扭曲与库恩最终对其观点中强烈的相对主义后果感到非常不满有关。他试图通过提出跨范式的评估标准来反制他们，并且像波普尔和拉卡托斯一样建议科学通过一种适者生存的方式进步。然而，拉卡托斯似乎最接近于弄明白这个竞争的原则，所以在下文中我将更多地关注他的观点。

23. 事实上，新来者似乎有着卓越的记录，所以如果有什么东西能够接近科学的即时和客观的合理性的话，那么在这里我们就可能找到孤立的实例，而它们会带来真正的进步。然而，这是一个很快变得非常复杂的讨论，所以我现在就把它搁置一边。不过，那些有兴趣自行解决这个问题的人可能会发现，第 8 章提出的解释模型是更大难题中的非常重要的一部分。

24. 视知觉的研究提供了一个案例。归功于马尔（Marr，1982）的“ur-视角”（ur-view）似乎是以一种阶段性的方式产生的知觉表征，具有工程师所期望的所有细节和精度。我们现在觉得事实并非如此，但是我们常常把婴儿连同洗澡水一起倒掉——尽管修改 "ur-视角" 以便使它可以处理新的结果，这看起来是如此简单和直接的一件事情（如 Simons and Rensink, 2005）。你可能会问，为什么我们应该修改 "ur-视角" 而不是放弃它？答案很简单：放弃知觉表征就意味着放弃其他许多东西。例如，如果没有知觉表征，我们会发现自己要花大量时间去解释我们编码、存储（即在短期、中期或长期）并定期检索的是什么，选择性关注的意义是什么，我们如何能够思考处理我们当前环境的最佳方式，等等。

25. 布鲁克斯（Brooks, 1991）认为，这就像是瞥了一眼波音 747，然后就试图复制它。然而，这更像是被数十亿架波音 747 包围，并试图再设计一个。当然，如果那些试图做正向工程的人不和那些做逆向工程的人交流，人们就不应该期望有太大的进展。

第 3 章

1. 我首先在斯蒂克（Stich, 1996）那里接触到这个奇妙的术语。

2. 伯吉认为，心理内容部分是由一个人的社会环境事实所决定的，但为了说明心理内容是由外部因素决定的，我将重点放在心理内容的非社会决定因素上。

3. 有关此术语的解释，请参阅第 2 章的注释 3。

4. 伊根（Egan, 1999）正确地指出，我们必须根据所处位置的不同区分心理状态，但是她并没有告诉我们如何去做。换句话说，她并没有告诉我们为什么心理内容的宽泛性并不意味着心理状态的宽泛性。

5. 斯托内克尔（Stalnaker, 1989）关于脚印、蚊虫叮咬等方面的观点基本上是一致的。

6. 也许这个问题可以通过对 "随附性" 的定义进行微小的调整来纠正。然而，这种调整不会使心理状态延伸到环境中的说法复苏。

7. 有人可能会争辩说，这个案例与心理状态的案例之间至少有一个区别——即前者而非后者涉及派生的意向性。下面我会尽我所能去弱化这样一个主张，即派生的和内在的意向性之间有一种形而上学的区别。然而，对于当前的目的来说，只要注意到这个明显的差异不会破坏我在这里的结论——即随附性不追随个例同一性——就够了。毕竟，如果派生的维度被强调，我们就会发现还有其他非内在的差异会产生表征内容的差异。最终，一旦派生/内在维度被缓和，那么心理状态将适用同样的观点。

8. 我可以根据经验告诉你，如果人们在 3.4 节中没有纠正错误，那么就很容易看到这一点。如果避免将"内容"和"意向性"直接等同于布伦塔诺（Brentano，1874/1995）和塞尔（Searle，1980）所使用的同名术语，也会更容易看出这一点。见第 1 章注释 5。

9. 可能会有人反对，将表征内容归因于磁小体是完全没有意义的。虽然我对这个观点有一些同情，但是考虑到对磁小体的功能和内容的归因如何使得我们可以得到关于功能和内容的一些简单的结论，以及这些结论很好地适用于更复杂的情况，这使得对功能和内容的归因并不是没有意义的。

10. 前者的许多例子见贝克特尔和理查德森（Bechtel and Richardson，1993）。

11. 在认知科学中有很多这种情况。认知科学家一直在参与试图理解 2.4.3 节和2.4.4 节所讨论的广泛能力的潜在机制的项目。

12. 这是一个行话，所以让我为那些对此不熟悉的人详细说明一下。把命题态度归于某人，只是把它们归于第 2 章所讨论的大众心理学的状态之一（即一种信念 p，对 p 的渴望，希望 p），等等。这些状态似乎包括了态度本身、态度是什么及态度的对象，后者有时被称为命题。哲学家们已经认识到，通常有两种方法来理解给定的 PA 归属。在一个隐晦的解读中，构成命题归属的词语（通常是"that"之后的语句）被用来指代世界上的物体和属性，正如被归属者被指的那样。在一个透明的解读中，这些术语是指归属者的指代方式。这里显然需要一个例子。假设琳达想嚷嚷那个经营某个报摊的人。这句话的隐晦解读大致相当于琳达认为有一个经营报摊的人，而且琳达想要吼他。相比之下，透明的解读仅仅相当于琳达想要吼一个人，而我们知道这个人在经营报摊（琳达可能不知道这一点，也许她只知道他是她的勤杂工）。为了预测和解释行为，真正隐晦的 PA 归属似乎让我们更接近我们需要知道的东西。例如，如果上面的描述在隐晦解读的情况下是正确的，那么我们知道琳达是如何看待这个世界的，而这正是我们这些人为了预测和解释她的行为所需要知道的。尽管如此，隐晦的PA 归属有时候也超越了被归属者对世界的看法。

13. 我认为，这一点在伯吉（Burge，1979）的观点中是隐含的，而在洛尔（Loar，1988）的观点中是明确的。

14. 例如，这正是为什么杰克逊和佩蒂特（Jackson and Pettit，1988）认为，不论内容内在主义者所提供的窄内容可能扮演什么样的角色（见 2.2 节和 2.5 节），内容外部主义者所提供的宽内容所扮演的角色才表征了世界。

15. 人们可能会试着贬低沼泽人类，认为他们没有成功，因为他们没有任何真正的愿望，但这只是在假定大众语义是一个真正语义的前提下。

16. 同构主张的先例是内容的一个重要决定因素，可以在麦金（McGinn，1989）和康明斯（Cummins，1996）的观点中找到。

17. 声称有些属性是因果有效的，而另一些属性（如亚原子粒子和福多的硬币定位之间的关系）却不是，这在外在论的文献中似乎是一种标准的做法。只要人们否认属性是一种原因的话，就可以把这种做法解释为某种其他方式的简略表达。例如，正如 P. 曼迪克（在谈话中）对我所建议的，也许更确切地说，正是凭借某种特性的存在才产生了某种效应。

18. 我认为，正是由于这个原因，杰克逊和佩蒂特（Jackson and Pettit，1988）才采取了解决这个问题的方法，要求涉及解释层次和多重可实现性。他们特别提出，"因果解释"的属性是所有潜在的因果先兆的共同之处。他们呼吁涉及这种属性的"程序解释"的解释，然后给出了有点神秘的建议，即这种属性"因果编程而不生产"。

19. "暗示"和"推论"这两个术语的使用不一定要表明对某种版本或其他含义的规则解释模型的承诺。相反它也许可以被用在一个更广泛的意义上——特别是在那种允许解释项和被解释项之间[如希弗（Schiffer，1991）所描述的那种]单调的、机械的，但不是形式的演绎的关系的可能性的意义上。在第 2 章中我提出，这样一个说明性的解释与认知科学所研究的东西是一致的。随后我会指出，对物理事件和规律的所有解释都是这样的。

20. 关于这个资格的重要性，参见 7.3.1.2 节和 8.3.1.1 节。

第 4 章

1. 波维尼里（Povinelli，2000）还进行了广泛的后续实验（例如，他夸大了无齿耙的长度，改变了不同的工具和奖励之间的空间关系等），没有一个反映有利于认为黑猩猩掌握了如何使用工具来获得奖励的观点。

2. 这种关于生产力的论点与福多（Fodor，1987）有点不同，它基于一种直觉，即我们似乎能够思考无数的想法。

3. 我并不坚持系统性论证（Fodor，1987；Fodor and Pylyshyn，1988）的通常表述。我觉得现在的表述比原来的还要合理，同时还保留了原来的精髓。

4. 事实上，如果我们看一下乔姆斯基启发的语言学传统，就会发现一个持续的过程，就像添加本轮一样，通过词典将语义约束加入到过程中。然而，语言学界有一个新兴的学派，称为认知语法（Langacker，1991；Goldberg，1995），它提供了一个更精致的语义因素影响语言理解和语言生成的方式。本书中提出的关键提议，包括我对系统性的说明，都与这种方法完全吻合。

5. 另请参见 1.2.3.2 节中关于多重可实现性的讨论。

6. 与福多（Fodor，2000）不同的是，这里所描述的框架问题主要与人类设想改变我们当前环境的后果的能力有关。对福多而言，框架问题源自我们整个信念体系的整体性质。换句话说，虽然福多认为框架问题是与我们的信念系统的"整体属性"有关的一个担心，但这里描述的框架问题与相对局部性的属性有关。关于对福多版本的框架问题的批评，请参见 Waskan and Bechtel，1997。

7. PIMs 不需要体现与它们所表征的系统相同的空间关系。例如，斯坦利·米勒（Miller，1953）通过模仿在生物前地球上获得的化学物质和条件，提供了——如果准确的话——被视为地球上有机分子的原始合成的 PIM。在这个案例中，相关的物理同构不是空间的，至少在宏观层面不是。

8. 克莱克（Craik，1952）、布洛克（Block，1990）和詹勒特（Janlert，1996）似乎最欣赏这一点。然而，克莱克没有区分单纯的同构和物理同构（4.6.3 节），而布洛克错误地认为心灵计算理论的真实性将排除非句法认知模型的可能性（4.6.4 节）。

9. 下面的网址提供了一些示例：www.lego.com。

10. 在后一个案例中（也可能在前者中），人们建立模型的方式将取决于人们想要跟踪哪种性质，以及未能预测未被跟踪性质的相关性的后果如何。例如，如果有人对起居室内物品的最佳布置感兴趣，那么二维模型就足够了；而未能预测性质（如高度）的相关性的后果只会造成轻微的不便。另外，如果人们有兴趣测试一种新型航天器的设计，那么对系统进行详尽的建模是非常有意义的，正如通常所做的那样，任何性质的不可预见的重要性都可能会有可怕的后果。在构建比例模型的时候，重要的问题不是要在模型中构建多少，而是要抛弃多少。

11. 请参阅 1.2.3.2 节的最后几段。

12. 可以肯定的是，心理逻辑和比例模型隐喻意味着系统相关的表征在某种意义上是由相同的部分所组成的，但关于系统性的两个论述之间的相似之处终止于此。

13. 感谢马克·比克哈德帮助我理解这种区分的缺点。

14. 丹尼特（Dennett，1988）提出了一个相关的观点。

第 5 章

1. 你将不得不阅读第 6 章，才能完全理解这个怀疑的基础。

2. 这个观点还有其他的说法。其中一些已经在第 4 章讨论过，还有一些将在第 6 章中讨论。

3. 关于"外部"这个词我的意思是提请注意这样一个事实：在这类语言（即英语之类的自然语言和各种人造语言）中的句子在大脑之外（如口语或书面形式）是很常见的。当然，它们有时也可以在大脑中找到（如短期记忆）。

4. 除刚才提到的原因外，我还有以下这个隐藏的动机来进行这个讨论：虽然它们可能是猜测性的，但是下面提出的建议将在第 6 章进行的图像和比例模型隐喻的机械论重构中占据显著的位置。即便如此，如果你对比例模型隐喻作为一个整体是否可以（借助一些外部帮助）发展成不需要心理语言的思维方式的问题不感兴趣，那你只需要快速浏览 5.2 节的其余部分就行了。不过要看看毕达哥拉斯定理的空间证明，这在后文中很重要。

5. 有关"命题态度"一词的快速入门，请参见第 3 章注释 12。

6. 类比的研究是以下观点的另一个例子：在认知科学中，我们对人类认识常识或内省的理解为进一步的实证研究提供了支柱。

7. 另一个例子：我可能会意识到，在它们两侧堆叠板条箱是创建一套货架的一种方便的方法。但是，如果我能够在我的表征中的板条箱的可能性和真实性（如我对我的存储空间的内容的表征）之间建立对应关系，那么这种假想的可能性对我来说会是有用的。

8. 参见瓦斯肯（Waskan，1999），沿着这些路径的实证研究包括史密斯和埃尔斯沃思（Smith and Ellsworth，1987），福斯特和鲁斯布尔特（Foster and Rusbult，1999），以及尼古尔斯（Nichols，2001）。

9. 类比和隐喻是密切相关的，尽管隐喻思维有时只需要一个表征而不是两个。然而，在这种情况下，它也可能涉及一种对单一的表现形式的更复杂的态度——或许是一种伪装。例如，假设你要思考与"格雷厄姆的思想已被封闭"相对应的想法，如果你没有暂时把自己的思想作为某种容器来表征，我会感到惊讶的。

10. 在电和光的案例中，这些空隙最近被填满了数学方程式。

11. 在神经科学中，我们如何做到这一点的问题是所谓的"约束问题"的一个方面，并且这个问题的答案已经被提出了（如调制神经元的同相尖峰），其与比例模型隐喻的心理表征是完美相容的（Nieber et al.，1993）。约束问题的另一方面，与在大脑皮层的解剖学上数个不同的区域中被表征的客体的性质（如形状、颜色、运动、距离等），可能被绑定到同一个物体上（Engel and Singer，2001）。这个问题更像康德版本的问题，而不像那个使得图像隐喻的对手担心的问题。但是，解决方案可能非常相似。

12. 福多（Fodor，1975）认为，图片如果伴随着提供"解释"的句子，那它们只能被用来挑选特定对象的特定属性。例如，想象一下被侦探要求帮助识别被用来犯下特定的罪行的汽车。在看到各种图片后，人们可能会对侦探说"车是这个颜色"，或者"车灯是这样的形状"，或者"就是这个品牌和型号"。但是，这种陈述的目的很明显是要把侦探的注意力引向特定的属性，而忽略了其他的属性。

13. 前者的支持者否认这一点，因为他们否认有任何普遍性可以表征；后者的支持者否认这一点，因为他们认为需要与某些超然的领域直接接触。

14. 你可能已经意识到，这就是"全称引入"（universal introduction）这个规则在谓词演算中是如何工作的。因此，即使我们追随逻辑隐喻的支持者，并从诸如谓词演算等形式演绎系统中获得灵感，我们仍然可以得出这样的结论，即我们对于一个范畴的所有成员所持有东西的了解，至少有时包含推理那个范畴的一些任意成员。

15. 这种知识构成了情境/语义区分的语义维度（Tulving，1983，1987；Dagenbach et al.，1990）。语义记忆既是词义（如"锤子"的意思）的记忆，也是关于世界的公共性和普遍性事实[如约翰·威尔克斯·布斯（John Wilkes Booth）暗杀林肯的事实或水是 H_2O 的事实]的记忆。相比之下，情境记忆是对个人和特定事实（如第一次驾驶考试的路考部分）的记忆。

16. 在马丁和赵（Martin and Chao，2001）那里可以找到对这个似是而非的观点的经验支持。

17. 成为一个心理本质主义者就是要相信（不论有无非议），在自然界发现的某些表面性质（如狗、猫等共有的性质）具有潜在的、可能是未知的原因（Gelman，2004）。

18. 对隐喻的需要并不是逻辑隐喻的明确含义。然而，与此同时，在谈到范畴时，社会群体隐喻会引发比例模型隐喻的问题，除非我们对于社会群体成员的信念有一个对比例模型友好的解释。这种解释可能需要对规范属性（5.2.2 节）的信念和其他想法的信念（8.3.6 节）作进一步的单独解释。

19. 约翰逊-莱尔德是比例模型隐喻的一个矛盾的支持者。一旦遇到反对，他就会放弃对其支持，并且声称（由于缺乏一个更好的术语）否定的想法包含任意意思等同于"事实并非如此"的符号。

20. 在讨论框架问题时，查特引用了麦卡锡和海耶斯的话，但他也引用了福多的话，而他似乎真的记住了福多版本的问题（见第 4 章注释 6）。我们在第 7 章和第 8 章中看到的前者的版本也必须得到解决，以便溯因推理得到有效的模型化。

21. 为了让职业科学哲学家相信这是真的，人们需要捍卫基于单调推理的解释模式本身。我在第 7～第 9 章做了这件事。然而，为了当前目的，我认为以下的考虑至少会表明这种主张的表面上的合理性，即溯因推理至少一般由单调推理构成。

22. 正如任何科学哲学家都会告诉你的，在这种推理中包含许多假设。对这些假设的拒绝，在许多情况下使我们能够坚持一个理论的核心，尽管看起来似乎会抵消证据（2.6.1 节）。然而，这并不是破坏现在的观点，而是强调解释性推论是不可反驳的（即如果结论是错误的，至少有一个前提也是如此）。关于这个论点，我在第 7 章和第 8 章中还有很多要说的。

23. 另请参见 3.9.4 节所述的关于真正解释的充分条件的讨论。

24. 有人认为演绎是形式的而不是内容的，这可能会在哲学的某些角落引发争论。例如，有人主张，演绎逻辑的原则涉及高度一般的世界属性（Russell, 1919）。此观点认为，演绎推理没有完全从内容中抽象出来。即使如此，仍然可以说有一种单调推理的形式——我根据相对常见的用法称之为"演绎推理"——在这种推理中，来自前提的推导完全取决于逻辑运算符的含义，而不是它们运算的内容。

25. 拉丁文的"deduce"一词意思是"引导离开"（lead away from）……，其内涵是这种引导是被迫的。"abduce"的意思是"引导离开"，其内涵是这种引导是通过说服来进行的。"induce"的意思就是"说服"（persuade）。"exduce"是一个由拉丁语词根构成的术语，意思是"从……引导出来"（lead out of）。

26. 符号¬意味着情况并非如此。

27. 为了说明更复杂的演绎推理形式（如定量化），J-L&B 还提供了这里所示方法的变体。

28. 想了一下，我认为 J-L&B 绝大多数关于推理的观点（而且他们说了很多）都值得保留。但是，根据 5.2 节的说法，我建议他们更认真地考虑这样的可能性，即演绎不需要明确的关于否定的心理表征，而隐喻和类比可能在推理中发挥比他们所承认的更大的作用（如在分类推理中）。

29. 见本章注释 15。

30. 这一段也与本书前后文中提出的主题直接相关。

31. 正如德特勒夫森所说，在进行符号操作时，人们的思想往往对符号所表达的意义是"无感觉的"（dead）。

32. 这让人想起我在 5.2 节中讨论的对思想图像隐喻的反对意见。然而，由于它宣扬人造语言的优点，而这种语言超越了人类在这种语言出现之前被限制的几何思维，这只是加强了我的观点，即心理表征不可避免地以图像和比例模型隐喻所暗示的方式被具体化。

第 6 章

1. 马尔（Marr，1982）表达了同样的想法，但是他对该术语的使用略有不同[如他所说的"算法"（algorithm）更接近于我所说的有效程序]。

2. 在涉及计算系统的地方，没有匦定数量的可以理解其行为的抽象层次。原则上，层次的数量没有上限，因为一种语言可以并经常由另一种语言或通过虚拟机（如 Java 虚拟机）实现，其本身就是一个程序（在另一种语言中写入），它模拟一种能够实现更高级别程序的计算体系结构。可应用层次的最低数量就是系统被"硬连接"以执行某一有效程序的情况。

3. 当然，如果是通过执行这些程序来实现我们的心理状态，那么我们也必须将心理状态归功于任何执行了一套足够相似的程序的计算机。这样的说法引起了很大的争议，这并不奇怪。

4. 再次牢记，尽管刚才所描述的严格意义上的大脑计算是许多哲学辩论的基本假设，但它绝不构成认知科学的基本假设（见第 2 章）。

5. 单纯的同构似乎是维特根斯坦（Wittgenstein，1961）把这种看似不同的表征等同于图片和句子的时候所想到的。

6. 这并不意味着在充实我们的内容理论的时候，我们必须涉及同构，但是无论如何，这样做是有道理的。

7. 这大致意味着，视网膜相邻区域的活动会引起大脑表面相邻区域的活动，从而导致大脑皮层中出现关于视网膜的"地图"。

8. 在视网膜中产生的神经冲动首先传播到大脑深处的一组神经元，然后传播到初级视觉皮层（V1）。

9. 在一些较弱的功能意义上可能存在视觉空间阵列。这似乎是托马斯（Thomas，1999）在写下如下语句时所考虑的："……我们可能有多个阵列，每种类型的数据都有一个，只要访问例程把它们当作一个单独的、重叠的阵列……"然而，正如我将要解释的，这是一个完全不同的提案，它有自己的一套反对意见。

10. 假想的"心理语言"句子和推理规则的组成部分被认为是表征了运行系统的句子和规则的组成部分，它们表征不同的对象、属性和关系。换句话说，它们与自然语言句子的成分有一些近似于一一对应的关系（Haselager，1998）。

11. 然而，我可以想象有人认为它们只是非表征性的符号串。

12. 约翰逊-莱尔德也许是唯一一认识到描述水平与CMRs讨论的相关性的理论家。约翰逊-莱尔德感兴趣的事实是，使用计算矩阵的程序员为他们的操作设计算法，而不用担心机器代码的细节——也就是说，他们在空间上思考。程序员能够这样做，是因为阵列语言获得了真实空间矩阵的属性。也就是说，程序员在一个像真正的空间阵列那样工作的高级程序上操作。约翰逊-莱尔德说道："虽然在某个层面上，道德是一个可能只使用一串符号的心理过程，在更高的层面上，它可能会使用各种表征形式。"（Johnson-Laird，1983：153）。尽管这是正确方向上的重大进步，但为了支持真正强大的形式区分，部分所需要的是一个确凿的证明，即计算矩阵表征是内在的。

13. 在这种情况下，表征媒介由有序内存寄存器和控制过程组成。可以想象，有些人会以这种观察问题的方式提出问题——例如，它与安德森（Anderson，1978）提出的主张有所抵触——但这与声称运行系统根据短时记忆的句法内容和对这些内容进行操作的推理规则（即操作符，框架公理），以表征客体以及对其改变的后果的观点没有什么不同。

14. 虽然它几乎不值得一提，但这显然不一定总是由于自动化现象——很明显把这种优先的短时记忆和注意力要求过程预设为预见。更具体地说，小脑和基底神经节似乎参与了接受和执行经常发生的目标/运动模式，以释放记忆和注意力资源（Thach et al.，1992；Mink，1996）。例如，这就是为什么在开车回家路上的最初几个路口之后，你会思考除驾驶外的任何事情。

15. 特别是当通过"应用物理效应"命令来指定物体的物理属性时，就是这种情况。显然是由于使用了所谓的后验碰撞检测方法："在后验的情况下，我们以小的时间间隔进行物理模拟，然后检查是否有任何物体相交，或者彼此如此接近以至于我们认为它们是相交的。在每个模拟步骤中，都创建了一个所有相交物体的列表，并且这些物体的位置和轨迹以某种方式被'固定'，以解释碰撞。我们说这个方法是后验的，是因为我们通常会错过实际发生的碰撞瞬间，只有在其确实发生后才能发现碰撞……后验算法在'固定'步骤中会引起问题。在该步骤中交叉点（在物理上是不正确的）需要被纠正。事实上，也有一些人认为这样的算法本质上是有缺陷的且不稳定的，特别是当涉及静止接触点时。"（http://en.wikipedia.org/wiki/Collision_detection）。相比之下，先验方法在计算上更昂贵，但也具有更高的保真度。它涉及对接触时刻的准确预测，从而避免相互穿透（这需要纠正）的情况。

16. 如果 Ray Dream 编程团队的成员恰好是不了解物理的，这也似乎不会太令人惊讶。然而，更有可能的是他们精通物理学，当他们看到一个节约计算的捷径时会认出它。

17. 尽管海耶斯（Hayes，1995）曾经建议，人工智能研究人员将朴素物理学的原理纳入他们的认知处理模型，但是当前的基于模型的表征方法与他所谓的专家系统式（expert-systems-style）公理化有很大的不同。

18. 有关一些精美的插图，请访问以下网址：

http://www.arasvo.com/impact.htm

http://www-explorer.ornl.gov/newexplorer/main.html

19. 由于其强大的短时记忆能力，即使 Ray Dream 也可以用来表征比我们人类在短时记忆中表现出来的系统要复杂得多的系统。我们在这方面的局限性显然迫使我们采取零碎的方式模拟复杂机械系统各个部分的活动，并把它们的影响追溯到这些系统的其他部分（Hegarty，1992）。

20. 比例模型和虚拟现实模型所表现出来的不可避免的特异性程度似乎引起了这些担忧。有趣的是，这种特异性对于遮免框架问题可能是必要的（尽管不足以避免）。斯滕宁和奥伯兰德（Stenning and Oberlander，1995）提出了类似的主张，甚至认为这种特异性足以区分图像与句法的表征。然而，仅仅是对特异性的简单诉求本身并不能提供区分句法和图像表征的充分基础。例如，斯滕宁和奥伯兰德认为，PC 之后的一个严格限制的符号将是图像的。然而，在描述水平之间没有区别的情况下，心理图像的批评者可以简单地指出，这样的表征至多在功能上与图像是同构的。此外，严格约束的 PC 风格的标记法不需要继承本节所讨论的图像和模型的显著特征，也不需要特异性（依赖于微观特征）就足以解决框架问题（见 4.5.2 节）。

21. 从某种意义上来说，变化的表征源于模型之外，无论是长时记忆、语言理解、创造力还是其他来源。关于这种改变如何进入模型，我没有全面的说明，但是我们可以在外部模型方面进行这一壮举，这一事实表明，所需要的基本的认知活动在我们的能力范围之内。

第 7 章

1. 斯克里文（Scriven，1962：63）基于对亨佩尔和奥本海姆（Hempel and Oppenheim，1948）的误读，提出了类似的观点。最近，赖特（Wright）和贝克特尔（Bechtel）（即将发表）批评了萨尔蒙的反心理主义，这与我在这方面以及其他方面的批评类似。另见 Bechtel and Abrahamsen，2005。

2. 然而很难理解他为何一贯地认为心理不安是一种描述形式，尽管考虑到他否认了错误解释的可能性。

3. 这个美妙的隐喻，伴随着元哲学直觉的概念，首先在加里·埃布斯对《国王 2001》的讨论的背景中引起了我的注意。

4. 有关一系列原因，请参阅 Fodor，1978。

5. 坎菲尔德和莱勒（Canfield and Lehrer，1961）很好地阐明了这一点。然而，他们错误地把这个看作是一个标志，即解释项和被解释项之间的关系的蕴含关系是非单调的。

6. 感谢鲍勃·巴雷特提出的对这个问题的"无意义反对的先发制人的"（inane-objection-forestalling）变体。

7. 正如我在 4.3 节中所解释的，萨尔蒙应该会同意。 正如我在下一个注释中所解释的那样，他不会同意。

8. 事实上，萨尔蒙（Salmon，1988：103）同意斯克里文的观点，即这将构成一个真正的解释——尽管事实上这种情况是一个纯粹的统计关联关系的简单实例。我想，人们有时候会看到自己想要的东西。

9. 丘奇兰德为 D-N 模型的解释提供了一个联结主义的启发式的替代者。他的总体策略是证明他的首选模型克服了 D-N 模型的局限性，但是我们刚刚看到他对 D-N 模型的批评忽略了它的标记。为了证明他的模型克服了 D-N 模型的局限性，他必须首先展示该模型的实际局限性。他提供的替代方案也是模糊的、最终令人不满意的。丘奇兰德似乎认为模式的识别、概念的拥有和理论的具备是基本相同的：它们都主要是由神经状态空间的分割来承担的。因此，他认为，认出一个朋友和理解夏威夷群岛来自哪里，两者之间并没有质的区别。

10. 由于（P&Q）→R 在逻辑上等于 P→（Q→R），所以信息也可以被构建为结果。

11. 当然，一个合适的模型不仅要解释我们如何能够测试理论，还要解释如果事情没有按照我们预期的方式进行，我们如何能够坚持下去。这就意味着一个合适的模型必须同时解决过度简化问题和限制性条款问题。

12. 亨佩尔认为统计规律本身的解释可以用原始 D-N 模型的装置来处理。

13. 汉弗莱斯（Humphreys）也有类似的观点（Humphreys，1992：293）。

14. 当然，我不同意这种解释是由描述构成的论点。无可否认，给出解释一般会（虽然不总是）涉及措辞。但是，我们已经看到，解释本身就是那种人们可以拥有却不给别人的东西，因此描述绝不构成它们。

第 8 章

1. Mxs 表示"x 的质量是 s"。F_{xy} 表示"x 和 y 之间的引力"。G 是引力常数，d 是 x 和 y 之间的距离。

2. 如果我发现存在有说服力的证据表明解释有时需要 ICMs 和一套数学形式，我将愿意用"仅当"来代替"当且仅当'。然而，没有 ICMs 就不能解释事件和（物理）规律。另外，虽然我不会在这里谈论隐喻的解释，但你应该能够相对容易地填补这些空白。

3. 然而，我确实有一个强烈的怀疑，即整个解释过程与规划过程是相同的，甚至有相同的结构（见 4.3.1 节）。

4. 我说"确定的"，是因为可以认为对于静态属性来说（如为什么气体具有其容器的形状）有一些涉及潜在动态属性的解释。

5. 也可以对动态属性进行分体论解释，这些解释涉及对低层次过程如何产生高层次过程的建模，这种建模是以"生产"这一术语的非因果（共时）的意义进行的，但是其中每一层次上的过程模型通常都会涉及生产关系在因果（历时）意义上的表征。这在某些方面类似于诉诸因果无能的同构的解释（3.9.4 节）。

6. 在这里，我不重复使用 7.3.1 1 节中的例子（也就是为什么混合后某些液体样品漂浮在另一个样品上的假设性解释），后来我认为这种推理至多具有非常有限的解释性导入。这个问题将在 8.3.2 节中进一步讨论。

7. 当然，如果满足某些限制性条款的话（更多内容见 8.3.1.1 节）。

8. 对如何使用非句法心理表征来为普遍归纳提供服务的进一步讨论，请参见 5.2.4.1 节。

9. 这就是模范模型更加直观的——特别是在解释性的导入问题上——对亨佩尔（Hempel，1965）D-S 解释的替代。

10. 在 7.3.1.1 节中，我们看到了 D-N 理论家如何能够反驳人们提出的解释，而不需通过诉诸其隐性知识而引用任何规则。在这种情况下，"隐性"是为了表明这样一个事实，即使不能表达这些规则，个人头脑中也可能有这种规则的表征。在目前的情况下，"隐性"是指这样一个事实，即所涉及的知识可能从来没有在记忆中的任何地方被明确地表征出来，但它可以很容易地根据需要而产生。例如，就像我们对一个规律的无数破坏者的隐性知识一样，我们也对一头成年大象不能装入一个普通可乐瓶的事实有一个隐性的认识。

11. 参见威姆萨特（Wimsatt，1990）；克罗恩（Krohn，1990）。

12. 我假设你对这个规律的认识不是建立在简单归纳泛化的基础之上的。如果是这样的话，那么你缺乏我所说的那种开放式的隐性知识（下面会更多地介绍）。

13. 这样一个模型的简化版本（再一次，尽管很难描述）将是这样的：光——穿过空间和空气，但不能穿过不透明的物体如地面或旗杆——从一个物体发出（即太阳），并照亮那些不透明的物体，同时使得它没有照到的地方（如那些和光源之间存在如旗杆等物体的地方）置于相对黑暗中。但是，其他过程（包括折射和反射）也必须被添加到模型中，以便说明位于阴影中的地块并不是完全黑暗的事实。

14. 如果这些被作为实际物理原则的规范，那它们——由于限制性条款问题——严格来说是错误的。然而，它们对于当前目的来说可能是足够好的——也就是说，对于我们感兴趣的系统的内在模型的构建来说是足够好的，在这个模型中准确地表征了其许多最显著的特性。正如我们在 6.4.4.1 节第 2）部分看到的那样，依赖于不准确但有用的原则，是科学家和非专业人员的普遍做法。这将在下面详细讨论。

15. 威尔逊和基尔（Wilson and Keil，1998）对这个从浅到深的解释性连续体做了大量的介绍。从这里开始，我会效仿他们。此外，我会对此提供一个解释（在 8.3.4 节）。

16. 引自：http：//access.ncsa.uiuc.edu/Stories/supertwister/。

17. 同上。

18. 如 6.5.6 节所述，另一个可能的区别是，控制媒介的低层次约束是通过神经网络所擅长的并行约束满足来实现的，而不是通过计算机所依赖的大规模句法加工过程来实现的。

19. 毫不奇怪，这与 6.3.2 节描述的担忧类似，如果大脑是一个计算系统，那么它只能包含世界的句法表征。

20. 泰德·扎维斯基在谈话中雄辩地表达了这种担忧。

21. 如果他有这样的知识，他也会对规则的无数例外有隐性知识；否则，他将缺乏这种隐性知识。

22. 我在这里所宣称的与格伦南（Glennan，1996）和马克莫等（Machamer et al.，2000）所声称的机械论解释并无不同，但是也有非常重要的区别。首先，马克莫等认为（参见 7.4.3 节）解释要求对机制的描述，而不仅仅是要求对它们的认知模型。另外，他们试图抵制（没有多少成功）这样一种说法，即底层水平是规则的，可能是因为他们不希望他们的描述变成 D-N 模型的一个变种。我们刚刚看到，对这一说法的抵制既徒劳又不必要。我和格伦南的分析之间的差异将在下面讨论。

23. 也就是说，保持所有因素不变，如果第一个事件发生，第二个事件也会发生，如果第一个事件不发生，那么第二个事件也不会发生。

24. 这与格伦南对因果关系的形而上学分析相似。根据格伦南的说法（Glennan，1996：64），"当且仅当有连接它们的机制时，两个事件是*因果*联系的"（这里做了强调），这里的机制由 "组成部分之间根据直接*因果*规则而进行的互相作用"（这里做了强调）所组成（Glennan，1996：52）。根据格伦南的观点，这种倒退终止于基础物理学，在基础物理学中我们被告知，规则不再被潜在的机制所支撑。但是以这种方式结束倒退是行不通的，因为如果这些规则不是由基本机制产生的，那它们就不是因果规律。如果在基础物理层面上没有因果规律，那么在下一层面上就没有产生规律的机制（如化学），直到所有的因果关系从世界上被清除掉。为了挽救格伦南关于因果形而上学的论述，人们至少需要放弃那种约束，即机制的各部分之间的相互作用需要是因果的。公平地说，格伦南在这个问题上花费了相当多的精力，如果我正确地解读了他的观点的话，他已经非常接近于迈出这一步（Glennan，1996：60）。另一个关于格伦南的分析的关注点是，它并不如所宣称的那样解释了因果关系的不对称性。

25. 一个完整的分析需要表明，通过对知名案例进行正确分类，为个人兴趣的影响腾出空间等，这个描述满足了我们关于因果关系的哲学和元哲学直觉。

26. 这与格伦南（Glennan，1996：50）所说的相似。

27. 我们有一个对自己身体冲动的表征手段，每当我们收拾东西、走动、坐下等时，我们都会感到这种冲动。许多人怀疑这些非常私人的经历是我们理解因果术语的基础（Talmy，1988；Machamer et al.，2000；Prinz，2002）。如果我们的兴趣是解决旗杆问题的话，这个观点没什么用处，但是我认为这些作者会是正确的，如果他们所声称的是：当我们认为事件是因果关系的时候，通常会有一种转移，我们对非身体行为的表征以某种方式被注入了身体的感觉。

28. 实际上，休谟（Hume，1748/1993）确实认识到这在某种程度上发生了——如参见该书的第 57 和 58 页。

29. 格伦南也有类似的观点（Glennan，1996：64）。

30. 然而，你的实用目的再一次可能不受你知识深度的影响。例如，也许你真正想知道的是，你是否可以把蜡烛放在每个物体旁边，而没有融化的危险，因为温暖的岩石将保持温暖，其他的岩石之一将变得温暖并保持温暖，其中一块岩石会从温暖变成热的，等等。

31. 的确，非常奇怪的是，在其原始的（非心理的）表述中，完成演绎推理所不需要的知识显然没有任何作用！

32. 例如，对以 A2 为基础构造出来的 glubice 的温暖，可能有些不完美和浅薄的理解，可以这样表述：由于某种明显的原因，某些类型的原子核有分裂的倾向。据认为，由原子核具有非常高的分解倾向的原子组成的物质具有非常短的半衰期。也许有一种方法可以解释这一点，就像人们可以解释为什么 AMCs 有很高的崩溃倾向一样。无论如何，当原子核分裂时，它们会释放出高速的亚原子粒子或能量（也许都是），这往往会导致任何原子或分子的振动加强。所以如果你有一个足够大的固体样品，由一种半衰期很短的物质组成（如 glubice），你会有大量的粒子或能量与组成样品的其他原子相互作用。因此，你将有很多高能量的原子。如果热的动力学理论可信，那么这意味着样品会变得温暖。

33. 萨尔蒙在这里的论点——实际上就是他在这篇文章中提供的所有论点——只是斯克里文（Scriven，1959；1962）再三声称的论点的一个分支，有足够的解释来阐明事件发生的必要条件，但不是充分条件。如果这些先生们是正确的，那么我们这些坚持所有解释都是基于单调推理的人都是错误的。单调的推理必然规定了足以说明结论真相的条件。相反，统计推理不需要指定充分条件（如它可以仅指定必要条件）。因此，如果前一种推理的结论是错误的，那么结论的理由就必然在某种程度上是错误的（这就是"单调"的定义）。但是，如果统计推理的结论是错误的，那么在某些情况下可能会保留理由。

34. 事实上，如果解释没有组成部分，认知限制就会阻碍我们对大多数事件做出充分的解释（Schwartz and Black，1996）。

35. 参见以下网址：

http://www.cdc.gov/ncidod/dbmd/d.seaseinfo/legionellosis_g.htm

http://www.hcinfo.com/ldfaq.htm

36. 虽然我们马上就会看到，即使这样做，整体描述的适当性也不一定会被削弱。

37. 研究人员确实掌握了一些理论，这些理论指出了突变可能发生的不同方式，其中一些在量子事件上触底。尽管如此，研究人员仍然能够甚至在这些理论存在之前，为特定的性状构建充分的进化解释。

38. 斯克里文（Scriven，1959；1962）；萨尔蒙（Salmon，1988）。这些著作中充满了案例的描述，这些案例是关于研究者对有关事件发生的必要但不充分条件的假设。这些例子的重点在于证伪任何基于单调推理的解释说明。但在我看来，所有这些情况都可以用刚刚描述的方式进行分析。事实上，只有通过这些分析才能得出这样一个事实，即所提出的解释尽管涉及了无法解释的事件，但却具有真正的启发性。

39. 计算机模型所提供的洞察力的程度也是相当有限的——即使模型表征了某些事件如何产生其他事件，仍然需要对其进行彻底的分析。计算机模型的一个优点是，它们可以比它们所表征的系统（如大脑、龙卷风或超新星）更容易分析。它们可以放慢速度，可以突出部分过程，等等。但是，联结主义建模的情况似乎相当具有表征性，在这里我们已经看到整个子行业围绕着设计表征方法的项目而涌现，这种表征方法用一种适合我们有限的认知能力的方式来表征特定的模型的行为。

40. 如果是这样的话，那么人们就会想我们现在的认知科学会有什么用处。相反，我们可以花时间去梳理和渲染我们所有人类心灵内在运作的隐含知识。因此，这种新的科学将会像语言学那样看起来很不错（一个相关的观点参见 Perner，1996）。正如我所知道的那样，陷入 ML 假设和理论理论的哲学家似乎认为，当代认知科学的目标就是重新发明轮子（2.3 节）——也就是说，他们认为成熟的认知科学最终会形成一个类似于我们大家默认的规则体系的规则，但是认知科学会以独立的理由来制订这些规则。

41. 这可能需要想象没有确定的信念是什么样的。也可能存在其他的复杂性，但基本的想法似乎足够清晰。

42. 我并不是要排除理论知识起作用的可能性。实际上，我们的大众心理学的活动似乎不仅仅是通过模拟，也通过引出或派生的原则来充实自己（例如，弗雷德没有很好地处理压力，有孩子的人对他们孩子的批评异常敏感，等等）。

43. 毫无疑问，这是一个在涉及单调推理的核心过程时运行得相当深入的模型，但是在涉及说明解释者的兴趣是如何决定什么样的前演推理足以解释某一事件或规律时，它就变得相当肤浅了（见 8.2 节）。

44. 一个完整的分析将涉及比我在这里所讨论的更多的内容。它将（除其他外）涉及过程的分体论解释，并指出这样一个事实，即尽管 ML 假设和 ICM 假设都因其单调含义而受重视，但它们并不像我们所想的那样深入（即与可信的神经基础一样深入）。

第 9 章

1. 当有些人认为经验被概念化的时候，这似乎是他们脑中所想的，虽然他们似乎没有——也许是可以谅解的——认识到这并不需要承诺我们通过操作在"心理语言"中的表征来思考。

2. 这是一个困难的东西，但对于当前目的来说就足够了。

3. 在这里，我不是在做出任何关于事物本质的承诺，我只是试图根据经验客体之间出现的关系来提供一个有启发性的比喻。

4. 费曼当然以他的亚原子移动图而闻名。他所发现的，看起来是一组图表技术，它们能够构建与其所表征的对象足够同构的表征，以允许广泛的保真推论。然而，他并没有把这些图表看作是在 4.4 节和 6.3 节的描述的意义上的字面描述或物理同构。

5. 引自：http://www.pbs.org/wgbh/nova/elegant/dimensions.html。

6. 我曾计划在动能和分子间吸引力之间的数学可指定的关系上，进行简单的塞尔式"无理解句法操作"实验，但实际情况更具说服力。有关赞成将规则包容的观点分离的更多论据，参见库欣（Cushing, 1991）。

7. 有关这些工作的非常好的概述，请参见麦库雷讷（Miikkulainen, 1993）。

8. 参考以下网址：http://www.earlham.edu/~peters/writing/synth.htm# geometry。

参 考 文 献

Adams，V.，and A. Askenazi. 1999. *Building Better Products with Finite Element Analysis*. OnWord.

Anderson，J. R. 1978. Arguments Concerning Representations for Mental Imagery. *Psychological Review* 85：249-277.

Anderson，J. R. 1983. *The Architecture of Cognition*. Harvard University Press.

Aristotle. Fourth century B. C. 1987. On the Soul. In *A New Aristotle Reader*，ed. J. Ackrill. Princeton University Press.

Asaro，P. 2005. On the Origins of the Synthetic Mind：Working Models，Mechanisms，and Simulations. Doctoral dissertation，University of Illinois，Urbana-Champaign. Bach，K. 1993. Getting Down to Cases. *Behavioral and Brain Sciences* 16，no. 2：334-336.

Baddeley，A. 1990. *Human Memory：Theory and Practice*. Allyn and Bacon.

Barsalou，L. W.，and C. R. Hale，1993. Components of Conceptual Representations：From Feature Lists to Recursive Frames. In *Categories and Concepts：Theoretical Views and Inductive Data Analysis*，ed. I. Var. Mechelen，P. Theuns，and R. Michalski. Academic Press.

Barsalou，L. W.，and J. Prinz. 1997. Mundane Creativity in Perceptual Symbol Systems. In *Creative Thought：An Investigation of Conceptual Structures and Processes*，ed. T. Ward，S. Smith，and J. Vaid. American Psychological Association.

Barsalou，L. W.，K. O. Solomon，and L. L. Wu. 1999. Perceptual Simulation in Conceptual Tasks. In *Cultural，Typological，and Psychological Perspectives in Cognitive Linguistics*，ed. M. Hiraga，C. Sinha，and S. Wilcox. John Benjamins.

Barton，M.，and S. D. Rajan. 2000. Finite Element Primer for Engineers. http：// ceaspub.eas.asu.edu/structures/FiniteElementAnalysis.htm.

Bechtel, W., and A. Abrahamsen. 1991. *Connectionism and the Mind: An Introduction to Parallel Processing in Networks*. Blackwell.

Bechtel, W., and A. Abrahamsen. 2005. Explanation: A Mechanist Alternative. *Studies in the History and Philosophy of Biological and Biomedical Sciences* 36: 421-441.

Bechtel, W., A. Abrahamsen, and G. Graham. 1998. The Life of Cognitive Science. In *A Companion to Cognitive Science*, ed. W. Bechtel and G. Graham. Blackwell.

Bechtel, W., and R. C. Richardson. 1993. *Discovering Complexity: Decomposition and Localization as Strategies in Scientific Research*. Princeton University Press.

Berkeley, G. 1710/1982. *A Treatise Concerning the Principles of Human Knowledge*. Hackett.

Block, N. 1990. Mental Pictures and Cognitive Science. In *Mind and Cognition*, ed. W. Lycan. Blackwell.

Boole, G. 1854/1951. *An Investigation of the Laws of Thought*. Dover.

Brentano, F. 1874/1995. *Psychology from an Empirical Standpoint*, second edition. Routledge.

Brewer, W. Unpublished. Models in Science and Mental Models in Scientists and Non-Scientists.

Bromberger, S. 1966. Why-Questions. In *Mind and Cosmos*, ed. R. Colodny. University of Pittsburgh Press.

Brooks, L. R. 1968. Spatial and Verbal Components in the Act of Recall. *Canadian Journal of Psychology* 22: 349-368.

Brooks, R. A. 1991. Intelligence without Representation. *Artificial Intelligence* 47: 139-159.

Burge, T. 1979. Individualism and the Mental. *Midwest Studies in Philosophy* 4: 73-121.

Burge, T. 1986. Individualism and Psychology. *Philosophical Review* 95, no. 1: 3-45.

Canfield, J., and K. Lehrer. 1961. A Note on Prediction and Deduction. *Philosophy of Science* 28: 204-208.

Chater, N. 1993. Mental Models and Nonmonotonic Reasoning. *Behavioral and Brain Sciences* 16, no. 2: 340-341.

Chi, M. T. H., R. Glaser, and E. Rees. 1982. Expertise in Problem Solving. In *Advances in the Psychology of Human Intelligence*, ed. R. Sternberg. Erlbaum.

Chomsky, N. 1959. A Review of B. F. Skinner's *Verbal Behavior. Language* 35, no. 1: 26-58.

Chomsky, N. 1990. On the Nature, Use and Acquisition of Language. In *Mind and Cognition*, ed. W. Lycan. Blackwell.

Churchland, P. M. 1989. *A Neurocomputational Perspective: The Nature of Mind and the Structure of Science*. MIT Press.

Churchland, P. M. 1998. *On the Contrary: Critical Essays.* MIT Press.

Clark, A. 1990. *Microcognition.* MIT Press.

Clark, A. 1993. *Associative Engines*. MIT Press.

Clark, A., and D. Chalmers. 1998. The Extended Mind. *Analysis* 58, no. 1: 10-23.

Congdon, C. B., and J. E. Laird. 1997. The Soar User's Manual: Version 7. 0. 4. University of Michigan.

Copeland, B. J. 2002. The Church-Turing Thesis. In Stanford Encyclopedia of Philosophy. http://plato.stanford.edu.

Craik, K. J. W. 1952. *The Nature of Explanation*. Cambridge University Press.

Crane, T. 1998. How to Define Your (Mental) Terms. *Inquiry* 41, no. 3: 341-354.

Crevier, D. 1993. *AI: The Tumultuous History of the Search for Artificial Intelligence*. Basic Books.

Cruse, H. 2003. The Evolution of Cognition—A Hypothesis. *Cognitive Science* 27: 135-155.

Cummins, R. 1975. Functional Analysis. *Journal of Philosophy* 72, no. 20: 741-765.

Cummins, R. 1996. *Representations, Targets, and Attitudes*. MIT Press.

Cummins, R. 2000. "How Does It Work?" vs. "What Are the Laws?" Two Conceptions of Psychological Explanation. In *Explanation and Cognition*, ed. F. Keil and R. Wilson. MIT Press.

Cushing, J. T. 1991. Quantum Theory and Explanatory Discourse: Endgame for Understanding? *Philosophy of Science* 58, no. 3: 337-358.

Dagenbach, D., T. H. Carr, and S. Horst. 1990. Adding New Information to Semantic

Memory：How Much Learning Is Enough to Produce Automatic Priming? *Journal of Experimental Psychology* 6，no. 4：581-591.

Darden，L.，and N. Maull. 1977. Interfield Theories. *Philosophy of Science* 44：43-64.

Darwin，C. 1859. *On the Origin of Species*.

Davidson，D. 1970. Mental Events. In *Experience and Theory*，ed. L. Foster and J. Swanson. University of Massachusetts Press. Reprinted in D. Davison，*Essays on Actions and Events* （Oxford University Press，1980）.

Davidson，D. 2001. *Subjective，Intersubjective，Objective*. Clarendon.

Davies，M. 1991. Individualism and Perceptual Content. *Mind* 100，no. 4：461-484.

De Kleer，J.，and J. S. Brown. 1983. Assumptions and Ambiguities in Mechanistic Mental Models. In *Mental Models*，ed. D. Gentner and A. Stevens. Erlbaum.

Dennett，D. 1988. *Brainchildren*. MIT Press.

Dennett，D. 1991. Real Patterns. *Journal of Philosophy* 88，no. 1：27-51.

De Renzi，E.，M. Liotti，and P. Nichelli. 1987. Semantic Amnesia with Preservation of Autobiographical Memory. *Cortex* 23：575-597.

Detlefsen，M. 2005. Formalism. In *The Oxford Handbook for Logic and the Philosophy of Mathematics*，ed. S. Shapiro. Oxford University Press.

Devitt，M.，and K. Sterelny. 1987. *Language and Reality：An Introduction to the Philosophy of Language*. MIT Press.

DeYoe，E. A.，and D. C. Van Essen. 1988. Concurrent Processing Streams in Monkey Visual Cortex. *Trends in Neurosciences* 11：219-226.

DiSessa，A. 1983. Phenomenology and the Evolution of Intuition. In *Mental Models*，ed. D. Gentner and A. Stevens. Erlbaum.

Dretske，F. 1986. Misrepresentation. In *Belief：Form，Content and Function*，ed. R. Bogdan. Oxford University Press. Reprinted in *Mind and Cognition*，ed. W. Lycan （Blackwell，1990）.

Egan，F. 1995. Folk Psychology and Cognitive Architecture. *Philosophy of Science* 62，no. 2：179-196.

Egan，F. 1999. In Defense of Narrow Mindedness. *Mind and Language* 14，no. 2：177-194.

Einstein，A. 1949. Autobiographical Notes. In *Albert Einstein: Philosopher-Scientist*，ed. P. Schilpp. Library of Living Philosophers.

Ellis，A. W.，and A. W. Young. 1988. *Human Cognitive Neuropsychology*. Erlbaum.

Engel，A. K.，and W. Singer. 2001. Temporal Binding and the Neural Correlates of Sensory Awareness. *Trends in Cognitive Sciences* 5，no. 1：16-25.

Falmagne，R. J. 1993. On Modes of Explanation. *Behavioral and Brain Sciences* 16，no. 2：346-347.

Farah，M. J. 1988. Is Visual Imagery Really Visual? Overlooked Evidence from Neuropsychology. *Psychological Review* 95：307-317.

Fauconnier，G. 1985. *Mental Spaces*. MIT Press.

Fernandez-Duque，D.，and M. Johnson. 1999. Attention Metaphors: How Metaphors Guide the Cognitive Psychology of Attention. *Cognitive Science* 23：83-116.

Flanagan，O. 1991. *The Science of the Mind*，second edition. MIT Press.

Fodor，J. A. 1974. Special Sciences（or：The Disunity of Science as a Working Hypothesis）. *Synthese* 28：97-115.

Fodor，J. A. 1975. *The Language of Thought*. Crowell.

Fodor，J. A. 1978. Propositional Attitudes. *The Monist* 61，no. 4：501-523. Reprinted in *The Nature of Mind*，ed. D. Rosenthal（Oxford University Press，1991）.

Fodor，J. A. 1980. Methodological Solipsism Considered as a Research Strategy in Cognitive Psychology. *Behavioral and Brain Sciences* 3，no. 1：63-72.

Fodor，J. A. 1981. Imagistic Representation. In *Imagery*，ed. N. Block. MIT Press.

Fodor，J. A. 1983. *The Modularity of Mind*. MIT Press.

Fodor，J. A. 1987. *Psychosemantics: The Problem of Meaning in the Philosophy of Mind*. MIT Press.

Fodor，J. A. 1991a. A Modal Argument for Narrow Content. *Journal of Philosophy* 88：5-26.

Fodor，J. A. 1991b. You Can Fool Some of the People All of the Time，Everything Else Being Equal：Hedged Laws and Psychological Explanation. *Mind* 100，no. 1：19-34.

Fodor，J. A. 1994. *The Elm and the Expert: Mentalese and Its Semantics*. MIT Press.

Fodor，J. A. 2000. *The Mind Doesn't Work That Way*. MIT Press.

Fodor，J. A.，J. D. Fodor，and M. F. Garrett. 1975. The Psychological Unreality of Semantic Representations. *Linguistic Inquiry* 6：515-531.

Fodor，J. A.，and Z. W. Pylyshyn. 1988. Connectionism and Cognitive Architecture：A Critical Analysis. *Cognition* 28，no. 1-2：3-71.

Foster，C. A.，and C. E. Rusbult. 1999. Injustice and Powerseeking. *Personality and Social Psychology Bulletin* 25：834-849.

Garnham，A. 1987. *Mental Models as Representations of Discourse and Text*. Wiley.

Gelman，S. A. 2004. Psychological Essentialism in Children. *Trends in Cognitive Sciences* 8，no. 9：404-409.

Gentner，D.，and D. R. Gentner. 1983. Flowing Waters or Teeming Crowds：Mental Models of Electricity. In *Mental Models*，ed. D. Gentner and A. Stevens. Erlbaum.

Gentner，D.，and C. Toupin. 1986. Systematicity and Surface Similarity in the Development of Analogy. *Cognitive Science* 10，no. 3：277-300.

Giere，R. 1988. Theories and Generalizations. In *The Limitations of Deductivism*，ed. A. Grunbaum and W. Salmon. University of California Press.

Glanzer，M.，and A. R. Cunitz. 1966. Two Storage Mechanisms in Free Recall. *Journal of Verbal Learning and Verbal Behavior* 5：351-360.

Glasgow，J.，and D. Papadias. 1992. Computational Imagery. *Cognitive Science* 16：355-394.

Glennan，S. 1996. Mechanisms and the Nature of Causation. *Erkenntnis* 44：49-71.

Goldberg，A. E. 1995. *Constructions：A Construction Grammar Approach to Argument Structure*. University of Chicago Press.

Gopnik，A. 2000. Explanation as Orgasm and the Drive for Causal Knowledge：The Function，Evolution，and Phenomenology of the Theory Formation System. In *Explanation and Cognition*，ed. F. Keil and R. Wilson. MIT Press.

Gordon，R. 1996. Radical Simulationism. In *Theories of Theories of Mind*，ed. P. Carruthers and P. Smith. Cambridge University Press.

Gould，S. J.，and R. C. Lewontin. 1979. The Spandrels of San Marco and the Panglossian Paradigm：A Critique of the Adaptationist Program. In *Proceedings of the Royal Society of London*，Series B，205：581-598.

Green，D. W. 1993. Mental Models: Rationality，Representation and Process. *Behavioral and Brain Sciences* 16，no. 2: 352-353.

Greenwood，J. D. 1991. Folk Psychology and Scientific Psychology. In *The Future of Folk Psychology*，ed. J. Greenwood. Cambridge University Press.

Greenwood，J. D. 1999. Understanding the "Cognitive Revolution" in Psychology. *Journal of the History of the Behavioral Sciences* 35，no. 1: 1-22.

Haselager，W. F. G. 1997. *Cognitive Science and Folk Psychology: The Right Frame of Mind*. Sage.

Haselager，W. F. G. 1998. Connectionism，Systematicity，and the Frame Problem. *Minds and Machines* 8: 161-179.

Haugeland，J. 1987. An Overview of the Frame Problem. In *Robot's Dilemma*，ed. Z. Pylyshyn. Ablex.

Hauser，L. 2002. Nixin' Goes to China. In *Views into the Chinese Room: New Essays on Searle and Artificial Intelligence*，ed. J. Preston and M. Bishop. Oxford University Press.

Hayes，P. J. 1995. The Second Naive Physics Manifesto. In *Computation and Intelligence*，ed. G. Luger. AAAI Press.

Hearnshaw，L. S. 1987. *The Shaping of Modern Psychology*. Routledge and Kegan Paul.

Hegarty，M. 1992. Mental Animation: Inferring Motion from Static Diagrams of Mechanical Systems. *Journal of Experimental Psychology: Learning，Memory，and Cognition* 18: 1084-1102.

Hegarty，M. 2004. Mechanical Reasoning by Mental Simulation. *Trends in Cognitive Sciences* 8，no. 6: 280-285.

Hempel，C. G. 1965. *Aspects of Scientific Explanation and Other Essays in the Philosophy of Science*. Free Press.

Hempel，C. G. 1988. Provisoes: A Problem Concerning the Inferential Function of Scientific Theories. *Erkenninis* 28: 147-164.

Hempel，C. G.，and P. Oppenheim. 1948. Studies in the Logic of Explanation. *Philosophy of Science* 15，no. 2: 135-175.

Hobbes，T. 1651/1988. *Leviathan*. Prometheus Books.

Holyoak，K. J.，and P. Thagard. 1995. *Mental Leaps： Analogy in Creative Thought*. MIT Press.

Horgan，T.，and J，Woodward. 1985. Folk Psychology Is Here to Stay. *Philosophical Review 94*，no. 2： 197-226.

Houts，A. C.，and C. K. Haddock. 1992. Answers to Philosophical and Sociological Uses of Psychologism in Science Studies. *Minnesota Studies in the Philosophy of Science* 15： 367-399.

Hull，D. L. 1987. Genealogical Actors in Ecological Roles. *Biology and Philosophy* 2： 168-184.

Hume，D. 1748/1993. *An Enquiry Concerning Human Understanding*，second edition. Hackett.

Humphreys，P. W. 1992. Scientific Explanation： The Causes，Some of the Causes，and Nothing But the Causes. *Minnesota Studies in the Philosophy of Science* 13： 283-306.

Huttenlocher，J.，E. T. Higgins，and H，Clark. 1971. Adjectives，Comparatives，and Syllogisms. *Psychological Review* 78： 487-514.

Jackson，F. 1995. Essentialism，Mental Properties，and Causation. *Proceedings of the Aristotelian Society* 95： 253-268.

Jackson，F. 1996. Mental Causation. *Mind* 105，no. 419： 377-413.

Jackson，F.，and P. Pettit. 1988. Functionalism and Broad Content. *Mind* 97，no. 387： 381-400.

James，W. 1890. *Principles of Psychology*. H. Holt.

Janlert，L. 1996. The Frame Problem： Freedom or Stability? With Pictures We Can Have Both. In *The Robot's Dilemma Revisited： The Frame Problem in Artificial Intelligence*，ed. K. Ford and Z. Pylyshyn. Ablex.

Johnson-Laird，P. N. 1983. *Mental Models： Towards a Cognitive Science of Language，Inference，and Consciousness*. Harvard University Press.

Johnson-Laird，P. N. 1988. How Is Meaning Mentally Represented? In *Meaning and Mental Representation*，ed. U. Eco，M. Santambrogio，and P. Violi. Indiana University Press.

Johnson-Laird，P. N.，and R. M. J. Byrne. 1991. *Deduction*. Erlbaum.

Johnson-Laird，P. N.，and R. M. J. Byrne. 1993. Précis of *Deduction. Behavioral and Brain Sciences* 16：323-333.

Kahneman，D. 1973. *Attention and Effort.* Prentice-Hall.

Kahneman，D.，and A. Tversky. 1973 On the Psychology of Prediction. *Psychological Review* 80，no. 4：273-251.

Kant，I. 1787/1998. *Critique of Pure Reason.* Cambridge University Press.

Kant，I. 1992. *Lectures on Logic.* Cambridge University Press.

Karni，A.，D. Tanne，B. S. Rubenstein，J. J. M. Askenasy，and D. Sagi. 1994. Dependence on REM Sleep of Overnight Improvement of a Perceptual Skill. *Science* 265：679-682.

Keil，F. C.，and R. A. Wilson. 1998. The Shadows and Shallows of Explanation. *Minds and Machines* 8，no. 1：137-159.

Kim，J. 1988. What Is Naturalized Epistemology? *Philosophical Perspectives* 2：381-406.

Kim，J. 1998. *Mind in a Physical World：An Essay on the Mind-body Problem and Mental Causation.* MIT Press.

King，J. C. 2001. *Complex Demonstratives：A Quantificational Account.* MIT Press.

Kitcher，P. 1989. Explanatory Unification and the Causal Structure of the World. *Minnesota Studies in the Philosophy of Science* 13：410-505.

Kitcher，P. 1992. The Naturalists Return. *Philosophical Review* 101，no. 1：53-114.

Köhler，W. 1938. *The Place of Value in a World of Fact.* Liveright.

Kosslyn，S. M. 1980. *Image and Mind.* Harvard University Press.

Kosslyn，S. M. 1994. *Image and Brain：The Resolution of the Imagery Debate.* MIT Press.

Krohn，R. 1990. Why are Graphs so Central in Science? *Biology and Philosophy* 6：227-254.

Lakatos，I. 1970. Falsification and the Methodology Scientific Research Programmes. In *Criticism and the Growth of Knowledge*，ed. I. Lakatos and A. Musgrave. Cambridge University Press.

Lakoff，G. 1987. *Women，Fire，and Dangerous Things.* University of Chicago Press.

Lakoff, G. 1989. Some Empirical Results about the Nature of Concepts. *Mind and Language* 4: 103-129.

Lakoff, G. 1993. The Contemporary Theory of Metaphor. In *Metaphor and Thought*, second edition, ed. A. Ortony. Cambridge University Press.

Lakoff, G., and M. Johnson. 1980. *Metaphors We Live By*. University of Chicago Press.

Langacker, R. W. 1991. *Concept, Image, and Symbol: The Cognitive Basis of Grammar*. Mouton de Gruyter.

Larkin, J. H. 1983. The Role of Problem Representation in Physics. In *Mental Models*, ed. D. Gentner and A. Stevens. Erlbaum.

Leibniz, G. W. 1705/1997. *New Essays on Human Understanding*. Cambridge University Press.

Lewis, D. 1972. Psychophysical and Theoretical Identifications. *Australasian Journal of Philosophy* 50, no. 3: 249-258.

Lindsay, R. K. 1988. Images and Inference. *Cognition* 29: 229-250.

Loar, B. 1988. Social Content and Psychological Content. In *Contents of Thought*, ed. R. Grimm and D. Merrill. University of Arizona Press.

Locke, J. 1690/1964. *An Essay Concerning Human Understanding*. Clarendon.

Lycan, W. G. 1987. *Consciousness*. MIT Press.

Lycan, W. G. 1988. *Judgment and Justification*. Cambridge University Press.

MacCorquodale, K., and P. E. Meehl. 1948. On a Distinction between Hypothetical Constructs and Intervening Variables. *Psychological Review* 55: 95-107.

Machamer, P., L. Darden, and C. F. Craver. 2000. Thinking about Mechanisms. *Philosophy of Science* 67: 1-25.

Margenau, H. 1949. Einstein's Conception of Reality. In *Albert Einstein: Philosopher-Scientist*, ed. P. Schilpp. Library of Living Philosophers.

Marr, D. 1982. *Vision: A Computational Approach*. Freeman.

Marschark, M. 1985. Imagery and Organization in the Recall of Prose. *Journal of Memory and Language* 24: 554-564.

Martin, A., and L. L. Chao. 2001. Semantic Memory and the Brain: Structure and

Processes. *Current Opinion in Neurobiology* 11, no. 2: 194-201.

Mayr, E. 1987. The Ontologica. Status of Species: Scientific Progress and Philosophical Terminology. *Biology and Philosophy* 2: 145-166.

Mazoyer, B. M., N. Tzourio, V. Frak, A. Syrota, N, Murayama, O. Levrier, G. Salamon, S. Dehaene, L. Cohen, and J. Mehler. 1993. The Cortical Representation of Speech. *Journal of Cognitive Neuroscience* 5, no. 4: 467-479.

McCarthy, J. 1986. Applications cf Circumscription to Formalizing Common-Sense Knowledge. *Artificial Intelligence* 28: 86-116.

McCarthy, J., and P. J. Hayes. 1969. Some Philosophical Problems from the Standpoint of Artificial Intelligence. In *Machine Intelligence*, ed. B. Meltzer and D. Michie. Edinburgh University Press.

McGinn, C. 1989. *Mental Content*. Blackwell.

Miikkulainen, R. 1993. *Subsymbolic Natural Language Processing*. MIT Press.

Miller, A. I. 1984. *Imagery in Scientific Thought: Creating 20th-Century Physics*. Birkhäuser.

Miller, S. L. 1953. A Production of Amino Acids under Possible Primitive Earth Conditions. *Science* 117: 528-529.

Millikan, R. G. 1989. Biosemantics. *Journal of Philosophy* 86, no. 6: 281-297.

Mink, J. W. 1996. The Basal Ganglia: Focused Selection and Inhibition of Competing Motor Programs. *Progress in Neurobiology* 50: 381-425.

Mink, J. W. 2001. Basal ganglia motor function in relation to Hallervorden-Spatz syndrome. *Pediatric Neurology* 25, no. 2: 112-117.

Mishkin, M., L. G. Ungerleider, and K. A. Macko. 1983. Object Vision and Spatial Vision: Two Cortical Pathways. *Trends in Neurosciences* 6: 414-417.

Morris, D. 1967. *The Naked Ape*. Dell.

Newell, A., and H. A. Simon. 1972. *Human Problem Solving*. Prentice-Hall.

Nichols, S. 2001. Norms with Feeling: The Role of Affect in Moral Judgment. Paper delivered at 27th Annual Meeting of Society for Philosophy and Psychology, University of Cincinnati.

Nieber, E., C. Koch, and C. Rosin. 1993. An Oscillation-Based Model for the

Neuronal Basis of Attention. *Vision Research* 33：2789-2802.

Norman，D. A. 1983. Some Observations on Mental Models. In *Mental Models*，ed. D. Gentner and A. Stevens. Erlbaum.

Palmer，S. 1978. Fundamental Aspects of Cognitive Representation. In *Cognition and Categorization*，ed. E. Rosch and B. Lloyd. Erlbaum.

Perner，J. 1988. Developing Semantics for Theories of Mind：From Propositional Attitudes to Mental Representations. In *Developing Theories of Mind*，ed. J. Astington，P. Harris，and D. Olson. Cambridge University Press.

Perner，J. 1996. Simulation as Explicitation of Predication-Implicit Knowledge about the Mind：Arguments for a Simulation-Theory Mix. In *Theories of Theories of Mind*，ed. P. Carruthers and P. Smith. Cambridge University Press.

Popper，K. 1959. *The Logic of Scientific Discovery.* Hutchinson.

Postman，L.，and L. W. Phillips. 1965. Short-Term Temporal Changes in Free Recall. *Quarterly Journal of Experimental Psychology* 17：132-138.

Povinelli，D. J. 1999. Toward a New Theory of the Evolution of Human Social Intelligence：The Reinterpretation Hypothesis. Paper delivered at 25th Annual Meeting of Society for Philosophy and Psychology，Stanford University.

Povinelli，D. J. 2000. *Folk Physics for Apes：The Chimpanzee's Theory of How the World Works.* Oxford University Press.

Prinz，J. 2002. *Furnishing the Mind：Concepts and their Perceptual Basis.* MIT Press.

Pust，J. 1999. External Accounts of Folk Psychology，Eliminativism and the Simulation Theory. *Mind and Language* 14，no. 1：113-130.

Putnam，H. 1990. The Nature of Mental States. In *Mind and Cognition*，ed. W. Lycan. Blackwell.

Pylyshyn，Z. W. 1981. The Imagery Debate：Analog Media versus Tacit Knowledge. In *Imagery*，ed. N. Block. MIT Press.

Pylyshyn，Z. W. 1984. *Computation and Cognition：Toward a Foundation for Cognitive Science.* MIT Press.

Pylyshyn，Z. W. 2002. Mental Imagery：In Search of a Theory. *Behavioral and Brain Sciences* 25，no. 2：157-182.

Quillian, M. R. 1968. Semantic Memory. In *Semantic Information Processing*, ed. M. Minsky. MIT Press.

Ramsey, W., S. Stich, and J. Garon. 1991. Connectionism, Eliminativism, and the Future of Folk Psychology. In *The Future of Folk Psychology*, ed. J. Greenwood. Cambridge University Press.

Rawls, J. 1971. *A Theory of Justice*. Harvard University Press.

Reichenbach, H. 1938. *Experience and Prediction: An Analysis of the Foundations and the Structure of Knowledge*. University of Chicago Press.

Reichenbach, H. 1947. *Elements of Symbolic Logic*. Macmillan.

Rips, L. J. 1983. Cognitive Processes in Propositional Reasoning. *Psychological Review* 90, no. 1: 38-71.

Rips, L. J. 1990. Paralogical Reasoning: Evans, Johnson-Laird, and Byrne on Liar and Truth-teller Puzzles. *Cognition* 36: 291-314.

Russell, B. 1919. *Introduction to Mathematical Philosophy*. Macmillan.

Salmon, W. 1984. *Scientific Explanation and the Causal Structure of the World*. Princeton University Press.

Salmon, W. 1988. Deductivism Visited and Revisited. In *The Limitations of Deductivism*, ed. A. Grunbaum and W. Salmon. University of California Press.

Salmon, W. 1998. *Causality and Explanation*. Oxford University Press.

Savion, L. 1993. Unjustified Presuppositions of Competence. *Behavioral and Brain Sciences* 16, no. 2: 364-365.

Schank, R. 1980. How Much Intelligence Is there in Artificial Intelligence? *Intelligence* 4: 1-14.

Schiffer, S. 1991. Ceteris Paribus Laws. *Mind* 100, no. 1: 1-17.

Schwartz, D. L. 1999. Physical Imagery: Kinematic versus Dynamic Models. *Cognitive Psychology* 38: 433-464.

Schwartz, D. L., and J. B. Black. 1996. Shuttling between Depictive Models and Abstract Rules: Induction and Fall-back. *Cognitive Science* 20: 457-497.

Schyns, P. G. 1991. A Modular Neural Network Model of Concept Acquisition. *Cognitive Science* 15: 461-508.

Scriven，M. 1959. Explanation and Prediction in Evolutionary Theory. *Science* 130: 477-482.

Scriven，M. 1962. Explanations，Predictions and Laws. *Minnesota Studies in the Philosophy of Science* 3: 170-230. Reprinted in *Theories of Explanation*，ed. J. Pitt（Oxford University Press，1988）.

Searle，J. R. 1980. Minds，Brains，and Programs. *Behavioral and Brain Sciences* 3: 417-457.

Segal，S. J.，and V. Fusella. 1970. Influence of Imaged Pictures and Sounds on Detection of Visual and Auditory Signals. *Journal of Experimental Psychology* 83: 458-464.

Selfridge，O. G. 1959. Pandemonium: A Paradigm for Learning. In *Symposium on the Mechanization of Thought Processes*. Her Majesty's Stationery Office.

Shepard，R. N.，and S. Chipman. 1970. Second-Order Isomorphism of Internal Representations: Shapes of States. *Cognitive Psychology* 1: 1-17.

Shepard，R. N.，and J. Metzler. 1971. Mental Rotation of Three-dimensional Objects. *Science* 171: 701-703.

Simons，D. J，and R. N. Rensink. 2005. Change Blindness: Past，Present，and Future. *Trends in Cognitive Sciences* 9，no. 1: 16-20.

Skinner，B. F. 1957. *Verbal Behavior*. Copley.

Skinner，B. F. 1963. Behaviorism at 50. *Science* 140: 951-958.

Smith，C. A.，and P. C. Ellsworth. 1987. Patterns of Appraisal and Emotion Related to Taking an Exam. *Journal of Personality and Social Psychology* 52: 475-488.

Sosa，E. 1993. Abilities，Concepts，and Externalism. In *Mental Causation*，ed. J. Heil and A. Mele. Clarendon.

Stalnaker，R. 1989. On What's in the Head. In *Philosophical Perspectives，3: Philosophy of Mind and Action Theory*. Reprinted in *The Nature of Mind*，ed. D. Rosenthal （Oxford University Press，1991）.

Stenning，K.，and J. Oberlander. 1995. A Cognitive Theory of Graphical and Linguistic Reasoning: Logic and Implementation. *Cognitive Science* 19: 97-140.

Sterelny，K. 1990. The Imagery Debate. In *Mind and Cognition*，ed. W. Lycan.

Blackwell.

Stevenson, R. J. 1993. Models, Rules, and Expertise. *Behavioral and Brain Sciences* 16, no. 2: 366.

Stich, S. 1978. Autonomous Psychology and the Belief-Desire Thesis. *The Monist* 61, no. 4: 573-591.

Stich, S. 1989. *From Folk Psychology to Cognitive Science: The Case against Belief.* MIT Press.

Stich, S. 1996. *Deconstructing the Mind.* Oxford University Press.

Stich, S., and I. Ravenscroft. 1994. What Is Folk Psychology? *Cognition* 50, no. 1-3: 447-468.

St. John, M. F., and J. L. McClelland. 1990. Learning and Applying Contextual Constraints in Sentence Processing. *Artificial Intelligence* 46: 217-257.

Talmy, L. 1988. Force Dynamics in Language and Cognition. *Cognitive Science* 12: 49-100.

Thach, W. T., H. P. Goodkin, and J. G. Keating. 1992. The Cerebellum and the Adaptive Coordination of Movement. *Annual Review of Neuroscience* 15: 403-442.

Thomas, N. J. T. 1999. Are Theories of Imagery Theories of Imagination? *Cognitive Science* 23: 207-245.

Tolman, E. C. 1922. A New Formula for Behaviorism. *Psychological Review* 29: 44-53.

Tolman, E. C. 1948. Cognitive Maps in Rats and Men. *Psychological Review* 55, no. 4: 189-208.

Tulving, E. 1983. *Elements of Episodic Memory.* St. Edmundsbury Press.

Tulving, E. 1987. Multiple Memory Systems and Consciousness. *Human Neurobiology* 6: 67-80.

Turing, A. 1950. Computing Machinery and Intelligence. *Mind* 59, no. 236: 433-460.

van Fraassen, B. C. 1980. *The Scientific Image.* Clarendon.

van Gelder, T., and R. Port. 1995. *Mind as Motion: Explorations in the Dynamics of Cognition.* MIT Press.

Waskan, J. A. 1997. Non-Propositional Representation and Mechanistic Justificatory

Inference. Paper delivered at Annual Meeting of Eastern Division of American Philosophical Association, Washington.

Waskan, J. A. 1999. The Medium of Thought. Doctoral dissertation, Washington University, St. Louis.

Waskan, J. A. 2000. A Virtual Solution to the Frame Problem. In Proceedings of the First IEEE-RAS International Conference on Humanoid Robots.

Waskan, J. A. 2003a. Intrinsic Cognitive Models. *Cognitive Science* 27, no. 2: 259-283.

Waskan, J. A. 2003b. Folk Psychology and the Gauntlet of Irrealism. *Southern Journal of Philosophy* 41, no. 4: 627-655.

Waskan, J. A., and W. Bechtel. 1997. Directions in Connectionist Research: Tractable Computations without Syntactically Structured Representations. *Metaphilosophy* 28: 31-63.

Waskan, J. A., and W. Bechtel. 1998. The Scope of Cognitive Science: A Critical Notice of Paul Thagard's *Introduction to Cognitive Science*. *Canadian Journal of Philosophy* 28, no. 4: 587-608.

Watson, J. B. 1913. Psychology as the Behaviorist Views It. *Psychological Review* 20: 158-177.

Watt, A. 1993. *3D Computer Graphics, second edition*. Addison-Wesley Longman.

Wellman, H. M. 1990. *The Child's Theory of Mind*. MIT Press.

Wozniak, R. H. 1995. Mind and Body: Rene Déscartes to William James. http://serendip.brynmawr.edu/Mind/.

Wilson, M. A., and B. L. McNaughton. 1994. Reactivation of Hippocampal Ensemble Memories during Sleep. *Science* 265: 676-682.

Wimmer, H., and J. Perner. 1983. Beliefs about Beliefs: Representation and Constraining Function of Wrong Beliefs in Young Children's Understanding of Deception. *Cognition* 13, no. 1: 103-128.

Wimsatt, W. C. 1990. Taming the Dimensions-Visualizations in Science. *Philosophy of Science Association* 2: 111-138.

Wimsatt, W. C. 1994. The Ontology of Complex Systems: Levels of Organization, Perspectives, and Causal Thickets. *Canadian Journal of Philosophy*, Suppl. vol. 20:

207-274.

Wittgenstein，L. 1953. *Philosophical Investigations*. Macmillan.

Wittgenstein，L. 1961. *Tractatus Logico-Philosophicus*. Humanities Press.

Wright，C.，and W. Bechtel. Forthcoming. Mechanisms and Psychological Explanation. In *Philosophy and Psychology of Cognitive Science*，ed. P. Thagard. Elsevier.

Zeki，S. M. 1976. The Functional Organization of Projections from Striate to Prestriate Visual Cortex in the Rhesus Monkey. *Cold Spring Harbor Symposia on Quantitative Biology* 40：591-600.